"十三五"国家重点出版物出版规划项目

岩石力学与工程研究著作丛书

采动巷道冲击地压力构协同防控技术

赵善坤　齐庆新　邓志刚　著

科学出版社

北　京

内 容 简 介

本书从深部厚硬顶板采动巷道工程应力环境和围岩结构特征出发，构建深部厚硬顶板采动巷道工程地质结构模型，利用大尺寸煤岩试样对比分析高低位厚硬顶板不同破断位态组合下采巷道受力特征，分析采动巷道厚硬顶板结构破断与围岩受力失稳时空响应关系，探讨采动巷道冲击失稳结构控制机制，建立以区段煤柱侧向厚硬岩层破断结构优化和围岩应力控制为核心的深部采动巷道冲击地压力构协同防控技术体系，对指导深部冲击地压防控具有重要理论价值。

本书可供高等学校岩土工程、矿业工程、材料科学与工程等相关专业的学生参考，也可供矿山、能源、水利水电等工程领域从事研究和生产的技术人员参考。

图书在版编目(CIP)数据

采动巷道冲击地压力构协同防控技术 / 赵善坤, 齐庆新, 邓志刚著.
北京：科学出版社, 2025. 3. --(岩石力学与工程研究著作丛书).
ISBN 978-7-03-080310-8

Ⅰ. TD263

中国国家版本馆CIP数据核字第2024WX2876号

责任编辑：刘宝莉 / 责任校对：任苗苗
责任印制：肖　兴 / 封面设计：蓝正设计

科 学 出 版 社 出版
北京东黄城根北街 16 号
邮政编码: 100717
http://www.sciencep.com
涿州市殷润文化传播有限公司印刷
科学出版社发行　各地新华书店经销
＊
2025 年 3 月第 一 版　开本：720×1000 1/16
2025 年 3 月第一次印刷　印张：17 1/4
字数：348 000
定价：160.00 元
(如有印装质量问题，我社负责调换)

"岩石力学与工程研究著作丛书"序

随着西部大开发等相关战略的实施，国家重大基础设施建设正以前所未有的速度在全国展开：在建、拟建水电工程达 30 多项，大多以地下硐室(群)为其主要水工建筑物，如龙滩、小湾、三板溪、水布垭、虎跳峡、向家坝等水电站，其中白鹤滩水电站的地下厂房高达 90m、宽达 35m、长 400 多米；锦屏二级水电站 4 条引水隧道，单洞长 16.67km，最大埋深 2525m，是世界上埋深与规模均为最大的水工引水隧洞；规划中的南水北调西线工程的隧洞埋深大多在 400~900m，最大埋深 1150m。矿产资源与石油开采向深部延伸，许多矿山采深已达 1200m 以上。高应力的作用使得地下工程冲击地压显现剧烈，岩爆危险性增加，巷(隧)道变形速度加快、持续时间长。城镇建设与地下空间开发、高速公路与高速铁路建设日新月异。海洋工程(如深海石油与矿产资源的开发等)也出现方兴未艾的发展势头。能源地下储存、高放核废物的深地质处置、天然气水合物的勘探与安全开采、CO_2 地下隔离等已引起高度重视，有的已列入国家发展规划。这些工程建设提出了许多前所未有的岩石力学前沿课题和亟待解决的工程技术难题。例如，深部高应力下地下工程安全性评价与设计优化问题，高山峡谷地区高陡边坡的稳定性问题，地下油气储库、高放核废物深地质处置库以及地下 CO_2 隔离层的安全性问题，深部岩体的分区碎裂化的演化机制与规律，等等。这些难题的解决迫切需要岩石力学理论的发展与相关技术的突破。

近几年来，863 计划、973 计划、"十一五"国家科技支撑计划、国家自然科学基金重大研究计划以及人才和面上项目、中国科学院知识创新工程项目、教育部重点(重大)与人才项目等，对攻克上述科学与工程技术难题陆续给予了有力资助，并针对重大工程在设计和施工过程中遇到的技术难题组织了一些专项科研，吸收国内外的优势力量进行攻关。在各方面的支持下，这些课题已经取得了很多很好的研究成果，并在国家重点工程建设中发挥了重要的作用。目前组织国内同行将上述领域所研究的成果进行了系统的总结，并出版"岩石力学与工程研究著作丛书"，值得钦佩、支持与鼓励。

该丛书涉及近几年来我国围绕岩石力学学科的国际前沿、国家重大工程建设中所遇到的工程技术难题的攻克等方面所取得的主要创新性研究成果，包括深部及其复杂条件下的岩体力学的室内、原位试验方法和技术，考虑复杂条件与过程

(如高应力、高渗透压、高应变速率、温度-水流-应力-化学耦合)的岩体力学特性、变形破裂过程规律及其数学模型、分析方法与理论,地质超前预报方法与技术,工程地质灾害预测预报与防治措施,断续节理岩体的加固止裂机理与设计方法,灾害环境下重大工程的安全性,岩石工程实时监测技术与应用,岩石工程施工过程仿真、动态反馈分析与设计优化,典型与特殊岩石工程(海底隧道、深埋长隧洞、高陡边坡、膨胀岩工程等)超规范的设计与实践实例,等等。

　　岩石力学是一门应用性很强的学科。岩石力学课题来自于工程建设,岩石力学理论以解决复杂的岩石工程技术难题为生命力,在工程实践中检验、完善和发展。该丛书较好地体现了这一岩石力学学科的属性与特色。

　　我深信"岩石力学与工程研究著作丛书"的出版,必将推动我国岩石力学与工程研究工作的深入开展,在人才培养、岩石工程建设难题的攻克以及推动技术进步方面将会发挥显著的作用。

2007 年 12 月 8 日

"岩石力学与工程研究著作丛书" 编者的话

近 20 年来，随着我国许多举世瞩目的岩石工程不断兴建，岩石力学与工程学科各领域的理论研究和工程实践得到较广泛的发展，科研水平与工程技术能力得到大幅度提高。在岩石力学与工程基本特性、理论与建模、智能分析与计算、设计与虚拟仿真、施工控制与信息化、测试与监测、灾害性防治、工程建设与环境协调等诸多学科方向与领域都取得了辉煌成绩。特别是解决岩石工程建设中的关键性复杂技术疑难问题的方法，973 计划、863 计划、国家自然科学基金等重大、重点课题研究成果，为我国岩石力学与工程学科的发展发挥了重大的推动作用。

应科学出版社诚邀，由国际岩石力学学会副主席、岩土力学与工程国家重点实验室主任冯夏庭教授和黄理兴研究员策划，先后在武汉市与葫芦岛市召开"岩石力学与工程研究著作丛书"编写研讨会，组织我国岩石力学工程界的精英们参与本丛书的撰写，以反映我国近期在岩石力学与工程领域研究取得的最新成果。本丛书内容涵盖岩石力学与工程的理论研究、试验方法、试验技术、计算仿真、工程实践等各个方面。

本丛书编委会编委由 75 位来自全国水利水电、煤炭石油、能源矿山、铁道交通、资源环境、市镇建设、国防科研领域的科研院所、大专院校、工矿企业等单位与部门的岩石力学与工程界精英组成。编委会负责选题的审查，科学出版社负责稿件的审定与出版。

在本丛书的策划、组织与出版过程中，得到了各专著作者与编委的积极响应；得到了各界领导的关怀与支持，中国岩石力学与工程学会理事长钱七虎院士特为丛书作序；中国科学院武汉岩土力学研究所冯夏庭教授、黄理兴研究员与科学出版社刘宝莉编辑做了许多烦琐而有成效的工作，在此一并表示感谢。

"21 世纪岩土力学与工程研究中心在中国"，这一理念已得到世人的共识。我们生长在这个年代里，感到无限的幸福与骄傲，同时我们也感觉到肩上的责任重大。我们组织编写这套丛书，希望能真实反映我国岩石力学与工程研究的现状与成果，希望对读者有所帮助，希望能为我国岩石力学学科发展与工程建设贡献一份力量。

"岩石力学与工程研究著作丛书"

编委会

2007 年 11 月 28 日

前　言

冲击地压是煤炭开采中的典型动力灾害之一，世界上几乎所有产煤大国都曾发生过冲击地压事故。富煤、少气、贫油的能源赋存结构和稳定性差、波动强的新能源供给特点，决定了未来一段时期内我国能源结构依旧以煤炭为主的格局不会改变。能源是现代社会的物质基础和动力，建设能源强国的关键是增强能源安全保障的能力，煤矿动压灾害的有效防控则是能源安全保障的重要前提。

煤炭开采整体向深部、西部地区转移已经成为我国煤炭资源开发的发展趋势。深部复杂的工程地质构造环境、较高的工程地质应力环境和大范围的高强度集约型开采所引起的工程地质扰动使得冲击地压灾害愈加凸显，冲击地压灾害发生的频度和强度明显增大。截至 2023 年底，我国冲击地压矿井超过 160 对。据不完全统计，我国 83%以上的冲击地压事故发生在采动巷道内，尤其是西部矿区深部开采依旧沿用浅部开采经验，回采工作面采用双（多）巷布置、宽区段煤柱护巷，巷道先后经历了多次采动影响，导致冲击地压显现严重。

本书共 6 章，第 1 章从采动巷道形成机制出发，概括介绍围绕采动巷道围岩控制理论和巷道冲击地压防控技术的研究现状，确定深部厚硬顶板条件下采动巷道冲击地压的防控技术路线；第 2 章对西部矿区典型冲击地压矿井事故进行统计分析，得到深部厚硬顶板采动巷道矿压显现特征及围岩结构特征，提出采动巷道围岩稳定性评价方法；第 3 章采用大尺寸试样模拟研究采动巷道上覆高低位厚硬顶板不同破断位态组合下区段煤柱的受力特征；第 4 章通过采动巷道上覆厚硬岩层运动特征及结构破断力学分析，确定基于区段煤柱稳定的高低位厚硬顶板最优破断位置组合及卸压判据；第 5 章从采动巷道顶板破断结构优化及围岩应力控制的角度出发，系统分析顶板定向水压致裂、深孔顶板预裂爆破以及深孔断底爆破、吸能让压卸支耦合支护技术，构建适于深部厚硬顶板条件下采动巷道冲击地压力构协同防控技术体系；第 6 章以典型冲击地压矿井采动巷道为工程背景，通过对采动巷道围岩应力特征及侧向厚硬顶板破断位置实测，开展采动巷道冲击地压力构协同防控技术工程实践。

本书是作者主持和参与的国家重点研发计划项目"煤矿深部开采煤岩动力灾害防控技术研究"（2017YFC0804200）、国家科技重大专项项目"煤矿区煤层气抽采利用关键技术与装备"（2016ZX05045003）、国家国际科技合作专项项目"基于自震式微震监测的冲击地压预警技术合作研究"（2011DFA61790）、国家自然科学基金项目"冲击地压灾害监测预警及卸压减冲机理研究"（52034009）、"煤矿大范围破坏的冲击地压发生机制研究"（51874176）、"煤岩灾变破坏多尺度力学行为结构效应研究"（51674143）以及省部共建矿山岩层智能控制与绿色开采国家重点实验室基金项目"深部复杂地质条件下井间联合开采互扰致冲机制及防控技术研究"（SICGM202106）等研究成果的系统总结。

　　作者在撰写本书的过程中参阅了大量国内外学者关于煤矿冲击地压机理及防控技术等方面的专业文献，在此谨向文献的作者表示感谢。衷心感谢潘一山院士、窦林名教授、姜福兴教授、黎立云教授、康立军研究员、左建平教授、王春来教授、李英杰教授等专家的指导。感谢内蒙古黄陶勒盖煤炭有限责任公司苏守玉董事长、孟鑫董事长、张浩矿长、李鹏矿长、王根盛总工程师、李国营副总工程师、韩风军副总工程师、张坤主任，乌审旗蒙大矿业有限责任公司赵忠证董事长、汪子勇董事长、王黔总工程师、吕玉磊副总经理，北京昊华能源股份有限公司王忠武总工程师、王新华副总经理，中煤西北能源有限公司王朝引部长、赵雷主任，以及河南大有能源股份有限公司魏向志处长等相关煤炭企业领导和工程技术人员提供的现场资料。感谢中国煤炭科工集团冲击地压创新团队的邓志刚研究员、李宏艳研究员、李少刚研究员、苏振国副研究员、柴海涛副研究员、赵阳副研究员、李云鹏副研究员、张宁博副研究员、王寅副研究员、吕坤副研究员、秦凯副研究员对书稿内容的指导。感谢李一哲博士、玄忠堂博士、马斌文硕士、侯煜坤硕士、王尚硕士、周志斌硕士在书稿的绘图、排版和校对等方面的帮助。感谢煤炭科学研究总院和科学出版社对本书出版给予的大力支持。

　　由于作者水平有限，书中难免存在疏漏和不足之处，敬请读者不吝赐教。

目　录

"岩石力学与工程研究著作丛书"序

"岩石力学与工程研究著作丛书"编者的话

前言

第1章　概述 ·· 1

1.1　研究背景及意义 ··· 2

1.2　国内外研究现状 ··· 5

1.2.1　采动巷道形成机制及顶板破断特征研究现状 ················· 5

1.2.2　采动巷道围岩控制理论与技术研究现状 ······················· 9

1.2.3　冲击地压机理及防治技术研究现状 ···························· 10

第2章　典型厚硬顶板采动巷道矿压显现特征及围岩稳定性评价 ···· 15

2.1　典型厚硬岩层采动巷道矿压显现特征 ············· 15

2.1.1　矿井基本概况 ·· 15

2.1.2　采动巷道围岩动压显现特征 ·································· 18

2.1.3　采动巷道围岩松动圈发育特征 ······························ 28

2.1.4　采动巷道围岩应力分布特征 ·································· 35

2.1.5　采动巷道区段煤柱应力分布特征 ···························· 45

2.2　上覆厚硬顶板采动巷道围岩结构特征及力学参数 ··· 50

2.2.1　顶板岩层结构特征及力学参数 ······························ 50

2.2.2　煤层结构特征及力学参数 ···································· 55

2.2.3　底板岩层结构特征及力学参数 ······························ 58

2.3　上覆厚硬岩层采动巷道围岩稳定性评价 ············ 58

2.3.1　采动巷道稳定性影响因素分析 ······························ 58

2.3.2　采动巷道稳定性综合评价 ···································· 59

第3章　采动巷道厚硬顶板侧向不同断裂位置对区段煤柱受力特征试验研究 ··· 61

3.1　现场采样及试样加工制备 ··································· 61

3.1.1　现场采样 ·· 61

3.1.2　试样加工制备 ·· 62

3.2　试样装置及试验方案设计 ··································· 63

3.2.1　试样装置设计 ·· 63

3.2.2　试验方案设计 ·· 64

3.3 试验结果分析·····68
3.3.1 散斑变形及测点应变特征分析·····68
3.3.2 高位顶板回转倾角分析·····75
3.3.3 煤柱受力状态分析·····78

第4章 采动巷道厚硬岩层运动特征及结构破断力学分析·····82
4.1 采动巷道上覆厚硬岩层运动特征及来压机理分析·····82
4.1.1 采动巷道低位厚硬岩层结构及运动特征·····82
4.1.2 采动巷道高位厚硬岩层结构及运动特征·····83
4.1.3 采动巷道上覆厚硬岩层侧向倒直梯形区形成过程·····83
4.1.4 采动巷道区段煤柱侧向厚硬岩层倒直梯形区应力传递机制·····85
4.2 采动巷道区段煤柱侧向厚硬岩层结构破断形式·····87
4.2.1 高位厚硬岩层侧向结构破断分析·····87
4.2.2 低位厚硬岩层侧向结构破断分析·····95
4.2.3 采空区顶板断裂形式及煤柱受力分析·····96
4.3 采动巷道侧向厚硬岩层结构破断对区段煤柱稳定性影响及卸压判据·····102
4.3.1 采动巷道区段煤柱侧向厚硬岩层结构破断模型·····102
4.3.2 不同破断结构形式下区段煤柱极限强度计算·····103
4.3.3 基于煤柱稳定性的最优侧向破断位态分析及其卸压判据·····106

第5章 采动巷道结构优化及应力控制技术研究·····114
5.1 采动巷道侧向顶板断裂结构优化与围岩应力控制·····114
5.1.1 采动巷道结构优化防冲原则·····114
5.1.2 采动巷道应力控制防冲原则·····117
5.2 采动巷道侧向顶板断裂结构控制技术·····122
5.2.1 深孔顶板定向水压致裂力构防控技术·····122
5.2.2 深孔顶板预裂爆破力构控制技术·····152
5.3 采动巷道围岩应力优化防控技术·····178
5.3.1 采动巷道吸能让压卸支耦合支护技术·····178
5.3.2 深孔断底爆破应力阻隔技术·····185
5.3.3 大直径钻孔卸压技术·····192

第6章 采动巷道冲击地压力构协同防控工程实践·····202
6.1 采动巷道围岩应力特征及侧向厚硬岩层破断位置实测·····202
6.1.1 311103工作面概况·····202
6.1.2 311103工作面矿压显现情况·····203
6.1.3 煤矿11盘区地应力实测·····211
6.1.4 311103工作面应力状态实测·····215

6.1.5 采动巷道侧向厚硬岩层破断位置实测 ……………………………… 218
6.2 深孔顶板预裂爆破防冲技术实践 ………………………………………… 221
6.2.1 深孔顶板预裂爆破参数设计 ……………………………………… 221
6.2.2 深孔顶板预裂爆破防冲效果检验 ………………………………… 226
6.3 深孔顶板定向水压致裂防冲技术实践 …………………………………… 232
6.3.1 深孔顶板定向水压致裂参数设计 ………………………………… 232
6.3.2 深孔顶板定向水压致裂防冲效果检验 …………………………… 236
6.4 深孔顶板预裂爆破与定向水压致裂对比分析 …………………………… 241
6.5 大直径钻孔卸压防冲技术实践 …………………………………………… 244
6.5.1 大直径钻孔卸压参数设计 ………………………………………… 244
6.5.2 大直径钻孔卸压防冲效果检验 …………………………………… 246

参考文献 ………………………………………………………………………… 251

目 录

6.1.? ………………………………………………………………… 218
6.2 ………………………………………………………………… 221
6.2.1 ……………………………………………………………… 221
6.2.2 ……………………………………………………………… 226
6.3 ………………………………………………………………… 232
6.3.1 ……………………………………………………………… 232
6.3.2 ……………………………………………………………… 236
6.4 ………………………………………………………………… 241
6.6 ………………………………………………………………… 244
6.6.1 ……………………………………………………………… 244
6.6.2 ……………………………………………………………… 246
参考文献 ………………………………………………………… 251

第1章 概　述

煤矿冲击地压是采掘工作面、井下巷道以及煤柱硐室等周围煤岩体在采动影响下积聚在内部的高弹性应变能突然、剧烈地释放而诱发的动力破坏现象，发生时多造成帮部煤岩体的抛出、顶板的错动下沉或底板瞬间底鼓、巷道内的瓦斯异常涌出等，所产生的剧烈震动和挤压空气形成的气浪往往会造成生产设备倾倒侧翻、巷道堵塞和人员伤亡，具有突发性强、破坏性大的特点，给煤矿安全生产和矿工生命安全造成了较大威胁。

冲击地压是一种地下采矿工程中常见的动力灾害，人类最早有关冲击地压的记录发生在 1738 年的英国斯塔福德郡南区煤矿，距今已有 280 多年的历史，期间世界上几乎所有采矿国家都不同程度地受到冲击地压的威胁，记录到的冲击地压有 3 万多次[1]。南非于 1915 年建立了专门针对煤与金属矿山动力失稳矿山冲击的委员会。波兰于 20 世纪 60 年代对冲击地压开展研究，其提出的冲击倾向性试验和煤岩体声学监测等方法至今仍被广泛应用。德国主要从冲击地压的防治方面出发，提出了钻孔卸压法等手段。我国对冲击地压的研究是从 20 世纪 60 年代开始的。煤炭工业部在 1980 年颁布了一部适应中国煤炭工业发展、符合煤矿安全生产实际情况的《煤矿安全规程》[2]。全国性的煤矿冲击地压调研工作于 1985 年完成。煤炭工业部于 1987 年颁布实施了《冲击地压煤层安全开采暂行规定》[3]，其中包括冲击地压预测和防治试行规范。进入 21 世纪后，随着我国煤矿安全监察监管体制的改变和对煤矿冲击地压的重视，在 2004 年修订的《煤矿安全规程》[4]中，增设了 10 条关于冲击地压煤层冲击倾向性鉴定、预测和防治的规定，对指导煤矿冲击地压的防治起到了积极的作用。

2005 年科技部设立了"十一五"国家科技支撑计划课题"深部开采煤岩动力灾害多参量识别与解危关键技术及装备"，首次在 973 计划项目中设立有关煤岩动力灾害的项目，在这期间，冲击地压研究工作得到了重视和认可。同时，2010 年和 2011 年，科技部相继批复了"煤炭深部开采中的动力灾害机理与防治基础研究"和"深部煤炭开发中的煤与瓦斯共采理论"两个 973 计划项目。2016 年修订的《煤矿安全规程》[5]将冲击地压防治提升到一个新的高度，由之前的 10 条相关内容表述提升至一个独立章节进行规范。2018 年，国家煤矿安全监察局发布了《防治煤矿冲击地压细则》[6]，进一步将冲击地压的界定分类、监测预警、区域和局部防治技术以及安全防护等方面进行了系统规范。2010～2020 年，《冲击地压测定、监测与防治方法》（GB/T 25217）系列国家标准[7-20]的出台，标志着我国在冲击地压管理和冲击地压防治的法律法规体系基本建成。

1.1 研究背景及意义

煤炭作为全球赋存最为丰富的化石能源，推动着世界工业的发展和人类文明的进步。*BP Statistical Review of World Energy 2020*[21]指出，煤炭在世界一次能源结构中的主导地位未来 30 年不动摇。2019 年中国能源消费及增长分别占全球的 24%和 34%，是世界上最大的能源消费国。随着全球工业一体化及人与自然协调发展的需求增加，近年来中国的能源结构调整持续改进，但富煤、少气、贫油的能源赋存结构和稳定性差、波动强的新能源供给特点，决定了未来我国能源生产消费依旧以煤炭为主的格局不会改变[22]。

深部开采已成为目前煤炭资源开发的发展趋势[23]。深部复杂的工程地质构造环境、较高的工程地质应力环境和大范围高强度集约型开采所引起的工程地质扰动使得冲击地压、顶板大面积来压以及煤与瓦斯等煤岩动力灾害愈加凸显，其发生频度和强度明显增加。截至 2023 年底，我国国有大中型矿山中有 1281 对突出矿，160 余对冲击地压矿井[24]。据不完全统计，2008～2018 年，仅我国东部地区就发生重特大冲击地压事故达 17 起。2018 年 10 月 20 日，山东龙郓煤业有限公司龙郓煤矿 1303 泄水巷掘进工作面附近发生重大冲击地压事故[25]。2019 年 6 月 9 日和 8 月 2 日，吉林龙家堡矿业有限责任公司龙家堡煤矿和河北开滦集团有限公司唐山矿业分公司唐山煤矿先后发生冲击地压事故[26]。2020 年 2 月 22 日，山东新巨龙能源有限责任公司龙堌煤矿-810 水平二采区南翼 2305S 综放工作面上平巷发生一起较大的冲击地压事故[27]。2021 年 10 月 11 日，陕西彬长矿业集团有限公司胡家河煤矿 402104 工作面回风顺槽超前支架向外 10m 范围内因冲击地压发生局部冒顶事故[28]。尽管多年来由于煤矿生产技术水平的提升以及安全管理重视程度的提高，我国煤炭百万吨死亡率由 9.713(1978 年)下降至 0.094(2023 年)，但煤矿顶板事故 48%的发生率，仍占据煤矿五大典型灾害之首，而冲击地压恰恰是顶板事故的主要类型之一，已成为影响我国煤矿安全生产和矿区人民正常生活的严重灾害[24]。

我国主要成煤时期分别为石炭纪、二叠纪和侏罗纪。其中，以"燕山运动"为标志地质构造运动的侏罗纪时期形成煤田最多，储量最丰富，主要分布在山西、山东、陕西、内蒙古、新疆等地区，如东胜煤田、大同煤田、彬长黄陇煤田等[29]。西北地区侏罗纪煤是大型河流相和湖泊相沉积体系下高位泥炭沼泽的产物，煤层上方多含厚硬岩层结构。西北地区 60%以上矿井的主采煤层上方 100m 范围内大多含有厚度在 8～15m、普氏系数在 4 以上且层间距离较小的厚度大、强度高、距离近、整体性强、垮冒性差的厚硬岩层结构，易造成工作面后及侧向采空区悬顶长度过大，诱发工作面采场附近动压显现，已成为该区煤矿安全生产中的最大杀手和安全隐患。西北地区部分矿井厚硬顶板煤矿动压破坏如图 1.1 所示。

(a) 回采巷道冲压破坏 (b) 工作面采煤机掀翻

(c) 巷帮煤体冲出 (d) 回风巷底鼓变形

图 1.1 西北地区部分矿井厚硬顶板煤矿动压破坏

随着我国东部地区煤炭资源开采转入深部而新建煤矿资源开发整体向西北地区转移，西北地区侏罗纪时期成煤量占我国各成煤时期煤炭总量的 39.6%，尤其是山西、陕西、内蒙古地区更是未来我国煤炭能源的主要供应地。然而，根据内蒙古神府煤田浅部煤层开采的经验，以陕西、内蒙古地区为代表的西北地区深部煤炭开采工作面大多沿用浅部双巷布置方式，相邻工作面间留有 18～45m 的较大区段煤柱，即上一个工作面轨道顺槽做下一个工作面的回风顺槽，巷道需要先后经历二次采掘扰动的影响。在深部高地应力和高采动应力的影响下，2010～2020年，陕西彬长矿区以及内蒙古地区冲击地压事故频发且数量呈上升趋势[30,31]。表 1.1 为陕西、内蒙古地区部分冲击地压矿井统计情况。

陕西、内蒙古地区冲击地压显现大多发生在受二次采掘扰动影响的回风顺槽煤巷之中。区别于工作面后采空区上覆厚硬岩层达到极限跨距时，按照一定步距周期破断并最终形成"O-X"型破断结构，采动巷道上覆厚硬岩层结构位于上工作面采空区边缘并在区段煤柱上方局部形成弧形三角块铰接结构，其中厚硬岩层采空区侧向破断方式、破断位置及其与区段煤柱的相互位置关系，直接影响区段煤柱的应力分布和结构强度[32-36]。然而，目前对于采动巷道上部岩层破断特征的

表 1.1　陕西、内蒙古地区部分冲击地压矿井统计情况

序号	所在地区	所在煤田	矿井名称	含煤地层	开采煤层	煤层埋深/m	煤层平均厚度/m	区段煤柱宽度/m
1	内蒙古伊金霍洛旗	东胜煤田	布尔台煤矿	侏罗系中下统延安组	2-2	365.25	2.2	25～30
					4-2	457.26	5.07	25～30
2			红庆河煤矿		3-1	583～861	6.25	40
3			石拉乌素煤矿		2-2上	593～736	5.09	20
4	内蒙古乌审旗	东胜煤田	营盘壕煤矿	侏罗系中下统延安组	2-2	660～783	6.29	—
5			纳林河二号煤矿		3-1	580	4.65	25
6			巴彦高勒煤矿		3-1	610～650	5.51	30
7			母杜柴登煤矿		3-1	614～870	5.06	18～25
8			门克庆煤矿		2-2中	613～755	2.24	35
					3-1	650～800	4.49	35
9			葫芦素煤矿		2-1	630～640	2.79	30
10	陕西麟游县	麟北煤田	郭家河煤矿	侏罗系中统延安组	3	400～650	11.57	35～40
11			园子沟煤矿		2-1,2	400～800	9.65	35
12			招贤煤矿		3	450～690	16.25	30
13	陕西彬长矿区	黄陇煤田	胡家河煤矿	侏罗系中统延安组	4	640～800	13.25	20～70
14			小庄煤矿		4	350～850	17.40	20～45
15			亭南煤矿		4	400～700	11.25	8
16			孟村煤矿		4	430～800	16.25	20
17			高家堡煤矿		4	600～1000	9.20	15～30

研究大多基于煤层上方仅存在单一厚硬岩层开展,对宽区段煤柱采动巷道上方存在厚硬岩层情况下的顶板侧向破断特征及其对区段煤柱受力稳定性的影响研究较少。因此,分析二次采掘扰动影响下巷道上覆厚硬岩层侧向不同破断位置对区段煤柱受力特征的影响,建立上覆厚硬岩层侧向不同破断结构下区段煤柱力学模型和失稳判据,对于得到冲击地压的发生机理,指导现场冲击地压的防治具有重要的理论意义。

陕西、内蒙古地区煤层平均开采深度超过500m,工作面平均倾向长度达150m以上,深部复杂多变的高地应力环境和机械化集约型高强度开采引起的强采动应力,使得采动巷道初始应力环境明显高于实体煤巷道。对于上覆存在厚硬岩层的采动巷道,上工作面开采结束后,顶板厚硬岩层在区段煤柱上方发生侧向回转、下沉并形成弧形三角块铰接结构,区段煤柱发生挤压变形,采空区侧上部煤体压

碎并承载挤压应力；当本工作面回采时，在超前支承压力和侧向应力的影响下，弧形三角块结构失稳，区段煤柱进一步压缩变形，破碎岩体失去对上部覆岩结构的承载能力并进一步加剧其侧向回转下沉，区段煤柱承受载荷进一步增加，直至采空区侧煤帮挤出、顶板急剧下沉并诱发煤柱冲击失稳，是多重应力作用与侧向覆岩结构失稳耦合作用的结果。因此，对于上覆厚硬岩层的采动巷道冲击地压的防治，有必要从结构优化和应力控制的双重角度开展研究。

　　本书以内蒙古乌审旗矿区典型冲击地压矿井为工程研究背景，在对上覆存在厚硬岩层的采动巷道围岩结构及矿压显现特征研究的基础上，分析上覆厚硬岩层采动巷道围岩稳定性的主要影响因素，通过自研模拟顶板垮断加载装置和加工大尺寸煤岩试样模拟分析上覆高低位厚硬岩层侧向不同断裂位置组合下区段煤柱的受力特征，分析采动巷道区段煤柱侧向厚硬顶板结构破断特征及应力传递机制，建立采动巷道上覆高低位厚硬岩层侧向破断结构形式及力学模型，得到二次采掘扰动影响下区段煤柱结构的变形特征及应力分布特征，研究深孔顶板定向水压致裂技术与深孔顶板预裂爆破技术在优化侧向顶板破断结构及控制区段煤柱应力状态的适用性和关键技术参数，建立以区段煤柱侧向厚硬岩层破断结构优化和围岩应力控制为核心的深部采动巷道冲击地压力构协同防控技术体系，为我国陕西、内蒙古地区深部煤炭资源的安全高效开采提供参考。

1.2　国内外研究现状

1.2.1　采动巷道形成机制及顶板破断特征研究现状

　　采动巷道的形成与巷道布置方式密切相关。不同巷道布置方式下二次采动巷道形成机制如图 1.2 所示。一方面，为了缓解采掘接续紧张，方便大型机械化装备运输及提高煤炭产量，工作面采用双巷或多巷布置，巷道之间留设区段煤柱，一条巷道(留巷)先后服务两个工作面的回采，图 1.2(a)中的本区段工作面运输平巷为下一工作面的回风平巷，在二次或多次采动的影响下，预留巷道成为二次采动巷道。另一方面，为了最大限度地提高煤炭资源回收率，减小或取消区段煤柱，降低巷道掘进率和缩短工作面准备时间，通过对上一工作面加强支护已备下一工作面复用(沿空留巷)或在本工作面后采空区侧附近另掘一条巷道(沿空掘巷)，掘进过程中受本工作面侧向顶板运动影响显著，如图 1.2(b)所示。

　　采动巷道区段煤柱侧向厚硬顶板运动规律和破断方式受区段煤柱宽度和上一工作面及本工作面开采后上覆岩层运动及破断特征影响显著。因此，工作面采场覆岩运动及破断特征对指导采动巷道区段煤柱侧向顶板破断结构的研究具有很强的参考性。

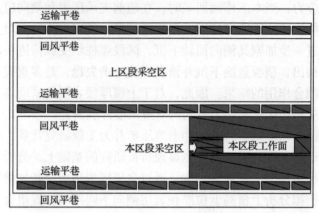

(a) 双巷布置下的运输平巷

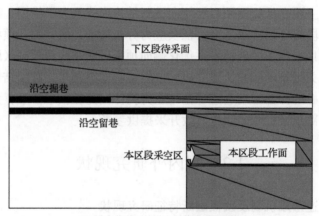

(b) 沿空巷道下的沿空掘巷或沿空留巷

图 1.2   不同巷道布置方式下二次采动巷道形成机制

围绕采场上覆岩层运动及破断规律，结合现场矿压显现特征，研究者先后提出了悬臂岩梁假说、压力拱假说、铰接岩梁假说、预成裂隙假说，并建立了上覆岩层弹性基础梁模型[37]。

我国在该领域取得突破性进展始于 20 世纪 70 年代末期。钱鸣高等[38-40]通过总结大量的生产实践经验和观测数据，在完善预成裂隙假说和铰接岩梁假说的基础上，建立了上覆岩层开采后砌体梁结构力学模型，将采场覆岩横向分为煤壁支撑区、离层区、重新压实区，纵向分为垮落带、裂隙带、弯曲下沉带，对砌体梁结构中的关键岩块的滑落和回转变形进行了着重分析并给出了"S-R"平衡条件，通过对基本顶在不同边界条件下(四周固支、三固一简、两固两简、一固三简)的破断步距进行分析，揭示了采空区顶板"O-X"型破断规律，合理解释了采场矿压周期性显现的特征。

20 世纪 80 年代以来，在煤炭绿色开采技术研究的过程中，宋振骐等以上覆岩层运动为主要研究对象，通过将上覆岩层中同期运动的岩层组视为一个整体运动传递应力的岩梁，得到顶板断裂岩块因相互咬合而始终可以向煤壁及采空区矸石侧传递作用力的结论[41,42]，并提出了"传递岩梁"假说[43]。该假说指出，影响采场压力大小的覆岩范围是有限的，直接顶给定载荷和老顶岩梁给定变形是影响工作面支架受力大小的两种主要支架控顶位态，老顶破断后采场围岩存在着明显周期性变化的内外应力场。弓培林等[44]的研究结果表明，上覆岩层中有以板结构形式存在并承担其上部岩层载荷的主次承载层，并系统研究了主次承载层的破断规律、载荷分布及其复合效应，形成了关键层理论。

朱德仁[45]基于 Kirchhoff 薄板力学模型，提出了基本顶在工作面端部破断呈"三角形块体"形态。吴洪词[46]基于薄板结构理论研究了老顶初次来压及周期性破断的力学过程。茅献彪等[47]系统研究了上覆岩层结构特性与应力分布规律，得到顶板岩层之间存在复合效应的结论。康立军等[48,49]根据对综放开采控顶区顶煤结构力学特性及"主控破裂带"分析，得到垮落带与裂隙带顶板的接触条件、顶煤的残余强度和支架安全阀开启压力是影响放顶煤液压支架工作方式的 3 个主要因素。贾喜荣等[50]假设采场上覆岩层为均匀连续介质并建立了基本顶不同支撑边界的薄板模型，对覆岩破断的位置、顺序以及引起的载荷效应进行了分析。黄庆享等[51,52]提出了岩梁稳定性支护阻力计算公式，并将基本顶岩块间的摩擦系数和挤压系数作为评判岩梁稳定性的关键指标。何富连等[53]依据板壳理论精确解对Marcus 简式求得的基本顶结构模型解进行修正，并给出了各模型解的适用范围。张益东等[54]研究了四周固支大倾角仰(俯)采基本顶薄板模型破断时，基本顶结构极限破断准则和破断步距。浦海等[55]采用里茨法算出四周固支板破坏发展规律并模拟了基本顶三维破断拓展过程。

闫少宏等[56]研究了特厚煤层及大采高采场直接顶及基本顶的破断方式和结构特征，提出了适于大采高工作面支架工作阻力的计算公式和支架外载计算模型。王新丰等[57]通过相似模拟试验研究了"刀把式"采场工作面的基本顶破断形态及采场应力分布规律。王金安等[58]通过分析二维双向载荷作用下薄板力学模型，提出了大倾角条件下基本顶"V-Y"型破断结构，揭示了基本顶不同阶段破断特征的发展规律及破坏区演化过程。蒋金泉等[59]围绕采场四周边界条件，分别探讨了四周固支条件下高位厚硬岩层和一侧采空条件下的岩层破断特征。陈冬冬等[60]建立了基本顶梯形砌体板结构力学模型，研究了短边一侧采空弹性基础边界基本顶板结构破断规律，煤柱宽度和支撑系数只对侧向顶板的破断形式和整体形态影响显著。李云鹏[61]通过对硬岩层特性和判定指标进行选定，建立了坚硬顶板多"多层位板式结构"系统模型并研究了顶板失稳过程，提出了失稳判据。

采动巷道尤其是受二次采动影响的沿空动压巷道，因影响上覆岩层范围、采场覆岩四周边界条件及采掘扰动次数的不同，其上覆岩层的运动特征及破断规律又有其自身的特点。一方面，董文敏[62]对晋城矿区高瓦斯矿井双巷间煤柱宽度与应力状态之间的关系进行了研究。侯圣权等[63]对沿空双巷围岩破坏物理模拟分析得到巷间煤柱是孤岛工作面沿空双巷道稳定的关键。马添虎[64]在对神东矿区回风巷道（留巷）变形特征统计的基础上，提出适于留巷围岩变形控制的支护技术参数。陈苏社等[65]对活鸡兔煤矿煤柱下双巷布置可行性分析得到不同宽度区段煤柱双巷临界采深。刘洪涛等[66]在现场实测的基础上，得到留巷围岩应力分布与塑性区发育的对应关系。谭凯等[67]分析得到区段煤柱留设不合理是造成双巷布置工作面巷道变形量大的主要原因。李永恩等[68]通过模拟研究了双巷留巷围岩塑性区发育与变形失稳之间的对应关系，给出了巷道补强支护方案。围绕双巷或多巷布置条件下形成的动压巷道，吴拥政[69]的研究结果表明，已采工作面上部厚硬顶板悬顶难垮是双巷布置留巷区段煤柱受力过大、围岩变形过大的主控因素。郗新涛等[70]对沿空留巷条件下的双巷布置方案进行了模拟研究，得到留巷围岩变形机理和区段煤柱留设的最优宽度。康红普等[71]对多巷布置下留巷围岩的变形和破坏方式进行了系统研究，结果表明高预应力、全长锚固支护适合留巷支护。

另一方面，沿空巷道自 20 世纪 50 年代在我国煤矿自发兴起，70～80 年代得到发展，并对围岩变形特征有了初步认识，90 年代后期，随着锚杆支护技术的发展而建立起沿空巷道支护理论。柏建彪等[72,73]通过对基本顶弧形三角块的稳定性进行分析，得到其破断位置位于顶板弹塑性交界区域，研究了综放沿空巷道外部围岩的稳定性条件，确定了极限理论条件下基本顶的破断位置。李化敏[74]的研究结果表明，沿空巷道顶板下沉属于给定变形，顶板下沉量一般为开采高度的 10%～20% 且呈正比关系。何廷峻[75]通过建立工作面端头弧形三角块悬顶破断力学结构模型，计算得到结构破断时间与巷道空间位置的关系预测模型，为沿空巷道围岩控制滞后加固理论及滞后时间的确定提供了理论支撑。侯朝炯等[76]和李学华[77]从沿空侧上覆岩层结构特点与采场围岩稳定性的内在联系出发，建立了综放沿空掘巷上覆岩体大结构力学模型、采场围岩小结构力学模型。上覆岩体大结构对围岩小结构的破坏具有决定性作用，在采掘扰动影响下大结构中的弧形三角块时，会发生回转大变形而不会发生破断失稳，小结构处于大结构的影响之下，其破断失稳会加剧大结构的变形，而综放沿空掘巷的稳定性恰恰取决于小结构的稳定性，该结构力学模型的提出为沿空巷道围岩控制提供了理论支撑。张东升等[78]的研究结果表明，沿空巷道基本顶破断位置随着围岩等级提高而加大，直接顶对基本顶回转角及上覆岩层运动剧烈程度的影响显著。石建军等[79]将侧向顶板简化为悬臂岩梁结构并对其破断位置进行了弯矩方程的计算分析。

陆士良[80]的研究结果表明，裂隙带岩层平衡前的强烈沉降是沿空留巷顶板下沉量的主要影响因素。阚甲广等[81]通过相似模拟研究了厚顶、薄顶及无直接顶三种条件下沿空巷道顶板垮落规律及上覆岩层变形特征,得到随着直接顶厚度减小,基本顶回转角和顶板垮落角逐渐增大,基本顶垮断位置逐渐由采空侧向充填体附近转移的结论。王红胜等[82]、查文华等[83]将基本顶断裂位置与沿空巷道位置的关系分为四种类型,并分别对沿空巷道基本顶侧向断裂规律进行模拟分析,推导出四种不同断裂位置条件下窄煤柱上方的静载荷计算公式,提出了基本顶不同断裂位置下的窄煤柱本构关系。潘岳等[84]采用内外应力场法与弹性地基岩梁模型法对长壁工作面的侧方或短边区的基本顶断裂线位置进行了分析,确定了巷道两帮极限平衡区的应力及宽度。Xie 等[85]采用钻孔实测法确定了沿空巷道侧向顶板的断裂位置,得出基本顶侧向断裂位置的确定方法。

1.2.2　采动巷道围岩控制理论与技术研究现状

研究者就巷道围岩控制从不同的角度出发,提出了悬吊理论[86]、组合梁理论、组合拱(压缩拱)理论、最大水平应力理论[87]、围岩强度强化理论[88-90]以及新奥法理论[91]等。

Hladysz[92]、Sun 等[93]以及樊克恭等[94]研究了巷道的软弱结构部位和受力特征,并结合工程实际问题提出了相应的支护理论。鞠文君[95]建议采用巷道内切槽、大直径卸压孔以及深孔爆破等措施对围岩局部应力进行弱化,以期在巷道周围形成应力降低区的应力控制法来应对动压巷道变形失稳。于学馥等[96]提出了开挖扰动岩体具有自组织、自稳定功能的开挖控制理论和改变巷道轴比,椭圆形巷道是最佳断面的轴变理论。段克信[97]的研究结果表明,巷帮爆破卸压可有效降低围岩变形速度,减少巷道两帮的移近量。董方庭[98]通过大量现场观测得出围岩松动圈大小受地应力及岩石强度的影响显著,支护系统要以限制围岩破坏碎胀力为主,并提出了巷道围岩松动圈支护理论。谢文兵[99]采用数值模拟研究了动压巷道围岩稳定性与侧向顶板断裂位置、上端头放煤长度、巷道支护参数等因素的关系,结果表明充填体强度和充填方式对巷道稳定性影响显著。刘红岗等[100]提出了钻孔卸压和锚网联合支护可有效改善围岩应力环境和破坏时空次序。张永兴等[101]和王襄禹等[102]基于变形压力分析,提出了巷帮主动爆破使围岩与支架之间存在一定的变形空间,有利于弹性变形能和围岩膨胀变形能的释放,有利于控制软岩巷道的变形。康红普[103]根据支护在围岩中产生及支护体内部产生的应力场为支护应力场,并基于煤岩体地质力学测试结果,提出了深部沿空留巷支护设计原则。张农[104]研究了沿空巷道侧向采空区楔形区顶板的传递承载机制,并提出了采空侧顶板预裂卸压机理,通过提高沿空巷道支护系统的整体强度来控制围岩变形。张士岭等[105]采用 UDEC 软件模拟了小煤柱巷道复杂地质条件下的围岩结构变形特征,为小煤柱沿空动压巷道变形理论和锚注支护参数设计提供了依据。王涛等[106]通过现场观测发现临空巷道煤柱冲击失稳与工作面周期来压具有关联性，煤柱两侧悬露的长距离厚硬顶板是冲击地压发生的能量来源。雷明等[107]分析得到采空区侧向残余支承压力和高位顶板破断动压是造成临空巷道大变形破坏的主要原因，并提出了顶板应力弱化可有效控制临空巷道变形量的方案。

1.2.3　冲击地压机理及防治技术研究现状

作为一种高应力状态下煤岩结构体弹性能量瞬间释放并诱发结构失稳破坏的动压显现形式，冲击地压受煤层赋存地质构造条件复杂、采掘空间多样以及采场应力动态变化的影响，很难用一种理论解释其发生的原因。自 1965 年 Cook[108,109]提出材料所受的载荷达到其强度极限就会开始破坏的冲击地压强度理论开始，研究者围绕冲击地压的发生机理从不同角度进行了广泛的研究[110-118]。例如，由单轴压缩试验结果验证的刚度理论得到，矿山结构的刚度大于矿山负载系统的刚度是发生冲击地压的必要条件；由能量理论得到，冲击地压是由矿体-围岩系统的力学平衡状态破坏后所释放的能量大于消耗能量所致；由冲击倾向性理论得到，煤（岩）介质固有冲击倾向特性是产生冲击地压的必要条件。

我国最早关于冲击地压的报道刊于 1966 年的《科学通报》[119]，而对冲击地压的系统研究始于改革开放，从国家"七五"科技攻关计划开始，从最初的引进学习阶段逐步发展为引领探索阶段。其中，李玉生[120]在总结国外相关研究结果的基础上提出了冲击地压"三准则"理论。章梦涛[121,122]通过研究分析得到当煤岩体内部高应力区的应变软化介质与非软化介质处于非稳定状态时，外部的动载荷扰动即可诱发系统失稳，进而提出了冲击地压失稳理论。张万斌等[123]在总结波兰冲击倾向性研究成果的基础上对冲击倾向性理论进行了完善和补充，提出了符合我国煤矿实际的冲击倾向性指标。潘一山等[124-126]将冲击地压分为煤体压缩型、顶板断裂型和断层错动型三种类型，提出了冲击扰动响应失稳理论，并给出了冲击地压扰动响应失稳条件以及圆形巷道发生冲击地压的解析解。齐庆新[127]在总结冲击地压现场显现特征的基础上，发现煤岩体的层状结构和煤岩层间的薄软层结构在冲击地压孕生过程中影响显著，冲击地压是煤岩层摩擦滑动过程中的瞬时黏滑过程，结合煤岩介质自身的冲击倾向性（内在因素）和高应力集中与采动应力叠加（力源因素），提出了冲击地压"三因素"理论。

潘岳等[128]将以剪切破坏为特征的断层失稳过程简化归结为折迭突变模型，建立了矿井围岩-断层系统的准静态形变平衡方程，推导出断层失稳前后围岩弹性能量释放量及断层错距的公式。纪洪广等[129]将冲击能量、时间及空间信息进行统一分析并提出了"开采扰动势"的冲击危险预测模型。姜耀东等[130,131]从煤岩结构特征出发，研究了煤岩组合体失稳滑动的产生条件以及特定条件下的滑动类型，提出了煤岩体组合结构失稳理论。姜福兴等[132-134]以义马煤田和南屯煤矿为研究背景，分别对巨厚砾岩与逆冲断层控制型特厚煤层冲击地压机理和软硬分层相间的复合厚煤层冲击地压发生机理进行研究，提出了复合型厚煤层"震-冲"机理。潘俊锋等[135]的研究结果表明，冲击地压的发生分为启动阶段、能量传递阶段和冲击显现阶段三个阶段并提出了冲击启动理论。宋录生等[136]也相继开展了组合煤岩试样的冲击特性研究，得到顶板对于煤层冲击特征的影响。李振雷等[137]和张宁博等[138-140]围绕断层冲击地压建立了断层闭锁与解锁滑移的力学模型，并将断层煤柱型冲击分为断层活化型冲击、煤柱破坏型冲击和耦合失稳型冲击三种类型，且阐释了各自的冲击作用机制。

随着岩石力学与计算机科学的发展，煤岩分形、断裂损伤等理论的应用，研究者围绕冲击地压的机理做了有益的探索。Campoli 等[141]在对美国东部 5 对冲击地压矿井采掘地质条件分析的基础上，分析得到顶底板岩层的坚硬难垮以及上覆松散表土层的结构难成，在采掘扰动下诱发井下冲击地压的发生。Haramy 等[142]指出高应力集中和坚硬顶底板是诱发深部开采冲击地压的主要原因，合理的矿山设计和集中爆破有利于冲击地压防治。谢和平等[143]在岩体损伤力学的基础上引入了分形概念，得到冲击地压是煤岩体内部破裂的分形积聚且积聚释放能量随着分形维数的减小按指数律增加。尹光志等[144]通过分析脆性煤岩损失特性并借助非线性理论，提出了基于能量损伤的冲击地压模型。潘立友[145]建立了冲击地压扩容模型将冲击地压划分为弹性变形、非线性变形和扩容突变三个阶段。Prochzaka[146,147]运用离散六边形单元法和静态颗粒流程序，从断裂损伤和能量积聚的角度分析评估了冲击地压发生的可能性以及瓦斯爆炸对冲击地压的影响。李铁等[148]的研究结果表明，深部高压瓦斯气体存在于一种含气多孔介质和储气构造之内，在煤体开挖卸荷过程中参与应力叠加而诱发冲击。黎立云等[149-151]通过改变岩体动静态加载方式，对岩石结构破坏的能量释放进行了系统分析，得到可释放应变能与耗散能之间的关系。赵毅鑫等[152]基于非平衡态热力学和耗散结构理论得到冲击地压是煤岩体系统能量非稳定态能量释放转化的非线性动力学过程。马念杰等[153]通过分析均质圆形巷道围岩塑性破坏区的发展冲击失稳机制，提出了蝶形冲击三准则。谭云亮等[154]系统研究了深部应变型、断层滑移型和坚硬顶板型三种冲击地压类型的机理，建立了煤岩组合冲击能速度指数和卸围压冲击能速度指数两个新指标及评价体系，给出了以冲击地压类型划分为导向的监测预警和防治解危方法。

在经典强度理论、刚度理论、能量理论的基础上发展起来的诸多冲击地压机理均含有应力因素，为便于比较，将常用冲击地压机理的基本概念进行归纳。冲击地压机理的基本概念如表 1.2 所示。

表 1.2　　冲击地压机理的基本概念

序号	理论名称	基本概念
1	强度理论	煤岩体局部应力超过极限强度，满足强度理论公式
2	刚度理论	应力加载时矿柱刚度大于围岩刚度
3	能量理论	煤岩体力学平衡系统破坏能量大于消耗能量，满足能量理论
4	变形失稳理论	由煤岩体构成的力学系统，在力学非稳定平衡状态下的失稳
5	三准则理论	冲击地压的发生需满足强度准则、能量准则和冲击倾向性准则，且这三个准则均与应力密切相关
6	三因素理论	煤岩体的内在因素、结构因素和力源因素是发生冲击地压的必要条件
7	应力控制理论	防治煤矿冲击地压最关键的是要准确测定采动应力，并有效控制采动应力，比较应力梯度的变化
8	强度弱化减冲理论	降低应力集中，使得煤岩体弹性能量小于最小冲击能量
9	冲击启动理论	集中静载荷是内因，外界动载荷是外因
10	扰动响应失稳理论	若煤岩变形微小扰动增量 ΔP 导致塑性软化变形区或特征位移的无限增长，则非稳定平衡系统失稳

在冲击地压防治理论及技术方面，受冲击地压机理研究和机械制造等相关因素的制约，我国 20 世纪的防冲技术大多借鉴波兰、德国等的防冲经验[155,156]。随着我国在煤与瓦斯突出防治方面经验的积累以及机械电控方面的发展，我国基本建立了从区域防治到局部解危的系统防治技术理论和技术体系。

窦林名等[157,158]主张通过对煤岩体进行损伤软化，降低煤岩体的强度，调整转移煤体局部应力集中并使其向深部转移，进而降低冲击地压的强度，形成了强度弱化减冲理论。在冲击地压防治理论方面，姜福兴等[159]基于 50 多个煤矿的防冲实践总结，采用上覆岩层的空间结构理论、动-静应力场理论、当量采深理论和区域性应力转移理论进行了工作面的优化设计以及采用应力三向化防冲理论和底板屈曲冲击理论指导了厚及特厚煤层防冲设计、钻孔卸压、底板防冲等 13 个冲击地压治理的关键理论和相关技术。齐庆新等[160-162]从冲击地压防治的角度提出了应力控制防冲。赵善坤等[163]针对陕西、内蒙古地区厚硬顶板条件下的冲击地压致灾主控因素并结合现场实践，提出了冲击地压力构协同防控理论。

贺承喜[164]、郭晓强等[165]围绕不同巷道布置方式下冲击地压的发生特征进行研究，提出了避开支承应力集中区以降低静载荷和增大传播介质衰减指数以降低动载荷的削弱动为原则的巷道防冲布置方案，并研究了内、外错式巷道的力学模型和应力分布特征。王占立等[166]的研究结果表明，薄煤层煤体的承载能力随着煤层变薄而增强，应力转移越加困难。李振雷等[167]的研究结果表明，在一定厚度内的煤层，综放开采较分层开采对采场及巷道围岩应力具有弱化作用，合理增加采后可以有效控制冲击地压的发生。李宏艳等[168]基于我国煤矿冲击地压防治技术方面的进展，提出目前冲击地压防治措施主要有区域防治措施和局部防治措施两种。区域防治措施主要是通过合理的开拓部署、采煤方法选择、煤柱尺寸优化以及保护层开采等技术，实现大范围采场低应力开采状态，进而避免了冲击地压的发生。马占国等[169]通过对采动覆岩结构运动、裂隙动态演化规律进行分析，得到远距离保护层的卸压范围和被保护层的膨胀变形特征。沈荣喜等[170]模拟研究了开采与未开采保护层条件下工作面围岩应力分布及其塑性区分布特征，给出了近距离保护层开采防冲机理。

　　冲击地压局部防治措施，主要是通过对煤层、顶底板进行卸压解危，降低应力集中程度，进而实现冲击地压的防治，比较典型的成熟技术有煤层大直径钻孔卸压法、顶板深孔断裂爆破法和顶板定向水压致裂法等。齐庆新等[171]将煤层卸压爆破分为煤层松动爆破、煤层卸压爆破和煤层诱发爆破三种形式。Andrieux 等[172]提出了一种采用 9 种参数对大规模爆破卸压分级评价的地球物理方法。赵善坤等[173-177]通过理论分析和现场实践系统研究了深孔断顶爆破以及底板爆破防治冲击地压的基本原理和影响因素。Konicek 等[178]的研究结果表明，卸压爆破作为一种以弱化岩层强度、降低岩体弹性模量和转移释放应力为目的的解危技术，在作用机理、精准控制和效果检验方面还有待提高。赵宝友等[179]对爆破卸压控制巷道变形以及煤层爆破增透、提高瓦斯抽放、降低突出危险做了系统研究。

　　坚硬顶板定向水压致裂法是借鉴石油行业的水压致裂地应力测量技术转化而来的。孙守山等[180]系统介绍了波兰顶板水压致裂技术。Jeffrey 等[181]通过对澳大利亚 Moonee 煤矿采空区难垮落坚硬顶板进行水压致裂，实现了顶板的阶段性有序垮落。冯彦军等[182]、吴拥政等[183]研究了定向水压致裂的裂缝扩展特征及压裂效果影响参数，并将其应用于坚硬顶板岩层的垮落促断。赵善坤等[184,185]针对陕西、内蒙古地区侏罗系厚硬砂岩顶板条件，研究了顶板定向水压致裂预制裂缝倾角对防冲效果的影响，并从施工难度、成本以及影响半径等角度对比研究了顶板水压致裂与深孔顶板预裂爆破的适用性。同时，煤层注水旨在降低煤岩体的力学性质和改变煤岩体的内部结构，进而达到防冲的目的。蒋承林[186]采用球壳失稳理论分析得到煤层注水降低了硬煤强度和塑性，进而达到了防冲的目的。宋维源等[187]的研究结果表明，煤层注水过程相当于水驱气的驱替过程。

　　大直径钻孔卸压是德国国家监察局唯一批准的防冲标准措施，因其施工要求低、卸压效果快的特点，被波兰、俄罗斯等冲击地压矿井广泛使用[188,189]。近年来，随着大扭矩钻机的研发成功，该技术广泛应用于冲击地压防治矿井。朱斯陶等[190]和王志康[191]通过对钻孔直径、钻孔间距的研究，提出应将钻孔直径和钻孔间距统一起来，以有效卸压应变率计算单位长度的排粉量来确定钻孔间距。贾传洋等[192]研究了不同孔径下围岩变形特征，得到孔边裂纹扩展贯通导致围岩应力降低，进而实现了冲压防治目的。马斌文[193]采用数值模拟研究了单排、双排以及三花布置条件下，钻孔卸压的应力转移规律和塑性区分布特征，得到单排卸压效果更佳的结论。

巷道支护作为抵御冲击地压动力显现的最后一道防线，其断面的大小、支护形式和支护强度直接关系到矿工的安全。高明仕等[194]基于应力波传播效应提出了强弱强支护控制理论，并建立了围岩防冲抗震的强弱强结构力学模型。潘一山等[195,196]将液压支架引入到巷道防冲支护技术，提出了吸能耦合支护防冲力学模型，研制了系列吸能防冲支架，大大提高了巷道围岩抗冲击的能力。刘军等[197]基于深部矿井巷道围岩变形破坏特性，通过数值模拟方法，对比研究了柔性让压支护和刚柔一体化吸能支护对冲击载荷的力学响应，并在义马矿区建立了刚柔一体化吸能支护体系。康红普等[198]提出了支护应力场的概念，围绕冲击地压巷道的围岩变形特征、锚杆动压巷道支护机理及其侧向抗冲击动态响应以及材料选择等特征进行了系统研究，提出了强预紧力、高延伸率和高冲击吸收功锚杆(索)的动压巷道支护原则。韩昌良等[199]建立了沿空巷道卸压-锚固双重主动支护技术体系。赵善坤[200]针对采场应力多变和各种卸压措施适用性的不同，提出了冲击地压应力控制动态调控技术，并成功指导了强冲击危险工作面的切眼贯通。

第2章 典型厚硬顶板采动巷道矿压显现特征及围岩稳定性评价

本章以内蒙古乌审旗呼吉尔特矿区某煤矿 11 盘区为工程背景，以 311102 工作面回风顺槽回采期间的动压显现为切入点，以现场实测为主要手段，运用钻孔窥视仪对一次采动、二次采动影响下的留巷围岩松动圈及顶底板离层量进行观测；采用钻孔应力计和 PASAT-M 型便携式微震监测仪对一次采动、二次采动影响下的留巷围岩超前应力影响范围以及不同阶段区段煤柱的应力状态和塑性区发育进行探测，为煤柱上覆厚硬岩层垮断位置的推断提供参考；通过开展顶底板及煤层力学特性测试及冲击倾向性分析，得到采动巷道顶板岩层结构特征；分析采动巷道围岩稳定性的影响因素，确定区段煤柱侧向厚硬顶板垮断结构与围岩应力分布特征是采动巷道围岩控制的主要影响因素。

2.1 典型厚硬岩层采动巷道矿压显现特征

2.1.1 矿井基本概况

矿井位于内蒙古乌审旗呼吉尔特矿区南部，属东胜煤田西南深部区。整体属于高原半沙漠地貌特征。区内大部分地区被第四系风积沙覆盖，沙体形态有新月形、波状沙丘，地表无基岩出露。植被以稀疏的沙蒿、沙柳为主。井田内地层由老至新发育有：三叠系上统延长组（T_3y）、侏罗系中统延安组（J_2y）、侏罗系中统直罗组（J_2z）、侏罗系中统安定组（J_2a）、白垩系下统志丹群（K_1zh）和第四系（Q）。主要含煤地层为侏罗系下统塔里奇克组下段。

井田构造形态与区域含煤地层构造形态一致。呼吉尔特矿区构造位置如图 2.1 所示。其构造形态总体为一向北西倾斜的单斜构造，倾向 300°～320°，地层倾角 1°～3°，地层产状沿走向及倾向均有一定变化，但变化不大。沿走向发育有宽缓的波状起伏，区内未发现大的断裂和褶皱构造，亦无岩浆岩侵入。矿井已接露的 2 个盘区共解释断层 16 条，全部为正断层，按断层落差分类：$H \geqslant 5m$ 的断层有 12 条（DF1、DF2、DF6、DF7、DF8、DF10、DF11、DF12、DF13、DF14、DF15、DF16），$H < 5m$ 的断层有 4 条（DF3、DF4、DF5、DF9），综合评价井田构造属于简单类型。

矿井的煤层主要分为：

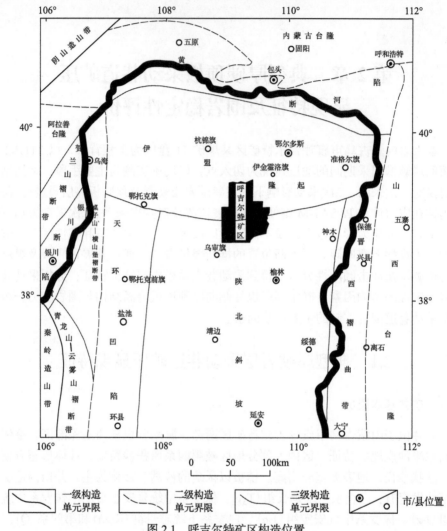

图 2.1　呼吉尔特矿区构造位置

(1)可采煤层。采用标志层法、层间距法、岩性组合法、煤岩学法、测井特征对比法等多种方法，对煤层进行多重划分与综合对比的结果表明，位于+660水平的2-1煤层、2-2中煤层属于局部可采煤层，3-1煤层属于全区可采煤层。

(2)2-1煤层。位于延安组三段中上部，2煤组中部。根据对钻孔资料的统计，该煤层厚度为0～5.34m，平均为1.11m，该煤层结构简单，一般不含夹矸，煤厚变异系数为81%；在43个见煤点中有26个钻孔内煤层达到可采厚度且大部分连片，可采见煤点煤层厚度为0.80～2.40m，平均为1.36m，总体由井田中部分别向北部、南部增厚，可采区分布于井田北部和南部，点可采性指数为52%，面积可采性指数为45%。煤层顶板岩性主要为深灰色砂质泥岩及粉砂岩，底板岩性主要为砂质泥岩。

(3)2-2中煤层。位于延安组三段中部、2煤组中部,上距2-1煤层6.59~47.26m,平均为21.47m。区内煤层层位不稳定,厚度变化较大,50个钻孔中煤层厚度为0~5.70m,平均为1.18m,该煤层结构简单,一般不含夹矸,煤厚变异系数为109%。44个见煤点中有19个可采点,煤层可采厚度为0.80~5.70m,平均为2.06m,由北向南、由东向西增厚,可采区集中于井田西南部,点可采性指数为37%,积可采性指数为45%。煤层顶板岩性主要为深灰色砂质+泥岩及粉砂岩,底板岩性主要为黑色砂质泥岩。

(4)3-1煤层。位于延安组二段上部,3煤组顶部,上距2-2中煤层22.60~61.23m,平均为37.73m,且由西向东、由南向北间距增大。3-1煤层层位稳定,煤层厚度为3.09~7.00m,平均为5.51m,该煤层结构简单,不含夹矸或局部含1~2层夹矸。总体呈现由北向南逐渐增加的趋势。点数可采性指数和面积可采性指数均为100%。煤层顶板岩性主要为(粉)砂质泥岩,局部为粉砂岩和(中)细粒砂岩;底板岩性以砂质泥岩为主。

矿井属瓦斯矿井,各煤层自燃等级为Ⅰ~Ⅱ级,各煤层煤尘有爆炸危险性。矿井设计正常涌水量为796.86m³/h,水文地质类型为复杂型。

矿井采用立井开拓,在工业场地布置主井、副井、风井三个井筒,井口标高为+1271.6m。井田共划分三个开采水平:第一水平设在主采煤层3-1煤层中,水平标高为+660m;第二水平设在4-1煤层中;第三水平设在5-1煤层中。开采第一水平,共布置6个盘区。矿井设计生产能力达400万t/a,2011年4月开工建设,2014年7月联合试运转。

11盘区为矿井首采盘区,311102工作面为该盘区第2个开采工作面,该工作面东部濒临311101工作面采空区,西部紧挨311103工作面实体煤,北部为水源地保护煤柱,南部靠近3-1煤辅运大巷。11盘区工作面内煤层的平均厚度为5.42m,平均倾角为1.5°,工作面采用双巷布置,主运顺槽和辅运顺槽之间区段的煤柱宽为30m,工作面倾向长度为260m,走向长度为3578m,平均埋深为600m,采用走向长壁综合机械化一次采全高采煤法,全垮落法管理顶板,11盘区工作面如图2.2所示。

11盘区工作面端头选用ZYT12000/25/50D型端头液压支架7架,其中溜尾4架、溜头3架;选用ZYG12000/26/55D型过渡支架6架,其中溜头、溜尾各3架;中间支架选用ZY12000/28/63D型支撑掩护式支架140架。超前支护方式:工作面主运顺槽采用超前支架的方式进行支护,支护长度约为23m。超前支护支架由1组ZCZ31880/26/45D型超前支架组成,最大支护高度为4.5m,总宽度为3560mm,工作阻力为31880kN,支护强度为0.40MPa。两架超前支架之间用拉移千斤顶相连,前端超前支架通过推移座与转载机连接,每架由左右支撑部中间靠两组液压

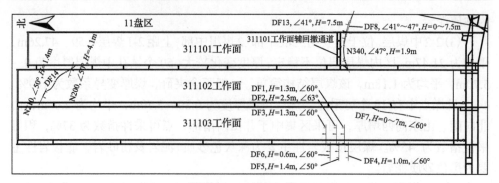

图 2.2 　11 盘区工作面

千斤顶上下连接，能够对不同层面的巷道顶板形成有效控制。工作面回风顺槽采用超前支架的方式进行支护，支护长度约为 80m。超前支架采用 ZZ20000/22/44D型支撑掩护式液压支架，20 架并排布置，超前支架支撑高度为 2.2～4.4m，支撑宽度为 1900～2645mm，支撑力为 15832kN(31.5MPa)，工作阻力为 20000kN(39.8MPa)，后期配合单体支柱支护。

311102 工作面主运顺槽支护参数如下：顶板及非生产帮锚杆采用 ϕ20mm×2200mm 的无纵筋螺纹钢树脂锚杆，锚杆间距 1000mm，排距为 1000mm；生产帮采用 ϕ22mm×2200mm 的全螺纹玻璃纤维增强树脂锚杆，锚杆间间距为1000mm，排距为 1000mm；顶板采用规格为 ϕ21.6mm×6200mm 的预应力钢绞线锚索，锚索间距为 1600mm，排距为 3000mm。

辅运顺槽采用的支护参数为：顶板及东帮采用 ϕ20mm×2200mm 的无纵筋螺纹钢树脂锚杆，锚杆间距 1000mm，排距为 1000mm；西帮采用 ϕ22mm×2200mm的全螺纹玻璃纤维增强树脂锚杆，锚杆间距为 1000mm，排距为 1000mm；锚索采用 ϕ21.6mm×6200mm 的预应力钢绞线，锚索间距为 1600mm，排距为 3000mm。

回风顺槽采用的支护参数为：顶板及两帮锚杆采用 ϕ20mm×2200mm 的无纵筋螺纹钢树脂锚杆，锚杆间距为 1000mm，排距为 1000mm；顶板锚索采用 ϕ17.8mm×7300mm 的绞线，锚索间距为 1600mm，排距为 3000mm。

2.1.2 采动巷道围岩动压显现特征

工作面回采过程中采场上覆岩层发生周期性破断，掌握采场矿压显现规律，明确工作面周期来压步距、来压强度等矿压显现规律对指导工作面安全生产具有重要意义。首采 311101 工作面回采期间矿压稳定，未发生较明显的矿压动力显现。

为了明确 311102 工作面矿压显现规律，采用矿山压力监测系统对其进行 24h连续实时监测，311102 工作面共布设 22 个压力分站。为排除偶然因素的影响，将 22 个压力分站划分为 3 个测区：上部测区Ⅰ、中部测区Ⅱ和下部测区Ⅲ，各测区及连接测站监测支架的编号分别为：2#、9#、16#、23#、30#、37#、44#(测区Ⅰ)，51#、58#、65#、72#、79#、86#、93#、100#(测区Ⅱ)，107#、114#、121#、128#、135#、142#、149#(测区Ⅲ)。311102 工作面液压支架测区及测点布置如图 2.3 所示。

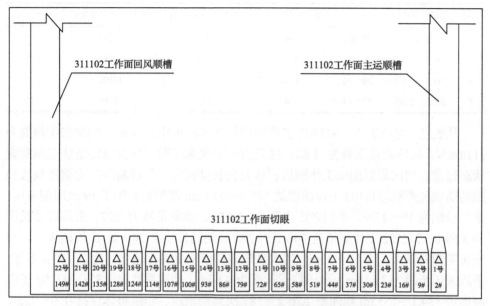

图 2.3　311102 工作面液压支架测区及测点布置

△——监测分区布置位置及编号

　　为了更好地反映整架支架的受力情况，根据现场实际情况，本次分析以整架支架为研究对象，即分析支架受力的时候以左柱加右柱为平均值。同时，观测期间选取支架每天最大(加权平均)工作阻力的平均值加上支架每天最大(加权平均)阻力平均值的均方差作为 311102 工作面来压判据，即

$$P = \bar{P} + k\hat{\sigma} \tag{2.1}$$

式中，P 为判定老顶来压的工作阻力(来压判据)；$\bar{P}$ 为最大(加权平均)工作阻力的平均值；k 为置信度系数，取值为 1；$\hat{\sigma}$ 为每天最大(加权平均)阻力平均值的均方差。

　　311102 工作面正常回采期间，由于支架工作阻力曲线随着上覆岩梁的周期性运动具有周期性变化的规律。因此，可以通过支架日常工作阻力曲线的周期性变化来判断 311102 工作面周期来压情况。相比上部测区、下部测区，中部测区来压的矿压显现规律较为明显，因此选取中部测区作为研究对象，对 311102 工作面矿压显现规律进行分析。

2015 年 4 月 2 日，311102 工作面推进 60m 左右时发生初次来压。2015 年 6 月
1 日～10 月 8 日 311102 工作面共发生了 87 次周期来压，各次来压对比情况如表 2.1
所示。

表 2.1 各次来压对比情况

区域	距切眼距离/m	编号	平均来压步距/m	平均持续长度/m	平均来压强度/kN	动载系数
1	0～60	初次来压	60	4.8	11189	1.62
2	470.4～723.2	1～19	13.87	3.69	10889	1.27
3	748.7～874.3	20～26	21.14	4.67	10892	1.32
4	884.1～1535	27～87	9.87	3.55	10796	1.27

从表 2.1 可以看出，311102 工作面的初次来压步距为 60m，初次来压强度为
11189kN，来压动载系数为 1.62，这是由于初次来压期间顶板由完整状态向断裂
状态过渡，初次断裂期间工作面后顶板悬顶长度较大，其破断时对支架造成较强
烈的动载荷影响。311102 工作面推进 470.4～723.2m 期间共发生了 19 次周期来压，
来压步距为 10～17m，平均来压步距为 13.87m，动载系数为 1.27，来压持续长度
为 3.69m；311102 工作面推进 748.7～874.3m 期间发生第 20～26 次周期来压，来
压步距相对较大，为 17～25m，每次来压的持续长度变化较大，为 2～10m 不等，
平均来压步距为 21.14m，来压持续长度为 4.67m，动载系数为 1.32；311102 工作
面推进 884.1～1535m 期间发生第 27～87 次周期来压，步距整体保持在 9～12m，
平均来压步距为 9.87m，来压持续长度为 3.55m，动载系数为 1.27。相比工作面推
进 748.7～874.3m 区域，工作面推进 470.4～723.2m 及 884.1～1535m 期间，工作
面来压步距较小、来压持续长度较小、动载系数较小。但整体来说，87 次周期来
压的强度变化不大，为 10500～11000kN，动载系数为 1.2～1.4，这说明 311102
工作面回采过程中，相对于初次来压，周期来压期间顶板缓慢下沉，采场承受的
动载荷作用较小。综合以上分析，11 盘区 311102 工作面推进过程中呈现不同的
矿压显现特征，一方面说明矿井顶板条件变化较大，工作面的推进速度起伏性较
高；另一方面反映了现有额定阻力为 12000kN 的支架基本可以满足支护要求。

由 11 盘区综合柱状图可知，工作面上覆 100m 范围内存在多个厚硬岩层。判
别关键层的主要依据是其变形和破断特征，即在关键层破断时其上部全部岩层或
局部岩层的下沉变形是相互协调一致的，控制其上全部岩层移动的岩层称为主关
键层，控制局部岩层移动的岩层称为亚关键层，关键层的断裂将导致全部或相当
部分的岩层产生整体运动。正是因为关键层对岩体活动全部或局部起控制作用，
所以确定主关键层的位置就能对其他岩层的运动做出判断，进而指导工作面的矿
压分析。

为了进一步分析工作面推进过程中，上覆多个岩层的运动特征，根据关键层

理论中关键层与覆岩运移规律的关系，通过以下三个步骤来确定关键层在覆岩中的位置。

(1)第 1 步，由下往上确定覆岩中的硬岩层位置。

假设第 1 层岩层为硬岩层，其上直至第 m 层岩层与之协调变形，而第 $m+1$ 层岩层不与之协调变形，则第 $m+1$ 层岩层是第 2 层硬岩层。关键层的载荷计算模型如图 2.4 所示。由于第 1 层至第 m 层岩层协调变形，所以各岩层曲率相同，各岩层形成组合梁，作用在第 1 层硬岩层上的载荷为

$$q_1(x)\big|_m = \frac{E_1 h_1^3 \sum\limits_{i=1}^{m} \gamma_i h_i}{\sum\limits_{i=1}^{m} E_i h_i^3} \tag{2.2}$$

式中，$q_1(x)\big|_m$ 为考虑第 m 层岩层对第 1 层硬岩层形成的载荷；h_i、γ_i、E_i 分别为第 i 层岩层的厚度、容重、弹性模量 $(i=1, 2, \cdots, m)$。

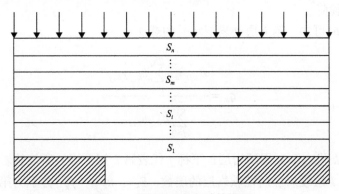

图 2.4　关键层的载荷计算模型

第 $m+1$ 层对第 1 层硬岩层形成的载荷为

$$q_1(x)\big|_{m+1} = \frac{E_1 h_1^3 \sum\limits_{i=1}^{m+1} \gamma_i h_i}{\sum\limits_{i=1}^{m+1} E_i h_i^3} \tag{2.3}$$

由于第 $m+1$ 层为硬岩层，其挠度小于下部岩层的挠度，第 $m+1$ 层以上岩层已不再需要其下部岩层去承担它所承受的载荷，相邻两个岩层之间的关系为

$$q_1(x)\big|_{m+1} < q_1(x)\big|_m \tag{2.4}$$

将式(2.1)和式(2.2)代入式(2.3)，化简可得

$$\gamma_{m+1} \sum_{i=1}^{m} E_i h_i^3 < E_{m+1} h_{m+1}^2 \sum_{i=1}^{m} h_i \gamma_i \tag{2.5}$$

式(2.4)即为判别硬岩层位置的公式。在具体判别时，从煤层上方第1层岩层开始往上逐层计算，当满足式(2.5)时，则不再往上计算。此时，从第1层岩层往上，第 m 层岩层为第1层硬岩层。从第1层硬岩层开始，按上述方法确定第2层硬岩层的位置，以此类推，直至确定出最上一层硬岩层(设为第 n 层硬岩层)。通过对硬岩层位置的判别，得到了覆岩中硬岩层的位置及其所控软岩层组。

(2)第2步，计算各硬岩层的破断步距。

硬岩层破断是弹性基础上板的破断问题，但为了简化计算，硬岩层破断步距采用两端固支梁模型计算，则第 k 层硬岩层破断步距 L_k 为

$$L_k = h_k \sqrt{\frac{2\sigma_k}{q_k}} \tag{2.6}$$

式中，h_k 为第 k 层硬岩层的厚度；σ_k 为第 k 层硬岩层的抗拉强度；q_k 为第 k 层硬岩层承受的载荷。

由式(2.6)可知，第 k 层硬岩层承受的载荷 q_k 为

$$q_k = \frac{E_{k,0} h_{k,0}^3 \sum\limits_{j=0}^{m_k} h_{k,j} \gamma_{k,j}}{\sum\limits_{j=0}^{m_k} E_{k,j} h_{k,j}^3} \tag{2.7}$$

式中，下标 k 代表第 k 层硬岩层；下标 j 代表第 k 层硬岩层所控软岩层组的分层号；m_k 为第 k 层硬岩层所控软岩层的层数；$E_{k,j}$、$h_{k,j}$、$\gamma_{k,j}$ 分别为第 k 层硬岩层所控软岩层组中第 j 层岩层的弹性模量、分层厚度及容重。

当 $j=0$ 时，即为硬岩层的力学参数，例如，$E_{1,0}$、$h_{1,0}$、$\gamma_{1,0}$ 分别为第1层硬岩层的弹性模量、分层厚度和容重，$E_{1,1}$、$h_{1,1}$、$\gamma_{1,1}$ 分别为第1层硬岩层所控软层组中第1层软岩的弹性模量、分层厚度和容重。

由于表土层的弹性模量可视为 0，设表土层厚度为 H，容重为 γ，所以最上一层硬岩层，即第 n 层硬岩层上的载荷可按式(2.8)计算：

$$q_n = \frac{E_{n,0} h_{n,0}^3 \left(\sum\limits_{j=0}^{m_n} h_{n,j} \gamma_{n,j} + H\gamma \right)}{\sum\limits_{j=0}^{m_n} E_{n,j} h_{n,j}^3} \tag{2.8}$$

(3) 第 3 步，按以下原则对各硬岩层的破断步距进行比较，确定关键层位置：

① 若第 k 层硬岩层为关键层，则其破断步距应小于其上部所有硬岩层的破断步距，即

$$L_k < L_{k+1} \tag{2.9}$$

② 第 k 层硬岩层的破断步距 L_k 大于上方第 $k+1$ 层硬岩层的破断步距，则将第 $k+1$ 层硬岩层承受的载荷加到第 k 层硬岩层上，重新计算第 k 层硬岩层的破断步距。

③ 从最下一层硬岩层开始逐层往上判别 $L_k < L_{k+1}$ 是否成立，以及当 $L_k > L_{k+1}$ 时，重新计算第 k 层硬岩层的破断步距。

结合 11 盘区采掘平面图及 311102 工作面不同区域对应的钻孔情况得到区域 1 及区域 3 对应柱状图下层位的各岩层情况。区域 1 及区域 3 的覆岩情况如表 2.2 所示。区域 2 及区域 4 覆岩情况见表 2.3。

表 2.2　区域 1 及区域 3 覆岩情况

岩层编号	岩性	厚度/m	深度/m
7	中粒砂岩	16.84	595.67
6	砂质泥岩	1.70	597.37
5	中粒砂岩	13.45	610.82
4	砂质泥岩	3.50	614.32
3	中粒砂岩	12.96	627.28
2	砂质泥岩	4.40	631.68
1	3-1 煤	6.10	637.78

表 2.3　区域 2 及区域 4 覆岩情况

岩层编号	岩性	厚度/m	深度/m
13	粗粒砂岩	17.29	564.01
12	粉砂岩	0.9	564.91
11	煤	0.2	565.11
10	泥质粉砂岩	5.95	571.06
9	细粒砂岩	6.7	577.76
8	中粒砂岩	5.61	583.37
7	粉砂岩	0.9	584.27
6	砂质泥岩	4.61	588.88
5	粉砂岩	6.46	595.34
4	砂质泥岩	1	596.34

岩层编号	岩性	厚度/m	深度/m
3	粉砂岩	3.15	599.49
2	粉砂质泥岩	3.65	603.14
1	3-1煤	5.65	608.79

从表 2.2 及表 2.3 可以看出，不同部位覆岩情况差距较大，根据实验室测得的巴彦高勒煤矿覆岩煤岩体岩石力学参数，利用以上主控岩层判断方法可知，表 2.2 中层号为 3 的中粒砂岩属于主控岩层，该岩层与上覆层号为 4～6 的岩层一起协调运动，且该岩层初次破断步距 L_k=55m；表 2.3 中层号为 5 的粉砂岩属于主控岩层，且该岩层与上覆层号为 6～12 的岩层一起协调运动。

1) 不同区域主控岩层周期破断步距计算

由前面的分析可知，311102 工作面初次破断步距的理论值为 55m，主控岩层发生初次断裂后，随着工作面的推进，主控岩层将出现周期性断裂，此时可将主控岩层视为悬臂梁结构进行分析和计算。悬臂梁的最大弯矩在固支端，固支端处拉应力最大，悬臂梁从固支端被拉断。悬臂岩梁的最大拉应力为

$$\sigma_{\max} = \frac{3q}{h^2}L^2 - \frac{1}{5}q \tag{2.10}$$

式中，$\sigma_{\max}$ 为最大拉应力；q 为岩梁所承受的载荷；h 为岩梁厚度；L 为岩梁周期破断步距。

则主控岩层的周期破断步距为

$$L = h\sqrt{\frac{\sigma_t + \frac{1}{5}q}{3q}} \tag{2.11}$$

式中，σ_t 为 t 时刻悬臂岩梁的拉应力。

将覆岩中硬岩层的基础数据代入式(2.11)可知，区域 2 及区域 4 主控岩层周期性破断步距 $L_2=L_4$=10.23m；区域 3 主控岩层周期性破断步距 L_3=22.3m。

因此，311102 工作面沿走向方向的四个区域覆岩破断特征见表 2.4。

表 2.4　311102 工作面沿走向方向的四个区域覆岩破断特征

区域	距切眼距离/m	类型	破断步距/m
1	0～60	初次破断	55
2	470.4～723.2	周期性破断	10.23
3	748.7～874.3	周期性破断	22.3
4	884.1～1535	周期性破断	10.23

　　在 311102 工作面初次破断区域，工作面顶板主控岩层距煤层 4.4m，位于工作面基本顶位置，理论计算该主控岩层初次破断步距约为 55m，这与实际监测的工作面推进 60m 时发生初次来压相对应；随着 311102 工作面继续推进，工作面发生周期性破断，在区域 2，工作面顶板主控岩层距煤层 7.8m，位于工作面基本顶位置，理论计算该主控岩层初次破断步距约为 10.23m，这与实际监测的工作面平均周期来压步距 13.87m 相对应；在区域 3，311102 工作面顶板主控岩层距煤层 4.4m，位于工作面基本顶位置，理论计算该主控岩层初次破断步距约为 22.3m，这与实际监测的工作面平均周期来压步距 21.14m 相对应；在区域 4，311102 工作面顶板主控岩层距煤层 7.8m，位于工作面基本顶位置，理论计算该主控岩层初次破断步距约为 10.23m，这与实际监测的工作面平均周期来压步距 9.87m 相对应。可以看出，来压步距的理论值与实测值相符。311102 工作面主控岩层初次破断特征和周期破断特征如图 2.5 和图 2.6 所示。

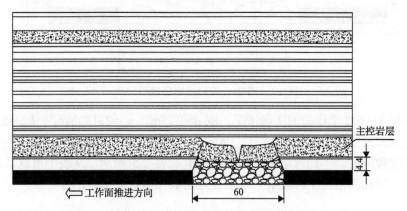

图 2.5　311102 工作面主控岩层初次破断特征(单位：m)

2) 不同区域来压强度理论分析

　　311102 工作面回采后，直接顶的重量全部由支架承受，而基本顶层位的主控岩层能形成结构，支架控制着主控岩层的稳定性。主控岩层失稳的方式有两种，分别为滑落失稳及回转失稳。当控制老顶滑落失稳时，支架作用力为

$$F = B\gamma_z l_{\max} \sum_{i=1}^{n} h_i + BL\gamma \sum_{i=1}^{n} H_i - \frac{BL^2\gamma \sum_{i=1}^{n} H_i}{2(H-\delta)}\tan(\varphi-\theta) \qquad (2.12)$$

式中，B 为支架宽度；H 为主控岩层厚度；i 为上覆岩层的层数；L 为来压步距；$L_{\max}$ 为最大控顶距；$\sum_{i=1}^{n} H_i$ 为基本顶层位的主控岩层及其上覆协调运动岩层总厚

度；$\sum\limits_{i=1}^{n} h_i$ 为直接顶厚度；γ 为基本顶层位的主控岩层及其上覆协调运动岩层的平均容重；γ_z 为直接顶容重；φ、θ 分别为岩块的内摩擦角和破断角。

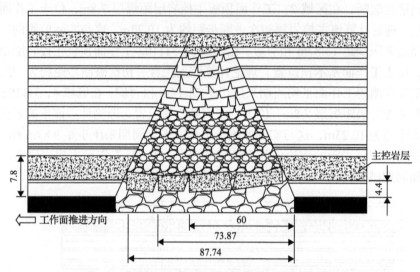

图 2.6　311102 工作面主控岩层周期破断特征（单位：m）

根据 311102 工作面的实际情况，取 B=1.75m，γ_z=25190N/m³，l_{max}=5.75m，q=322636N/m³，H=12.96m，δ=0，φ=35°，θ=15°，代入式（2.12）得到不同区域来压强度理论值。不同区域来压强度理论值如表 2.5 所示。从表中可以看出，初次来压区域和其他三个区域的来压强度理论值均与现场实测相符。

表 2.5　不同区域来压强度理论值

区域	$\sum\limits_{i=1}^{n} h_i$/m	L/m	q/(N/m³)	H/m	F/kN
1	7.8	30	322636	6.46	10922
2	4.4	10.23	789202	12.96	12036
3	7.8	22.3	322636	6.46	9766
4	4.4	10.23	789202	12.96	12998

此外，通过对 311102 工作面自回采以来回风顺槽动压显现特征进行统计发现，仅在 2015 年 4 月 23 日～2015 年 11 月 28 日期间，受二次采动影响，回风顺槽先后发生 27 次动压显现，巷道围岩变形量大，底鼓及顶板冒落现象频发。311102工作面回风巷道动压破坏如图 2.7 所示。其中，比较典型的动压显现有以下 3 次。

（1）2015 年 4 月 23 日：当 311102 工作面推采至 210m 位置时，采空区出现"雷暴声"，工作面支架明显下沉，回风顺槽超前架组 2m 以外，顶板压力显现强烈并

图 2.7　311102 工作面回风巷道动压破坏

开始逐渐下沉，将靠近老空侧的超前架组压歪、两组超前架压实。在回风顺槽距 311102 工作面 261~286m 处，形成长度约为 25m、最大冒落高度约为 5m 的冒落区，其中冒落高度超过 4.5m 的范围达 15m，冒落处锚索全部被拉断。

（2）2015 年 6 月 1 日：当 311102 工作面自切眼推采至 453m 时，回风顺槽出现强烈来压现象，超前支护段 530~550m 范围内非生产煤帮出现炸帮喷煤，煤帮位移巷道 0.31m；超前支护段顶板压力大、整体下沉，部分锚杆、锚索坠断，两帮煤体变形挤出，锚杆被拉断或整体拉出，锚网损坏严重；超前支护段内有 30 多根单体柱发生不同程度的损坏，靠近工作面 30m 范围内底板鼓起 0.5~1m。

（3）2015 年 7 月 15 日：当 311102 工作面自切眼推采到 780m 时，回风顺槽超前支护段 810~830m 范围内区段煤柱侧煤帮出现炸帮喷煤，整体向巷道内移出 0.3~0.8m；超前支护段沿空侧顶板整体切冒，锚杆锚索被拉断或整体拉出，上肩角处煤体冲出，锚网损坏严重；超前支护段内有 10 多根单体柱受损破坏，5 根超前架组立柱损坏，锚固支架四连杆机构开焊，工作面超前 30m 范围内底板鼓起 0.5~1m。

通过对 27 次回风顺槽二次采动影响巷道矿压显现事故统计分析发现：

（1）相邻两次动压显现的间距一般为 10~240m，其中有 12 次相邻冲击地压显现的间距为 10~50m，有 9 次动压显现间距分布在 50~100m。每次破坏长度平均为 15m，合计占总数的 78%，如此规律性的动压显现推断其一定与回风顺槽采场应力状态相关。

（2）311102 工作面动压显现都发生在回风顺槽且区段煤柱侧受损严重，主运及辅运顺槽未发生过动压显现，推断其与回风巷道区段煤柱上方侧向覆岩垮断结构相关。

（3）回风顺槽动压显现巷道破坏范围大，临空侧顶板整体下沉和区段煤柱侧煤体整体外移，锚杆锚索拉断失效，超前支架和单体支柱受损严重，这非单一因素所致，推断为区段煤柱侧向覆岩结构破断和采动应力叠加作用所致。

2.1.3　采动巷道围岩松动圈发育特征

围岩松动圈是通过监测巷道围岩裂隙发育程度，指导巷道支护设计及参数选择的重要依据。原则上，巷道掘进后巷帮锚杆锚索的护帮锚固长度一定要大于巷道围岩松动圈的发育深度并留有一定的安全范围。当工作面回采时，锚固范围能够抵挡住采动应力的影响，有效控制住围岩松动圈的继续发育而造成支护系统失效。尤其是对于二次采动影响巷道，其围岩松动圈的发育范围更需要分析实测，进而指导巷道的支护设计[181]。

本次现场围岩松动圈测试采用 4D 超高清全智能孔内电视（GD3Q-GA）。该系统可实现钻孔内 360°全方位、全柱面观测，尤其适用于水平孔和斜孔中地质参数的定量观测。4D 超高清全智能孔内电视及其相关技术参数分别如图 2.8 和表 2.6 所示。

图 2.8　4D 超高清全智能孔内电视

表 2.6　4D 超高清全智能孔内电视相关技术参数

规格	技术参数	规格	技术参数
型号	GD3Q-GA	角度分辨率	0.1°
主控单元	低功耗嵌入式工业计算机	视频输出	1VP-PAL
显示屏	8in[1)]高亮液晶显示屏	焦距	可调焦

续表

规格	技术参数	规格	技术参数
采集模式	拼图、录像、拼图+录像	图像采集卡	25 帧/s
方位角误差	0.1°	深度计数器分辨率	0.01mm
倾角误差	0.1°	适用孔径	25～500mm
测斜精度	±0.1°	适用孔深	0～1500m
探头承压	10MPa	速度	5～15m/min
镜头	360°全景，1300 万像素，彩色低照度摄像头，大孔也有清晰图像	工作电压	12.6V±5% DC[2]；220V±5% AC[3]
水平分辨率	最高可到 2000	校准	电子罗盘校准
垂直分辨率	0.1mm	工作温度	−40°～+60°

1) 1in=2.54cm。

2) DC 表示直流 (direct current)。

3) AC 表示交流 (alternating current)。

为了有效测试并分析一次采动影响和二次采动影响下巷道围岩的松动圈发育范围，结合 11 盘区开采情况，分别选择 311102 工作面辅运巷、主运巷以及回风巷道作为一次采动影响和二次采动影响的观测位置，每个观测位置设置 5 个观测断面，每个观测断面间距为 20m，以期评估在距工作面不同位置下围岩裂隙及松动圈的发育。第 1 组观测断面与 311102 工作面切眼的距离分别为 470m、490m、510m、530m 和 550m，第 2 组观测断面与 311102 工作面切眼的距离分别为 1150m、1170m、1190m、1210m 和 1230m。其中，顶板观测深度为 10m，巷帮两侧煤体观测深度为 5m。311102 工作面围岩松动圈测站布置及观测孔参数如图 2.9 所示。

1. 一次采动影响下巷道围岩松动圈发育特征

1）主运顺槽围岩松动圈及变形量的分布规律

为研究 311102 工作面回采对主运顺槽顶板的影响，在该巷道距切眼 520m 处的"二次见方"区域布置顶板测孔并对其进行跟踪观测，得到主运顺槽顶板裂隙发育高度及破裂区域随着工作面推进的变化情况。钻孔裂隙窥视图如图 2.10 所示。主运顺槽围岩松动圈深度随 311102 工作面推进的发育变化情况如表 2.7 所示。

当巷道距 311102 工作面 137m 时，顶板裂隙最大发育高度为 3m；当巷道距 311102 工作面 59m 和 47m 时，顶板裂隙最大发育高度均为 4.5m，并未明显地向上发展，煤柱侧围岩松动圈达到最大发育深度 1.5m，略高于实体煤侧。因此，在超前采动应力的影响下，回采扰动对主运顺槽巷道围岩一次采动影响不大，这与巷道围岩均为实体煤且超前支架对两帮的加固支护作用密不可分。同时，从巷道围岩两帮移近量亦可以看出，受一次回采扰动的影响，主运顺槽超前影响范围为75～100m，随着 311102 工作面的推进，巷道围岩顶底板及两帮累计移近量均不足 0.2m，巷道围岩完整性较好，抗变形能力较强。311102 工作面主运顺槽变形量如图 2.11 所示。

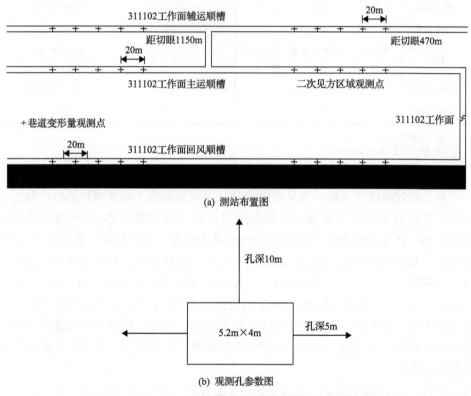

(a) 测站布置图

(b) 观测孔参数图

图 2.9　311102 工作面围岩松动圈测站布置及观测孔参数

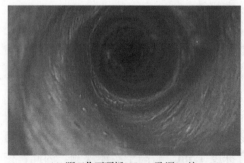

(a) 距工作面顶板137m、孔深3m处

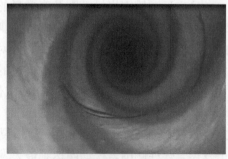

(b) 距工作面顶板47m、孔深4.5m处

图 2.10　主运顺槽钻孔裂隙窥视图

表 2.7　主运顺槽围岩松动圈深度随 311102 工作面推进的发育变化情况

测孔位置(距切眼)/m	测孔位置(距工作面)/m	顶板裂隙发育最大高度/m	两帮松动圈深度/m
	137	3	0.8(煤柱侧)
520	59	4.5	1.5(煤柱侧)
	47	4.5	1.4(实体煤侧)

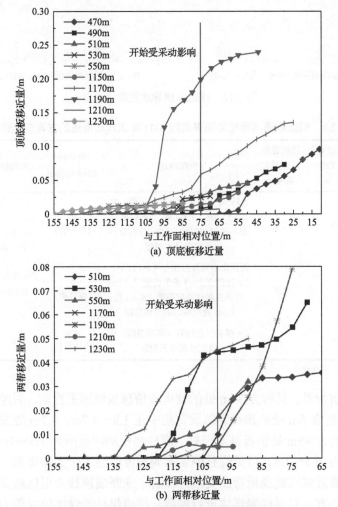

图 2.11　311102 工作面主运顺槽变形量

2) 辅运顺槽围岩松动圈及变形量分布规律

辅运顺槽需先后服务两个工作面的采掘生产活动，其巷道围岩的稳定性至关重要。为此，从距切眼 460m 处开始对辅运顺槽围岩松动圈的发育情况进行观测，导水裂隙窥视图如图 2.12 所示。辅运顺槽顶板松动圈深度随 311102 工作面推进的发育变化情况如表 2.8 所示。

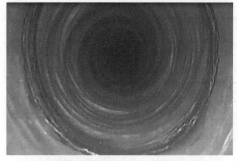 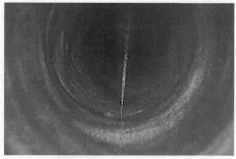

(a) 距辅运顺槽顶板500m、孔深4.7m处　　　　(b) 距辅运顺槽顶板500m、斜向孔深8.2m处

图 2.12　辅运顺槽导水裂隙窥视图

表 2.8　辅运顺槽顶板松动圈深度随 311102 工作面推进的发育变化情况

测孔位置(距切眼)/m	测孔位置(距工作面)/m	顶板裂隙发育最大高度/m	裂隙描述	两帮松动圈深度/m	两帮松动圈裂隙描述
460	−35*	2.4	2.4m 处存在一明显离层裂隙，在 2.7m、7m、7.3m 及 7.5m 处各分布一条斜切裂隙，8.2m 处发育一条斜向导水裂隙	1.5 (煤柱侧)	裂隙分布深度分别为 1.5m、1.1m、0.9m，另外 0.5~1m 裂隙较发育，0.5m 内较破碎
500	5	4.7	裂隙集中发育区位于 4.7m 以下，3m 处存在 2~3 条斜切裂隙，1.9m 处存在斜切离层裂隙，9.4m 和 6.5m 处存在局部斜切裂隙	2 (煤柱侧)	2m 处出现裂隙，孔壁出现台阶，并有卡探头现象
540	45	2	2m 煤岩界面处有一离层裂隙，其他位置基本无裂隙	0.5 (实体煤侧)	0.5m 向外属于破碎区

*. "−" 表示工作面后。

　　以工作面为界，其后方35m处的辅运顺槽顶板经回采扰动，裂隙发育高度在 2.4m 以下，前方 5m 处的顶板裂隙发育集中在 1.9~4.7m，8.2m 处发育一条斜向导水裂隙，前方 45m 处顶板基本完好。煤柱侧松动圈范围为 1.5~2m，实体煤侧松动圈范围为 0.5~1m，可见煤柱侧受影响程度明显大于实体煤侧。这是由于开采扰动引起靠近煤柱侧顶板弯曲变形并回转，未断裂顶板岩层以悬臂梁的结构形式搭在煤柱上方，对煤柱侧煤体进行加载，使得煤柱侧煤体的承载力大于实体煤侧，故该位置松动圈的影响范围相对较大。同时，从巷道围岩两帮移近量亦可以看出，受一次回采扰动影响，辅运顺槽超前影响范围在 80m 左右，随着 311102 工作面的推进，巷道围岩顶底板及两帮累计移近量均不足 0.1m，巷道围岩完整性较好，说明 30m 区段的煤柱支撑能力较好。311102 工作面辅运顺槽变形量如图 2.13 所示。

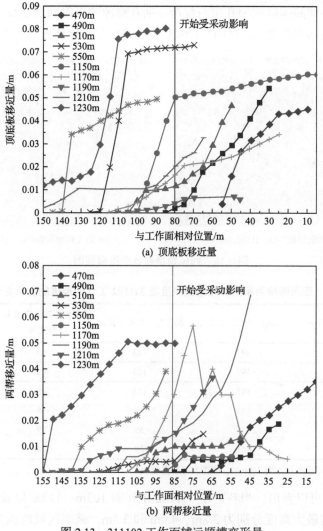

图 2.13　311102 工作面辅运顺槽变形量

2. 二次采动影响下回风顺槽围岩松动圈及变形量分布规律

随着 311102 工作面的回采，回风顺槽侧向采空区顶板岩层发生周期性运移，导致回风巷道周围煤岩体的应力状态改变，顶板岩层应力重新分布，裂隙、离层甚至破裂的生成、演化，严重影响了巷道的稳定性。因此，为了对比分析二次采动影响对回风顺槽巷道围岩松动圈发育的影响，分别对 311102 工作面回采前后，回风巷道的顶板离层及围岩松动圈发育情况进行连续观测。其中，为获得距工作面不同位置处回风顺槽顶板离层及围岩松动圈发育分布规律，对采前回风顺槽距切眼 500m、520m 以及 540m 处的顶板钻孔进行探测，并选取距切眼 500m 处的顶板作为回采期间连续观测孔进行探测。钻孔裂隙窥视图如图 2.14 所示。回风顺槽两帮煤体松动圈深度随 311102 工作面推进的发育变化情况如表 2.9 所示。

(a) 距工作面顶板75m、孔深3.4m处　　　　　　　　(b) 距工作面顶板39m、孔深7.9m处

图 2.14　回风顺槽钻孔裂隙窥视图

表 2.9　回风顺槽两帮煤体松动圈深度随 311102 工作面推进的发育变化情况

测孔位置(距切眼)/m	工作面位置(距切眼)/m	测孔与工作面距离/m	顶板裂隙发育最大高度/m	两帮松动圈深度/m
540	397	143	3.5	3.0
520	397	123	4.0	3.1
500	397	103	3.8	3.2
	425	75	6.8	3.6
	445	55	7.9	3.6
	461	39	8.0	3.6

注：当两帮松动圈深度达到 3.6m 时，裂隙发育程度增加。

从表 2.9 可以看出，当巷道距 311102 工作面 103m、123m 以及 143m 时，顶板裂隙发育的最大高度分别为 3.8m、4.0m 和 3.5m，破裂区域范围为 1.5～4.0m，均位于直接顶砂质泥岩层内(直接顶厚度为 4.4m)，巷道围岩松动圈深度的范围集中在 3.0～3.2m。随着 311102 工作面的推进，当巷道距 311102 工作面 75m 时，裂隙发育高度达到 6.8m；当巷道距 311102 工作面 55m 时，顶板裂隙发育高度达到 7.9m，并且裂隙数目显著增多；当巷道距 311102 工作面 39m 时，顶板裂隙进一步发育，最大裂隙发育高度很有可能超过 8.0m。这期间围岩松动圈深度基本稳定在 3.6m，未向煤体深部发育，但煤壁 1.5～3.0m 范围内次生裂隙十分发育，0～1.5m 范围属于破碎区域。由于顶板岩层富含水，离层裂隙发育导致顶板水沿导水裂隙带从该裂隙渗出，并将裂隙周边岩体软化，所以离层裂隙泥化现象明显，表现为一圈白色的泥化细带，在窥视图中其与上下完整岩体区别明显。

同时，受二次采动的影响，当巷道距 311102 工作面 130～140m 时，顶底板及两帮移近量开始增大,当巷道距 311102 工作面 45m 时,顶底板总移近量达到 0.5m,当巷道距 311102 工作面 30m 时,两帮移近量达到 1m,主要表现为区段煤柱侧帮部煤体压出,顶板破裂区域范围和增长速度显著增大,3 日内由 1.6~3.0m 增加到 2.3~7.9m,巷道顶板下沉和两帮压缩变形情况严重。这主要是由于区段煤柱在工作面超前支承压力和侧向厚硬顶板在其上方发生变形回转形成的挤压应力,二者的叠加作用导致区段煤柱整体受力较高,致使巷道围岩裂隙扩展,变形严重。综合巷道围岩变形及围岩松动圈发育特征推断,311102 工作面的超前支承压力的影响范围为 100~130m。回风顺槽顶底板移近量如图 2.15 所示。

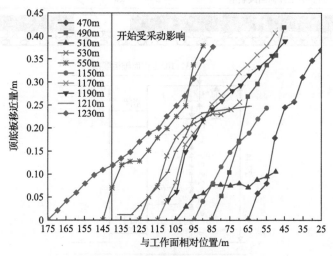

图 2.15　回风顺槽顶底板移近量

2.1.4　采动巷道围岩应力分布特征

1. 一次采动巷道采动应力分布规律

为了分析采动巷道一次采动和二次采动影响下围岩采动应力的分布特征,进而为工作面巷道支护参数优化及煤柱的合理留设提供参考依据,分别选取 311102 工作面辅运顺槽、回风顺槽以及区段煤柱联巷三个测站,通过安装不同深度的钻孔应力计进行监测。钻孔应力计垂直帮部煤体距底板 1.5~1.6m,采用 ϕ42mm 钻头施工。311102 工作面钻孔应力计布置及测点分布方式如图 2.16 所示。311102 工作面各测站钻孔应力计相关参数如表 2.10 所示。

2. 一次采动影响下巷道围岩应力及塑性区分布规律

辅运顺槽先后服务于两个工作面回采,因此掌握巷道围岩应力大小及分布状态至关重要,尤其是煤柱侧巷帮围岩的应力分布直接关系到下一工作面的顺利接

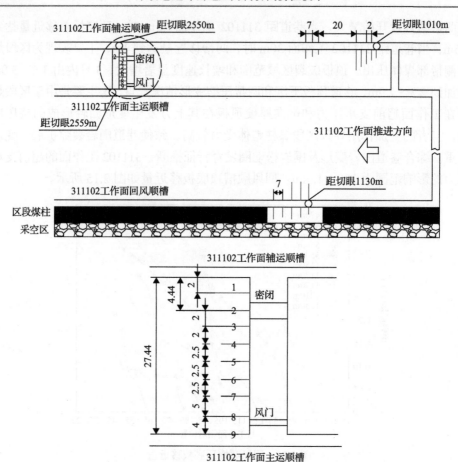

图 2.16　311102 工作面钻孔应力计布置及测点分布方式(单位：m)

表 2.10　311102 工作面各测站钻孔应力计相关参数

测站地点	组别	编号	深度/m	测点位置(距切眼)/m
辅运顺槽 (一次采动影响)	1组	1	6	1010
		2	9	1012
		3	12	1014
		4	15	1016
		5	18	1018
	2组	1	5	1040
		2	8	1047
		3	11	1054
回风顺槽实体煤及煤柱 (二次采动影响)	1组	1	6	1130
		2	8	1137
		3	10	1144

续表

测站地点	组别	编号	深度/m	测点位置(距切眼)/m
回风顺槽实体煤及煤柱 （二次采动影响）	2组	1	3	1130
		2	6	1137
		3	9	1144
		4	8	1151
		5	10	1158
辅运顺槽五联巷附近 （煤柱侧向应力）	—	1	2	2550
		2	4.44	2559
		3	6.44	2550
		4	8.44	2550
		5	10.94	2550
		6	13.44	2550
		7	18.44	2550
		8	23.44	2550
		9	27.44	2550

续和安全回采。因此，将辅运顺槽两组应力监测分站均布置在区段煤柱侧：第 1
组 5 个应力，钻孔深度分别为 6m、9m、12m、15m、18m，钻孔间距为 2m；第 2
组 1~3 号钻孔应力计钻孔深度依次为 5m、8m 和 11m，钻孔间距为 7m。辅运顺
槽侧五联巷附近各钻孔应力计自安装完成至工作面推过安装位置，压力记录仪每
隔 30min 记录一次各个钻孔应力计的应力值，并自动存储数据，各钻孔应力计分
别获得大量监测数据。考虑到应力测试数据太多，在采动应力分析时每天只取一
个数据。数据选取的原则是：首先剔除由测试系统不稳定或其他原因造成的异常
数据（如监测数据中的负值），然后以当天 16:00 左右的监测数据为基础，适当考
虑数理统计，取当天监测数据的平均值。311102 工作面辅运顺槽采动应力监测
曲线如图 2.17 所示。

对图 2.17 中不同位置钻孔应力计的数据进行分析可以得出，当钻孔应力计距
311102 工作面较远时，6 个测点钻孔应力计的数值变化较稳定，煤体处于相对稳
定的原岩应力阶段。仅 2 组 2 号（孔深 8m）距 311102 工作面较远时应力曲线表现
为缓增，其原因在于安装时钻孔应力计初始压力的调整。当距离钻孔应力计较近
时，311102 工作面前不同深度煤体内的应力明显增加。

随着 311102 工作面的推进，当距离钻孔应力计较近时，工作面前不同深度煤
体内的应力明显增加。其中，工作面距 1 组 1 号（孔深 6m）钻孔应力计 71.6m 时，
应力开始升高，当工作面推过 1 组 1 号测点 145.2m 时，煤柱应力达到峰值 5.5MPa，
相对于初始应力，应力集中系数为 1.63，随着工作面的推进，6m 深位置应力降低，
工作面推过测点 1220m 后，煤柱应力降至 3.58MPa，此时煤柱应力下降较缓慢；
当工作面距 1 组 2 号（孔深 9m）钻孔应力计 61.7m 时，煤柱应力开始升高，随着工

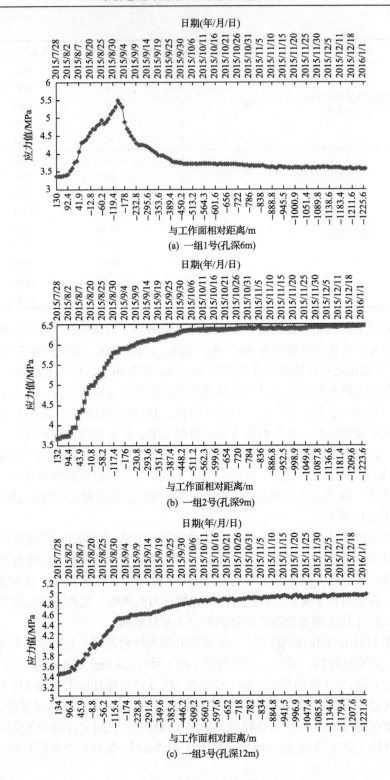

(a) 一组1号(孔深6m)

(b) 一组2号(孔深9m)

(c) 一组3号(孔深12m)

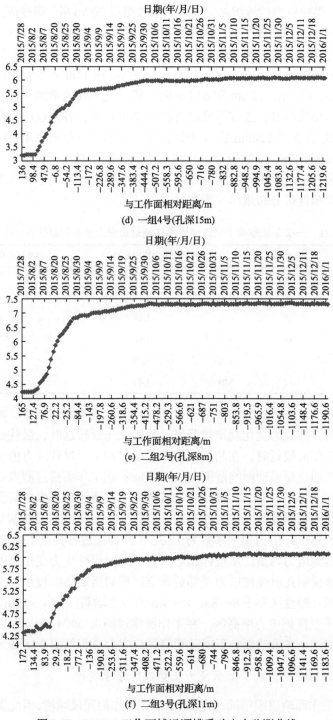

图 2.17　311102 工作面辅运顺槽采动应力监测曲线

作面的推进，煤柱应力持续增高，工作面推过测点 200m 后，煤柱应力为 5.9MPa，工作面推过测点 1220m 后，煤柱应力增至 6.47MPa，增幅较小且未达到峰值状态，相对于初始应力，其应力集中系数为 1.77；同样，1 组 3 号(孔深 12m)、1 组 4 号(孔深 15m)、2 组 2 号(孔深 8m)、2 组 3 号(孔深 11m)4 个钻孔应力计分别距工作面 63.7m、87.2m、72.2m 和 67.8m 时，煤柱应力开始增加，且随着工作面的推进煤柱应力持续增高，工作面推过各测点 200m 后，各测点应力仍以小增幅增长，工作面推过各测点 1200m 后，4 个钻孔应力计的应力分别为 4.96MPa、6.1MPa、7.33MPa 和 6.08MPa，增幅较小，且均未达到峰值，相对于初始应力，其应力集中系数分别为 1.45、1.89、1.73 和 1.41。其中一次采动影响下轨道顺槽煤柱侧采动应力及围岩塑性区分布规律见表 2.11。

表 2.11   一次采动影响下轨道顺槽煤柱侧采动应力及围岩塑性区分布规律

孔号	深度/m	最大应力值/MPa	应力集中系数	塑性区范围
1 组 1 号	6	5.5	1.63(峰值处)	
1 组 2 号	9	6.47	1.77	
1 组 3 号	12	4.96	1.45	311102 工作面辅运顺槽煤柱侧
1 组 4 号	15	6.1	1.89	塑性区在 6～8m 深度
2 组 2 号	8	7.33	1.73	
2 组 3 号	11	6.08	1.41	

由以上分析可知，随着 311102 工作面的推进，在采动影响下，辅运顺槽煤柱侧不同深度的煤体应力变化规律较明显。当距工作面较远时，煤柱处于原岩应力阶段；当距工作面较近时，在超前支承压力的作用下，煤柱应力值明显增高。辅运顺槽一次采动超前采动影响范围为 60～80m；在工作面推过测点以后，上覆厚硬岩层自下而上不断运动，在煤柱采空区侧发生变形回转，煤柱所受应力增大，巷帮围岩塑性区不断发育。当工作面推过测点 145.2m 后 6m 深度煤体达到峰值，峰值应力为 5.5MPa，应力集中系数为 1.63；工作面推过各测点 1200m 后，8～15m 深度煤柱未达到应力峰值。从整体趋势来看，此时煤柱应力变化幅度较小，基本趋于稳定，这说明此时煤柱应力受邻近采空区覆岩运动影响较小，由此推断得出煤柱侧巷帮围岩塑性区介于 6～8m，8～9m 为应力增高区，11～12m 为弹性核区，15m 深度为采空区侧应力增高区。在工作面推过测点 500m 后，采空区覆岩运动基本达到稳定。一次采动影响下辅运顺槽煤柱应力分布如图 2.18 所示。

3. 二次采掘扰动影响下围岩应力及塑性区分布规律

311101 工作面轨道顺槽同时也是 311102 工作面回风顺槽，因此需要经历二次开采扰动的影响，在 311102 工作面回风顺槽两侧分别布置测点，以监测二次采动影响下回风顺槽两帮超前支承压力和侧向支承压力的分布规律，确定两帮塑性区分布，为回风顺槽二次补强支护参数的优化提供参考依据。311102 工作面回风顺槽实体煤侧布置 3 个应力计，煤柱侧布置 5 个应力计，应力计距切眼 1130m 左右。应力计钻孔直径为 48～50mm，间距为 7m，方向垂直于煤体两帮，钻孔高度为 1.5m，倾角为 3°～5°。实体煤侧 1～3 号各钻孔深度依次为 6m、8m 和 10m，煤柱侧 1～5 号各钻孔深度依次为 3m、6m、9m、8m 和 10m。这两组应力计钻孔间距均为 7m。311102 工作面回风顺槽各测点钻孔应力计参数如表 2.12 所示。

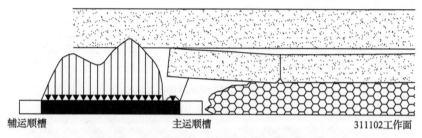

辅运顺槽   主运顺槽   311102工作面

图 2.18　一次采动影响下辅运顺槽煤柱应力分布

表 2.12　311102 工作面回风顺槽各测点钻孔应力计参数

测点号	孔深/m	$C/\times 10^{-5}$	初始频率 f_0/Hz	安装位置(距切眼)/m
实体煤 1 号	6	1.890	1999	1130
实体煤 2 号	8	1.986	1987	1137
实体煤 3 号	10	2.043	1990	1144
煤柱 1 号	3	1.867	1935	1130
煤柱 2 号	6	2.007	1908	1137
煤柱 3 号	9	1.998	1897	1144
煤柱 4 号	8	1.980	1998	1151
煤柱 5 号	10	2.012	1989	1158

回风顺槽侧采动应力数据选取的原则与辅运顺槽侧相同。311102 工作面回风顺槽采动应力监测曲线如图 2.19 所示。二次采动影响下回风顺槽煤柱侧采动应力及围岩塑性区分布规律如表 2.13 所示。

从图 2.19 可以看出，随着 311102 工作面的推进，当距离钻孔应力计较近时，工作面前不同深度煤体内的应力明显增加，仅煤柱 5 号(孔深 10m)的应力曲线呈现一定幅度的下降而后增高的趋势，分析其原因是该钻孔应力计受到邻近硐室的影响。在回风顺槽煤柱侧，工作面距实体煤 1 号(孔深 6m)钻孔应力计 165.8m 时，应力开始升高，当工作面距测点 70m 左右时，煤柱应力达到峰值 10.02MPa，相对于初始应力，应力集中系数为 1.82；同样，当工作面分别距实体煤 2 号(孔深 8m)、实体煤 3 号(孔深 10m)钻孔应力计 172.8m、179.8m 时，实体煤侧应力开始

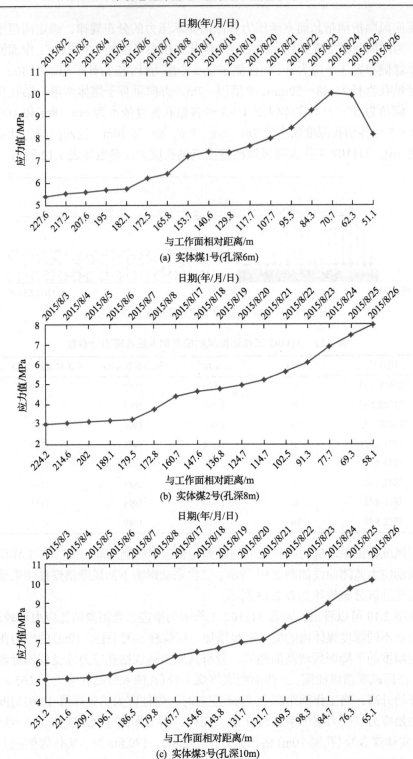

(a) 实体煤1号(孔深6m)

(b) 实体煤2号(孔深8m)

(c) 实体煤3号(孔深10m)

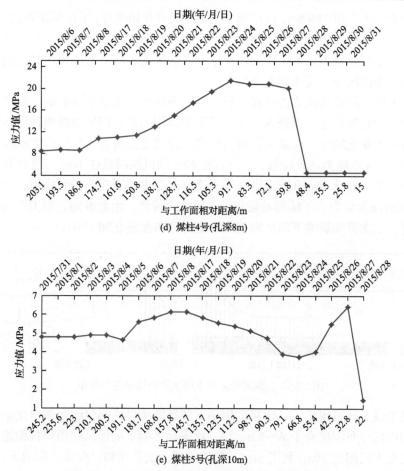

(d) 煤柱4号(孔深8m)

(e) 煤柱5号(孔深10m)

图 2.19　311102 工作面回风顺槽采动应力监测曲线

表 2.13　二次采动影响下回风顺槽煤柱侧采动应力及围岩塑性区分布规律

测点号	深度/m	最大应力值/MPa	面前峰值位置/m	应力集中系数	塑性区范围
实体煤 1	6	10.02	70	1.82	
实体煤 2	8	7.99	未测到	3.23	
实体煤 3	10	10.17	未测到	2.15	311102工作面前40m范围内、非生产帮 0～10m 范围内
煤柱 4	8	21.46	80	2.63	
煤柱 5	10	6.43	40	1.34	

升高，随着工作面的推进，煤柱应力持续增高，工作面超前支架移动时将实体煤侧三个应力计线路破坏，因此实体煤 2 号和 3 号测点未监测到应力峰值，截至监测结束这两个测点应力值分别为 7.99MPa、10.17MPa，相对于初始应力，应力集中系数分别为 3.23、2.15；煤柱 4 号(孔深 8m)、煤柱 5 号(孔深 10m)两个钻孔应

力计分别距工作面 186.8m、181.7m 时，煤柱应力开始增加，工作面距离测点 80m、40m 时两个钻孔应力计达到峰值应力 21.46MPa、6.43MPa，相对于初始应力，其应力集中系数分别为 2.63、1.34。其中，二次采动影响下回风顺槽煤柱侧采动应力及围岩塑性区分布规律如表 2.13 所示。

当工作面距离钻孔应力计相对较远时，两帮煤体未受采动影响，5 个测点的煤柱应力变化较稳定，当进入二次采动影响范围内时，回风顺槽煤柱侧不同深度的煤柱应力变化较受一次采动影响的轨道顺槽侧更加明显。工作面前 80m 回风顺槽煤柱 8m 深度应力达到峰值，工作面前 40m 回风顺槽煤柱 10m 深度位置应力达到峰值，工作面前 70m 回风顺槽实体煤侧 6m 深度位置应力达到峰值，实体煤侧 8m、10m 深度应力由于线路被破坏，未监测到峰值。由此推测，当工作面距测点 70m 时，二次采动影响下回风顺槽煤柱应力分布如图 2.20 所示。

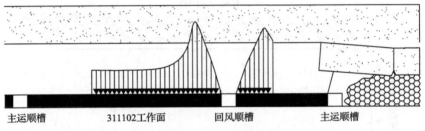

图 2.20　二次采动影响下回风顺槽煤柱应力分布

基于以上分析得出，一次采动影响下辅运顺槽煤柱侧仅浅部围岩发生塑性破坏，塑性区分布深度介于 6~8m，而二次采动影响下的回风顺槽煤柱侧塑性区分布深度最大已超过 10m。利用 Surfer 软件得到一次采动和二次采动影响下，311102 工作面辅运顺槽及回风顺槽两侧围岩塑性区分布情况，如图 2.21 所示。

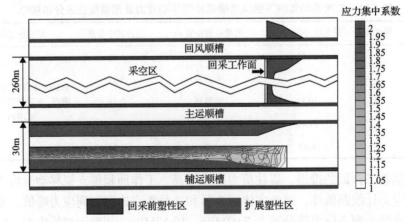

图 2.21　311102 工作面辅运顺槽及回风顺槽两侧围岩塑性区分布

2.1.5 采动巷道区段煤柱应力分布特征

1. 基于钻孔应力计监测的区段煤柱采动应力分布规律

为了进一步反映一次开采扰动下辅运顺槽区段煤柱不同深度的采动应力分布情况，在距 311102 工作面切眼 2550m 的三联巷位置，安装 9 个不同深度的钻孔应力计，深度均为 10m，不等间隔布置，距辅运顺槽侧煤壁距离分别为 1.86m、5.86m、10.86m、15.86m、18.86m、20.86m、22.86m、24.86m、27.3m。随着 311102 工作面的推进，当工作面推进到 670m、700m 和 720m 时，区段煤柱采动应力监测曲线如图 2.22 所示。

在一次采动影响下，三联巷区段煤柱侧塑性区深度为 6~8m，8~10m 深煤体位于辅运顺槽侧应力增高区，10~12m 深煤体位于深部弹性核区，12~23m 深煤体位于主运顺槽侧应力增高区，16m 深达到应力峰值；当推过三联巷 700m 时，区段煤柱应力发生了一次大的变化，15.86m 深煤柱应力由 20.43MPa 突然降低，

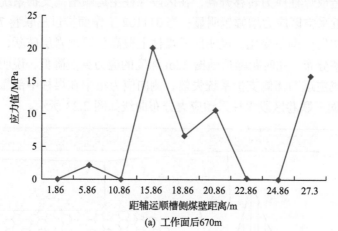

(a) 工作面后670m

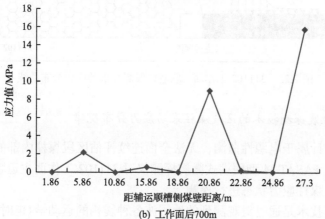

(b) 工作面后700m

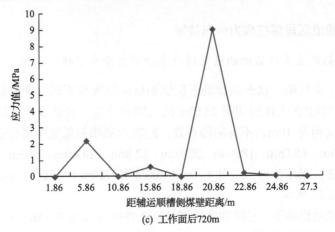

(c) 工作面后720m

图 2.22　311102 工作面三联巷区段煤柱采动应力监测曲线

说明煤柱上方低位厚硬岩层在此位置附近发生断裂，破断顶板作用在靠采空区侧煤柱上方，造成煤柱应力转移升高，在区段煤柱主运顺槽侧支护系统未失效的前提下，越靠近采空区应力增幅越明显；当 311102 工作面推过三联巷 720m 时，煤柱应力又一次发生调整变化，说明区段煤柱上覆高位厚硬岩层破断，造成煤柱应力的再次调整分布，此时距辅运顺槽 27m 深度的应力突然降低，说明高低位岩层叠加作用造成主运顺槽侧支护系统失效，侧向应力集中在煤柱中部靠采空区侧。311102 工作面三联巷区段煤柱采动应力分布曲线如图 2.23 所示。

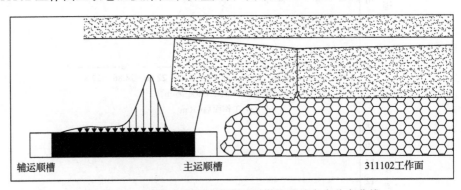

图 2.23　311102 工作面三联巷区段煤柱采动应力分布曲线

2. 基于微震探测技术的区段煤柱采动应力分布规律

钻孔应力计属于电源性监测，无法全面连续评估区段煤柱内部的整体应力状态，因此采用 PASAT-M 型便携式微震探测仪对 311102 工作面主运顺槽和辅运顺槽之间的区段煤柱应力状态进行探测。

微震探测技术是通过对观测到的地震波各种震相的运动学（走时、射线路径）

和动力学(波形、振幅、相位、频率)资料进行分析，进而反演由大量射线覆盖的地下介质的结构、速度分布及其弹性参数等重要信息的一种地理物理方法。在地震问题中，投影数据是地震剖面上接收到的时间和振幅信息，而图像函数是地下介质中的慢度和衰减系数的分布，因此地震勘探中使用层析成像的主要目的是重建地下慢度和衰减系数的分布，其中宏观速度的重建尤为重要。在地震走时成像的情况下，假设地震波以射线的形式在探测区内部介质中传播。采煤工作面地震波微震探测技术原理如图 2.24 所示。

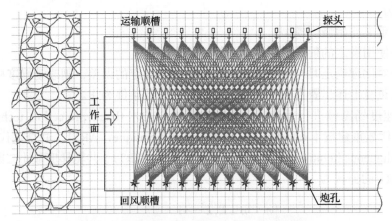

图 2.24　采煤工作面地震波微震探测技术原理

当把介质划分为一系列小矩形网格时，由于震动波传播距离很近，可以近似看作波沿直线传播，沿着震波传播射线的走时成像公式可表示为

$$t_i = \sum_{j=1}^{N} s_j d_{ij}, \quad i=1, 2, 3, \cdots, M \tag{2.13}$$

式中，d_{ij} 为第 i 条射线在第 j 个网格中的射线路径长度；M 为射线的条数；N 为网格的个数；s_j 为第 j 个网格的慢度；t_i 为第 i 条射线的观测走时。

如果有 M 条射线，N 个网格，则式(2.13)可以写成矩阵方程的形式：

$$\begin{bmatrix} t_1 \\ t_2 \\ \vdots \\ t_M \end{bmatrix} = \begin{bmatrix} d_{11} & d_{12} & d_{13} & \cdots & d_{1N} \\ d_{21} & d_{22} & d_{23} & \cdots & d_{2N} \\ \vdots & \vdots & \vdots & \vdots & \vdots \\ d_{M1} & d_{M2} & d_{M3} & \cdots & d_{MN} \end{bmatrix} \begin{bmatrix} S_1 \\ S_2 \\ \vdots \\ S_N \end{bmatrix} \tag{2.14}$$

式(2.14)可以简化为

$$\boldsymbol{T} = \boldsymbol{AS} \tag{2.15}$$

式中，T 为地震波走时向量，为观测值；A 为射线的几何路径矩阵；S 为慢度向量，为待求量。因此，在波速层析成像中需求解

$$S = A^{-1}T \tag{2.16}$$

根据 M 与 N 的大小关系，式 (2.16) 有可能为超定、正定或欠定。若 T 是一个完全投影，A 为已知，则可求得 S 的精确值。但是在地震层析成像的实际应用中，式 (2.16) 通常是不完全投影，因此通常使用迭代的方法反演速度场，其具体过程可归纳为：

(1) 定义初始慢度模型。

(2) 使用设定的射线追踪技术计算理论走时。

(3) 对比理论走时与观测走时，若残差大于设定的误差，则改动慢度模型。

(4) 重复上述步骤直到残差满足所给定的收敛条件为止。

对速度场图像进行重建，常见的有反投影技术 (back projection technique，BPT)、代数重建技术 (algebraic reconstruction technique，ART)、联合迭代重建技术 (simultaneous iterative reconstruction technique，SIRT)、共轭梯度最小二乘法等。其中 SIRT 的公式为

$$f_j^{(k+1)} = \begin{cases} n, & n \in R, k = -1 \\ f_j^{(k)} + \dfrac{\sum\limits_{i=1}^{M}\left[d_{ij}(t_i - (d_i, f^{(k)})) \middle/ \sum\limits_{j=1}^{N} d_{ij} \right]}{\alpha + \sum\limits_{i=1}^{M} d_{ij}} \end{cases} \tag{2.17}$$

式中，d_{ij} 为速度场中第 i 根射线在第 j 单元的速度；$f_j^{(k)}$ 为 j 单元第 k 次迭代的图像估计；t_i 为第 i 根射线在速度场中的走时；α 为松弛因子；$i=1,2,\cdots,M$ 为射线号；$j=1,2,\cdots,N$ 为单元号；$k=0,1,\cdots$ 为迭代次数。

$$\hat{f} = f_j^{(k+1)}, \quad \left\| f_j^{(k+1)} - f_j^{(k)} \right\|_{\infty} < \varepsilon \tag{2.18}$$

式中，ε 为给定迭代允许误差。

SIRT 与 BPT 和 ART 相比，具有收敛性好、重建图像的分辨率高、对初值选取精度依赖程度低等优点，因此多选取 SIRT 反演结果，为地震波计算机断层扫描 (computer tomography，CT) 图像进行地质解释。

根据震波在煤柱内部的波速分布情况，分析煤柱应力结构及应力分布，进而评估区段煤柱的稳定性。为了准确探测区段煤柱在一次采动影响下的应力分布，结合钻孔应力计监测的超前采动应力影响范围，本次探测范围为 311102 工作面前

5～135m 的区段煤柱，激发炮布置在 311102 工作面辅运顺槽中，共 27 炮，间距为 5m，爆破孔深 2m，每个钻孔装药 100g；接收端布置在主运顺槽中，共 11 个探头，间距为 13m；需要连接信号线 600m，施工的第一个爆破孔需要和采场间预留一个圆班（即 24h）的回采距离，通常预留 20m，避免爆破前采场已推过爆孔。311102 工作面微震探测点位布设方案如图 2.25 所示。

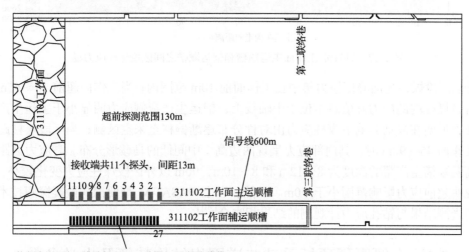

图 2.25　311102 工作面微震探测点位布设方案

2015 年 12 月 27 日对 311102 工作面主运顺槽和辅运顺槽之间的煤柱进行微震探测测试。现场设计激发炮 27 炮，收到的有效炮为 25 炮，其中第 4 和第 13 炮无效。图 2.26 为激发端和接收端速度线分布状况。图中直线交叉越密集，速度场的效果越准确。图中探测两端直线密度较小，容易造成边界效应，因此分析的时候舍去。

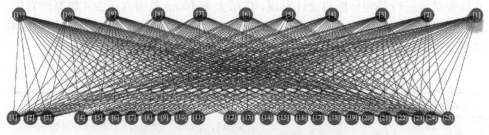

图 2.26　激发端和接收端速度线分布状况

图 2.27 为 311102 工作面主运顺槽和辅运顺槽之间区段煤柱应力场。图中颜色深浅代表震动波纵波的传递速度，速度越大，颜色越深，应力值越高。

从图 2.27 可以看出，随着与工作面距离的增加，区段煤柱应力整体呈下降趋

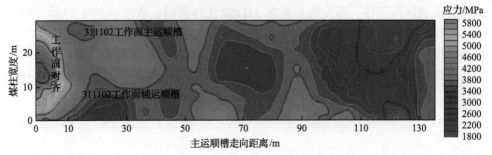

图 2.27　311102 工作面主运顺槽和辅运顺槽之间区段煤柱应力场

势。区段煤柱超前峰值应力集中在工作面前 10m 范围内；当工作面超前 15～45m 时，煤柱内的应力峰值基本位于中轴线上，辅运生产帮侧应力明显小于主运生产帮，说明在采动影响下煤柱应力由对称分布逐渐偏移至采空区侧；当区段煤柱距工作面 45～90m 时，其内部应力呈现两边高、中间低的马鞍形分布，高应力区距离两顺槽生产帮的深度为 8～12m 和 8～10m；90m 以外区段煤柱应力变化较小，说明超前应力影响范围小于 90m。显然，以上 PASAT-M 型便携式微震探测技术的观测结果与钻孔应力计观测的结果相吻合[201]。

2.2　上覆厚硬顶板采动巷道围岩结构特征及力学参数

2.2.1　顶板岩层结构特征及力学参数

　　顶板岩层的岩性、厚度以及裂隙分布状态等岩层结构的分析以及顶板岩层力学参数的测试，不仅能够对其完整性进行评估，更能为预判顶板破断位置、分析沿空煤巷侧向覆岩垮断结构特征、评价区段煤柱留设宽度合理性提供参考依据。通过对内蒙古乌审旗呼吉尔特矿区某煤矿 11 盘区典型地质钻孔资料以及顶板钻孔窥视结构进行整理分析与统计发现，煤层上方 100m 范围内存在 4 层厚硬岩层，尤其是煤层上方 60m 范围内的 3 层厚硬顶板，其结构特征及力学参数对沿空煤巷矿压显现影响显著。11 盘区煤层及顶底板岩层结构统计如表 2.14 所示。

表 2.14　11 盘区煤层及顶底板岩层结构统计

岩层	岩性	平均厚度/m	岩性描述
顶板 4	中粒砂岩	21.99	灰白色，厚层状，中粒长石，石英砂岩，分选较好，次圆状，钙泥质胶结，下部粒度较粗，具斜层理
顶板 3	砂质泥岩	15.63	灰黑色，泥质粉砂状结构，夹薄层细粒砂岩
顶板 2	细粒砂岩	13.66	白灰色，细粒砂状结构，以石英长石为主
顶板 1	砂质泥岩	4.74	深灰色砂质泥岩，平坦状断口，水平纹理

续表

岩层	岩性	平均厚度/m	岩性描述
3-1煤层	3煤上 3煤下	5.5	沥青光泽，暗煤为主，含黄铁矿和方解石，具有明显的分层特性
直接底	砂质泥岩	4.34	深灰色，厚层状，平坦状断口，水平纹理

1. 顶板岩层结构特征分析

为监测回风顺槽顶板一次采动、二次采动影响下的结构变化特征，在311102工作面回风顺槽距切眼200m处和80m处（超前采动影响160m），采用4D超高清全智能孔内电视（GD3Q-GA）对煤层上方25m内的岩层情况进行观测。311102工作面回风顺槽一次采动、二次采动影响下顶板岩层观测结果如图2.28所示。

从图2.28中可以看出，受一次采动影响，顶板下部岩层砂质泥岩层整体性较好，未出现较大离层裂隙，上方细粒砂岩致密性较强，14.7～15.6m局部存在细微裂隙，19.4m处出现细粒砂状结构夹层，20m处岩体变为灰黑色砂质泥岩。随着311102工作面的推进，进入二次采动影响范围后，顶板上覆岩层变形离层严重，首先直接顶砂质泥岩0～1.5m范围内岩体破碎，1.8～2.4m裂隙发育，出现明显离层，6.9～7.4m范围内的细粒砂岩亦出现裂隙离层，该段正处于锚索锚固段附近（回风顺槽巷道锚索为ϕ17.8mm×7300mm），说明锚索长度偏小，未能有效控制顶板离层。17.2～17.9m处岩体出现细粒砂岩夹层，18.7～22.5m处的砂质泥岩横向裂隙发育，局部岩体破碎，存在挤压变形痕迹。

2. 顶板岩层物理力学参数测试

利用ZDY1200L履带液压钻机在回风顺槽对煤层上方60m范围内的顶板岩层进行钻孔取芯，取芯钻头外径ϕ75mm，内径ϕ50m，取芯筒长度为1m。现场取芯过程中记录位置及岩性，岩芯经塑封包装后运输到实验室，经岩石切割机和磨石机加工后，制成ϕ50mm×100mm的标准试样。部分顶底板岩样试样如图2.29所示。

试验加载设备采用TAW-2000型煤岩三轴伺服试验机、DH5929动态型号测试系统及LVDT位移传感器等配套设备。TAW-2000型煤岩三轴伺服试验机及LVDT位移传感器如图2.30所示。

根据《煤和岩石物理力学性质测定方法　第3部分：煤和岩石块体密度测定方法》（GB/T 23561.3—2009）[202]关于煤岩抗拉强度、弹性模量等测试标准，对311102工作面回风顺槽煤层上方4层不同岩性的顶板岩层力学参数进行测试，每个指标测试试样不少于3个。顶板岩层力学参数测试结果如表2.15所示。

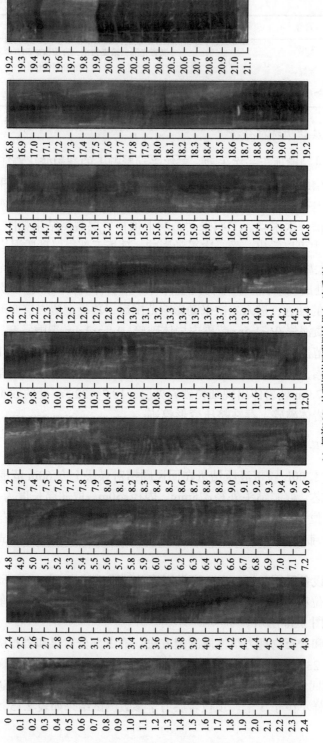

(a) 超前200m处顶板岩层观测结果 (一次采动)

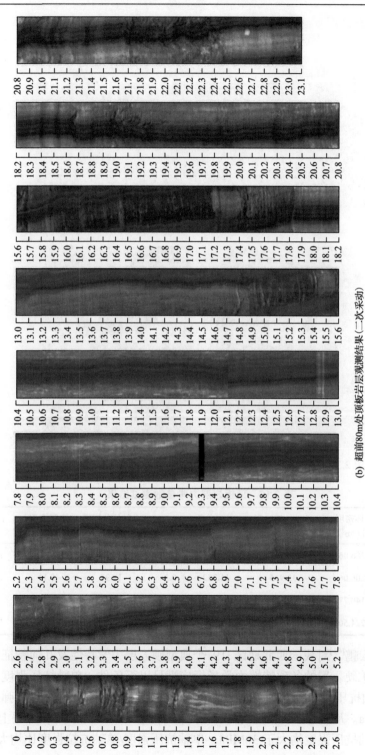

(b) 超前 80m 处顶板岩层观测结果 (二次采动)

图 2.28　311102 工作面回风顺槽一次采动、二次采动影响下顶板岩层观测结果 (单位: cm)

图 2.29　部分顶底板岩样试样

图 2.30　TAW-2000 型煤岩三轴伺服试验机及 LVDT 位移传感器

表 2.15　顶板岩层力学参数测试结果

岩层	块体密度 /(kg/m³)	单轴抗压强度 /MPa	弹性模量 /GPa	泊松比	单轴抗拉强度 /MPa	内摩擦角 /(°)	内聚力 /MPa
顶板 4	2206.06	42.215	12.341	0.36	1.456	36.42	14.673
顶板 3	2206.06	32.915	11.352	0.368	1.697	40.11	13.382
顶板 2	2140.77	39.921	12.317	0.359	1.483	35.74	15.53
顶板 1	2224.50	33.804	11.356	0.366	1.421	33.76	15.713

　　根据李云鹏[61]对我国西北地区 19 个典型硬岩层力学特性及几何特征统计分析得出，煤矿硬岩层的各项特性力学指标应满足以下条件：单轴抗压强度不小于30MPa，单轴抗压强度/单轴抗拉强度比不小于 6，内摩擦角不小于 15°，弹性模量不小于 15GPa。从表 2.15 中可以看出，除弹性模量小于 15GPa 外，煤层上方的 4 层岩层的单轴抗压强度均大于 30MPa，单轴抗压强度/单轴抗拉强度比均大于 6，

内摩擦角均大于 15°，均属于厚硬岩层范畴。

3. 顶板岩层冲击倾向性分析

根据《冲击地压测定、监测与防治方法　第 1 部分：顶板岩层冲击倾向性分类及指数的测定方法》(GB/T 25217.1—2010)[7]相关规定，顶板岩样的冲击倾向性鉴定指标是弯曲能量指数，可以根据抗拉强度、视密度、弹性模量和上覆岩层载荷计算得到。顶板岩层冲击倾向性分类标准如表 2.16 所示。

表 2.16　顶板岩层冲击倾向性分类标准

分类标准	I 类	II 类	III 类
冲击倾向	无	弱	强
弯曲能量指数/kJ	$U_{WQs} \leqslant 15$	$15 < U_{WQs} \leqslant 120$	$U_{WQs} > 120$

由于 311102 工作面回风顺槽顶板不属于单一岩层，按复合顶板计算弯曲能量指数。其中复合顶板弯曲能量指数的计算公式为

$$U_{WQs} = \sum_{i=1}^{n} U_{WQi} \qquad (2.19)$$

式中，U_{WQs} 为复合顶板弯曲能量指数(kJ)；U_{WQi} 为第 i 层弯曲能量指数(kJ)；n 为顶板分层数，复合顶板厚度一般取至煤层上顶板 30m。

经计算 3-1 煤层复合顶板的弯曲能量指数为 64.56kJ，应属 II 类，具有弱冲击倾向性。

2.2.2　煤层结构特征及力学参数

3-1 煤层呈黑色、灰黑色，条痕呈褐黑色，强沥青光泽，阶梯状断口，内生裂隙较发育，且常被黄铁矿及方解石等薄膜充填。煤中含黄铁矿结核，呈条带状结构，层状构造。

宏观煤岩组分以亮煤为主，暗煤次之，偶见丝炭。宏观煤岩类型以半亮型煤为主，半暗型煤次之。煤层有机显微组分以镜质组为主，其次是惰质组，壳质组少量。其中，镜质组平均含量为 62.5%～84.8%，惰质组平均含量为 18.5%～30.5%，两者之和一般在 95% 以上，壳质组含量为 0%～2.1%，镜质组最大反射率为 0.60%～0.85%，平均值为 0.64%～0.83%。按照《镜质体反射率的煤化程度分级》(MT/T 1158—2011)[203]，井田煤变质阶段以中煤级煤 I 为主，中煤级煤 II 次之。井田地质构造简单，无岩浆活动，因此煤变质作用类型为深成变质作用。煤显微有机组分含量如表 2.17 所示。

表 2.17　煤显微有机组分含量

煤层	有机显微组分/%			镜质组反射率 R_{max}/%
	镜质组	惰质组	壳质组	
2-1 煤层	$\dfrac{74.2}{(1)}$	$\dfrac{25.1}{(1)}$	$\dfrac{0.7}{(1)}$	$\dfrac{0.66}{(1)}$
2-2 中煤层	$\dfrac{61.9\sim80.7}{73.5(3)}$	$\dfrac{20.4\sim33.9}{25.3(3)}$	$\dfrac{0.8\sim1.6}{1.2(3)}$	$\dfrac{0.61\sim0.69}{0.64(3)}$
3-1 煤层	$\dfrac{62.5\sim84.8}{75.0(5)}$	$\dfrac{18.5\sim30.5}{24.0(5)}$	$\dfrac{0.0\sim2.1}{1.1(5)}$	$\dfrac{0.60\sim0.85}{0.70(5)}$

注：表中横线上为实际值，横线下为平均值，括号内数字表示实际值的数量。

　　由细观试验检测分析可知，煤中矿物杂质成分以黏土类矿物为主，平均含量在 5%以下；碳酸盐类矿物次之，含量不超过 1.5%；硫化物和氧化物类甚少。煤中无机矿物含量统计如表 2.18 所示。

表 2.18　煤中无机矿物含量统计

煤层	黏土矿物/%	硫化物/%	碳酸盐类/%	氧化物类/%
2-1 煤层	$\dfrac{4.5}{(1)}$	$\dfrac{0.0}{(1)}$	$\dfrac{0.9}{(1)}$	$\dfrac{0.0}{(1)}$
2-2 中煤层	$\dfrac{0.0\sim2.1}{0.9(3)}$	$\dfrac{0.0\sim0.7}{0.3(3)}$	$\dfrac{0.2\sim1.4}{1.0(3)}$	$\dfrac{0.0\sim0.2}{0.1(3)}$
3-1 煤层	$\dfrac{0.2\sim4.3}{2.4(5)}$	$\dfrac{0.0\sim0.7}{0.2(5)}$	$\dfrac{0.0\sim2.0}{0.9(5)}$	$\dfrac{0.0\sim0.3}{0.1(5)}$

注：表中横线上为实际值，横线下为平均值，括号内数字表示实际值的数量。

　　由现场煤层赋存的实际情况发现，受沉积环境的影响，沿 3-1 煤层厚度中线，具有明显的分层特性。为了得到煤层上下分层的力学性质，分别对 3-1 煤层的上、下分层开展力学参数测试。相对于下部煤体力学参数，上部煤体力学参数较弱，巷道变形及帮部煤体压出大多发生在上部煤体。3-1 煤层力学参数测试统计结果如表 2.19 所示。

表 2.19　3-1 煤层力学参数测试统计

煤层	块体密度/(kg/m³)	单轴抗压强度/MPa	弹性模量/GPa	泊松比	单轴抗拉强度/MPa	内摩擦角/(°)	内聚力/MPa
3-1 煤上	1325.40	22.597	3.474	0.282	2.493	18.52	13.894
3-1 煤下	1275.90	33.979	2.216	0.279	1.158	19.74	13.750

　　根据《冲击地压测定、监测与防治方法　第 2 部分：煤的冲击倾向性分类及

指数的测定方法》(GB/T 25217.2—2010)[8]相关规定，结合煤层冲击倾向性指标界定标准，对 3-1 煤层分上、下两层对冲击倾向性进行测定。3-1 煤层冲击倾向性指标曲线及测试结果如图 2.31 和表 2.20 所示。

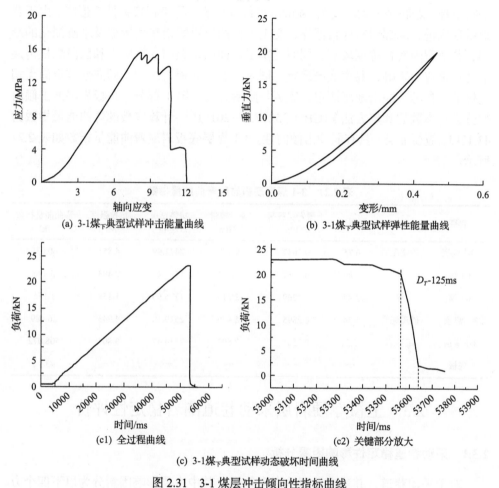

(a) 3-1煤下典型试样冲击能量曲线　　　　　(b) 3-1煤下典型试样弹性能量曲线

(c1) 全过程曲线　　　　　(c2) 关键部分放大

(c) 3-1煤下典型试样动态破坏时间曲线

图 2.31　3-1 煤层冲击倾向性指标曲线

表 2.20　3-1 煤层冲击倾向性测试结果

煤层	动态破坏时间 D_T/ms	冲击能量指数 K_E	弹性能量指数 W_{ET}	单轴抗压强度 R_c/MPa	冲击倾向性强弱
	$D_T \leqslant 50$	$K_E \geqslant 5$	$W_{ET} \geqslant 5$	$R_c \geqslant 14$	强
3-1 煤层	$50 < D_T \leqslant 500$	$1.5 \leqslant K_E < 5$	$2 \leqslant W_{ET} < 5$	$7 \leqslant R_c < 14$	弱
	$D_T > 500$	$K_E < 1.5$	$W_{ET} < 2$	$R_c < 7$	无
3-1 煤上	125	4.21	4.89	22.597	弱
3-1 煤下	167	4.45	4.53	28.979	弱

2.2.3　底板岩层结构特征及力学参数

311102 工作面回风煤巷直接底为泥质胶结的砂质泥岩，平均厚度为 4.32m，平行节理，老底是平均厚度为 14.82m 的细粒砂岩，易于积聚弹性变形能。由于巷道沿顶掘进，局部留有底板浮煤，受上工作面轨道顺槽车辆运输及水浸泥化的影响，巷道裂隙发育程度较高，同时受本工作面回采超前支撑应力和区段煤柱传递下的自重应力影响，巷道底鼓严重。同时，鉴于底板岩层冲击倾向性鉴定尚无相应标准，参考《冲击地压测定、监测与防治方法　第 1 部分：顶板岩层冲击倾向性分类及指数的测定方法》(GB/T 25217.1—2010)[7]，计算底板的弯曲能量指数为43.12kJ，应属 II 类，具有弱冲击倾向性。3-1 煤层底板岩层弯曲能量指数如表 2.21所示。

表 2.21　3-1 煤层底板岩层弯曲能量指数

岩层	岩性	层厚/m	上覆岩层载荷/MPa	弹性模量/GPa	块体密度/(kg/m³)	抗拉强度/MPa	弯曲能量指数/kJ
3-1 煤底	砂质泥岩	6.75	0.1637	9.977	2473.99	4.851	60.030
3-1 煤下	煤	2.87	0.1957	3.474	1325.40	2.493	5.396
3-1 煤上	煤	2.87	0.2269	2.216	1275.90	1.158	1.155
3-1 煤顶1	砂质泥岩	3.74	0.2895	5.470	2519.50	4.943	26.489
3-1 煤顶2	细砂岩	17.31	0.0504	7.603	2214.47	3.803	508.072
底板	—	—	—	—	—	—	43.12

2.3　上覆厚硬岩层采动巷道围岩稳定性评价

2.3.1　采动巷道稳定性影响因素分析

对于采动巷道，其稳定性影响因素较多，其中主要影响因素分为以下四个方面：工程地质应力环境及煤岩结构力学属性、侧向覆岩垮断结构、采掘工程扰动以及巷道支护结构，其中工程地质应力环境及煤岩结构力学属性属于自然因素，而侧向覆岩垮断结构、采掘工程扰动以及巷道支护结构属于后期工程影响因素，更是控制留巷围岩稳定性的主要突破口。

1. 工程地质应力环境及煤岩结构力学属性

工程地质应力环境主要指采动巷道所处区域地质构造特征，断层、褶曲、火成岩侵入带等区域往往是构造应力集中的区域，当巷道布置在这些地质构造附近时，往往导致巷道产生较大变形。而煤岩结构力学属性，既含地质沉积过程中形成的结构因素，如煤岩层厚度、倾角以及层间胶结方式等，又包括煤岩自身的结构力学属性，如微观主分构成、细观结构特征、原生裂隙大小以及抗压强度、抗拉强度、弹性模量、有无冲击倾向性等。

2. 侧向覆岩垮断结构

无论是沿空掘巷还是沿空留巷，沿空煤巷都需要留设一定宽度的煤柱进行护巷，保证通风系统稳定并防止采空区气体、水等进入回采工作面。而留设的煤柱恰好作为影响上覆岩层侧向垮断的支点或者夹持结构体，上覆岩层中厚硬岩层的数量、单层厚度、与煤层之间的距离及其在煤柱上方的垮断位置等因素直接影响煤柱的受力大小，进而影响沿空煤巷的稳定性。

3. 采掘工程扰动

采动巷道是为提高煤炭回收率、降低煤炭开采成本而人为设计的既定工程结构，往往需要经历二次或者多次采掘扰动的影响，其稳定性不仅与巷道围岩自身结构特性的影响有关，更与沿空煤巷的开挖时间、与上工作面回采的时空位置关系、巷道掘进方式，以及该工作面的推采速度、超前应力影响范围等因素密切相关。

4. 巷道支护结构

巷道布置位置和巷道断面尺寸的选择，巷道支护方式、支护参数的设计，以及巷道支护材料强度、支护构件匹配以及初始预紧力设置等，都是影响沿空煤巷围岩稳定性的主要因素，如何充分发挥巷道支护系统与围岩自身承载系统的优势，在巷道围岩应力控制的基础上，将三者合为一体来抵御外部动静载荷，构筑吸能稳构采动巷道支护体系，是采动巷道未来稳定性控制的主要方向。

2.3.2　采动巷道稳定性综合评价

采动巷道围岩稳定性分类不仅是分析巷道围岩应力状态、指导巷道围岩施工设计以及支护参数选择的依据，更是评估巷道结构是否合理及抗震抵冲强度、指导巷道防冲设计及消冲解危措施制定的基础。

通过对回风顺槽矿压显现特征、围岩结构以及力学参数的分析，在借鉴国内巷道围岩稳定性指数分类法、煤矿锚喷支护巷道围岩分类法等评价指标的基础上，结合回风顺槽二次采动影响对其煤岩体力学参数的损伤，对相关参量值范围进行了折减，进而建立了二次采动巷道围岩稳定性多参量综合评价指标体系。采动巷道围岩稳定性分类参量及相关指标如表 2.22 所示。当三个评价指标发生矛盾时，采用模糊综合评判方法，三个评价方法所占系数分别为 0.3、0.3 和 0.4。

表 2.22　采动巷道围岩稳定性分类参量及相关指标

评价方法	评价指标	取值范围	等级划分
围岩稳定性指数 分类法	围岩稳定指数 $S=\gamma h/R_c$	$S<0.25$	稳定围岩
		$0.25\leqslant S<0.40$	中等稳定围岩
		$040\leqslant S<0.65$	不稳定围岩
煤矿锚喷支护巷道 围岩分类法	饱和单轴抗压强度 R_b/MPa	$R_b\geqslant40$	稳定岩层
		$40>R_b\geqslant20$	中等稳定岩层
		$R_b<20$	不稳定岩层
松动圈围岩分类法	松动圈范围 L_p/cm	$L_p\leqslant120$	稳定围岩
		$120<L_p\leqslant250$	中等稳定围岩
		$L_p>250$	不稳定围岩

　　根据采动巷道稳定性分类标准，结合一次采动和二次采动巷道围岩松动圈测试、煤岩力学参数测试结果，综合判定 311102 工作面回风顺槽属于不稳定型围岩。

第 3 章　采动巷道厚硬顶板侧向不同断裂位置
对区段煤柱受力特征试验研究

为了得到采动巷道上覆厚硬岩层破断结构对区段煤柱受力及巷道围岩稳定性的影响，以内蒙古乌审旗呼吉尔特矿区某煤矿 11 盘区煤样为研究对象，通过现场原位保真取样并加工制成 150mm×150mm×150mm 的大尺寸试样，利用自行设计加工的高位岩层模拟加载装置，借助非接触式全场应变测量系统的数字散斑相关方法（digital speckle correlation method, DSCM），对高低厚硬岩层在区段煤柱上方不同破断位置组合下，区段煤柱及低位岩层的应变特征、高位岩层的回转倾角大小以及区段煤柱的受力状态进行系统对比分析，得到二次采动巷道上部厚硬顶板不同断裂位置下区段煤柱的受力影响因素和区段煤柱上支承压力分布模型，为类似条件下受二次采动影响的巷道动压灾害防治和区段煤柱宽度优化提供参考。

3.1　现场采样及试样加工制备

3.1.1　现场采样

为了能够最大程度地保证试验试样的完整性和还原二次采动巷道顶板受载特征的力学特性，本次试验所采用的试样均取自内蒙古乌审旗呼吉尔特矿区某煤矿 11 盘区。在参照《煤和岩石物理力学性质测定方法　第 1 部分：采样一般规定》（GB/T 23561.1—2024）[204]并结合现场实际条件的基础上，为了取获大尺寸原煤试样，在 311103 工作面辅运顺槽和主运顺槽联络巷施工贯通期间，选取煤层相对完整且层理清晰规则的断面，通过风镐对待取试样四周进行预裂，形成近似方形的弱面，采用撬棍和木块，利用杠杆原理对煤体进行撬动，迫使待取煤样在根部与煤层进行脱离，成功取得尺寸不小于 300mm×250mm×250mm 的大块原煤试样。

为了避免煤样水分损伤和风干破裂，现场检查原煤试样合格后，立即采用保鲜膜和塑料袋对煤样进行包裹密封，标明取样地点、取样时间和取样经过，并将试样用泡沫箱转移运至井底车场，经副井提升至地面。到地面后，再进行一次保鲜膜密封（避免井下运输过程中，周转颠簸造成保鲜膜破损），分别存在标有取样地点和试样标号的编织袋内，分门别类地装入预先加工的木箱内。为了保证煤样在长途运输中的二次损伤，木箱加工成边长 1m 的立方箱体，木箱内部四周垫有干锯末，每个木箱根据煤样大小装 1～2 块煤样，煤岩试样之间用泡沫隔断并用于锯末充填孔隙，加盖密封，专人专车运至实验室。对于顶板岩样，为了取得煤层上方高位中粒砂岩和砂质泥岩，利用 11 盘区 2-1 煤采区上山穿煤顶板巷道，利用风镐进行开帮坡顶，原位取得尺寸不小于 250mm×250mm×250mm 的岩块，用同样的方法包装运至地面，完成装箱。试样运至实验室以后，利用叉车进行装载卸载，并立即启封，开展试样制取加工工作，最大限度地保证煤岩试样的井下环境和避免包装、运输、装载卸载过程中的损伤。

3.1.2　试样加工制备

煤岩制样的相关设备如图 3.1 所示。

(a) 岩石切割机　　　　　　(b) 立式自动取芯机　　　　　(c) 双端面磨石机

图 3.1　煤岩制样的相关设备

试样制备过程如下：

(1) 根据岩石切割机的固定卡槽尺寸和切割刀片半径，对煤岩试样进行初次修边处理，除去破损或多余边角部分试样。

(2) 利用大直径自动岩石切割机对煤岩试样进行切割，切割过程中严格控制推进速度，避免煤样崩裂损伤，将煤样加工成 150mm×150mm×150mm 的立方体试样；将岩样加工成 150mm×150mm×25mm 的薄板试样。

(3) 利用双端面磨石机和调速磨石机对煤岩试样进行研磨精加工，保证试样六个表面任意两端面不平行度不大于 0.05mm，轴向偏差不大于 0.25°。

(4) 将大块煤样固定在立式自动取芯机上，将直径为 20mm 的金刚石钻头安装在立式自动取芯机上，控制水流和下降取芯速度，在煤样边缘先后开孔，相邻钻孔之间用高强度电钻修边，模拟侧向采空区。

(5) 大尺寸煤样侧向开孔后，将其放置在双面围压夹持器上，利用高强度电钻，在平行于侧向采空区、间隔为 60mm 的位置开钻，模拟临空巷道工作面，钻进过程中控制速度，按照先小孔、再扩孔、后修孔的顺序加工钻孔。

(6) 为了模拟不同破断位置区段煤柱侧向受力情况，需预先对中粒砂岩岩板进行预制裂缝，分别在岩板长边 1/4 处、1/2 处，采用长距锉刀制取深度约为 5mm 的裂缝，用以模拟低位厚硬岩层的破断位置。

部分加工完成后的煤样和薄板试样如图 3.2 所示。

(a) 大尺寸煤样

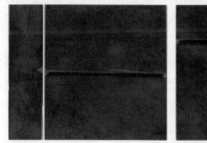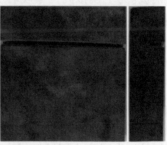

(b) 薄板试样

图 3.2　部分加工后的煤样和薄板试样

3.2　试样装置及试验方案设计

3.2.1　试样装置设计

某煤矿 11 盘区 3-1 煤层上覆 60m 范围内的岩层中分别存在两层厚硬岩层。回风顺槽先后经过两次采掘扰动的影响，因此这两层岩层的弯曲变形、回转下沉、破断失稳对区段煤柱受力特征影响显著。其中，下位厚硬中粒砂岩层可直接通过现场取样制得，而高位厚硬岩层的取样及制样条件较苛刻。

为了模拟高位厚硬岩层在不同破断位置下对下位厚硬岩层的影响，进而分析高低位厚硬顶板不同破断组合模式下的区段煤柱受力特征，自行设计一个高位岩层模拟加载装置，通过控制回转变形位置来模拟高位厚硬顶板的不同破断位置。

该高位岩层模拟加载装置主要由回转钢板、回转驱动装置和配重钢块三部分组成。高位岩层模拟加载装置外形及相关参数如图 3.3 所示。

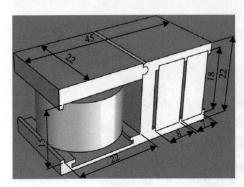

图 3.3　高位岩层模拟加载装置外形及相关参数(单位：cm)

（1）回转钢板。为了模拟高位厚硬岩层垮断位置,采用钢板模拟上覆厚硬岩层,通过在钢板侧向加工旋转圆柱并将其嵌入加载模具内,以旋转圆柱为交界面断裂面,模拟高位厚硬顶板不同的垮断位置。

（2）回转驱动装置。在试验过程中,为了保证高位岩层模拟加载装置在上部存在载荷的条件下回转钢板能够发生回转变形,在回转钢板内侧装有粗缸大压板液压千斤顶,该千斤顶通过手动油压泵进行控制,通过液压千斤顶的升降控制回转钢板的变形,进而实现对高位厚硬岩层的模拟。

（3）配重钢块。为了防止回转钢板在变形过程中,因挤压低位厚硬岩层岩板而引起加载装置错动,在高位岩层模拟加载装置回转钢板对侧的腔体内配重两个钢块,以确保试验过程中设备的稳定。

3.2.2　试验方案设计

为了分析采动巷道上覆厚硬岩层破断结构的特征以及对区段煤柱的影响,以311103 工作面回风顺槽为工程背景,按照现场巷道真实断面长×高=5.5m×4.5m和区段煤柱宽度 30m 进行同比例缩小。在试样制备过程中,考虑到试验加载过程中边界效应以及开挖巷道断面的制样难度,将现场难以钻孔成型的矩形巷道断面改为圆形巷道断面代替,采动巷道断面直径为 20mm 的圆形巷道,区段煤柱宽度为 60mm,采空区侧长度为 35mm,确保上部低位厚硬岩层具有足够的变形破断空间。同时,巷道上部留有 25mm 厚的顶煤,一是施压加工边界效应所需,二是此部分顶煤可以模拟回风顺槽上部低位厚硬岩层以下的软弱岩层,更加贴近现场实际。此外,为了便于测试区段煤柱及上部顶板岩层的应力变化,在区段煤柱内部及上方布置了 7 个测点来安装电阻式应变片。具体模拟试样及应变片粘贴位置如图 3.4 所示。

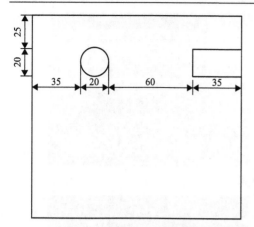

图 3.4　具体模拟试样及应变片粘贴位置(单位：mm)

1～7. 测点

通过对侧向采空区与区段煤柱边界线、回风巷道区段煤柱侧帮、低位厚硬岩层预制裂纹线以及高位岩层破断位置(回转钢板旋转圆柱)四个不同位置进行分析。根据总结煤矿现场顶板破断发生的常见位置的经验，将高低位厚硬岩层破断位置与区段煤柱的对应关系分成四种方案进行模拟，每种方案开展两次试验。具体方案如下：

方案一，高位厚硬岩层和低位厚硬岩层均断裂于靠近采空区侧的位置；方案二，高位厚硬岩层断裂于煤柱上方，低位厚硬岩层断裂于靠近采空区侧的位置；方案三，高位厚硬岩层断裂于靠近采空区侧的位置，低位厚硬岩层断裂于煤柱上方；方案四，高位厚硬岩层和低位厚硬岩层均断裂于煤柱上方。四种试验方案如图 3.5 所示。

1. 试验加载过程

1)试样加载位置摆放

由于高位岩层模拟加载装置自身重量较大，无法按照真实煤层赋存条件放在煤层上部进行加载。为此，试验过程中将高位厚硬顶板、低位厚硬岩层顶板及煤样组合顺序进行倒置，通过万能试验机预加静载荷模拟二次采动巷道开挖前的应力加载环境，通过液压千斤顶控制回转钢板的变形模拟高位厚硬顶板垮断，开展二次采动巷道厚硬顶板不同破断位置下区段煤柱受力特征试验。试样加载摆放位置如图 3.5 所示。

2)加静载荷

将高位岩层模拟加载装置放到万能试验机操作平台上，同时将千斤顶放到卡

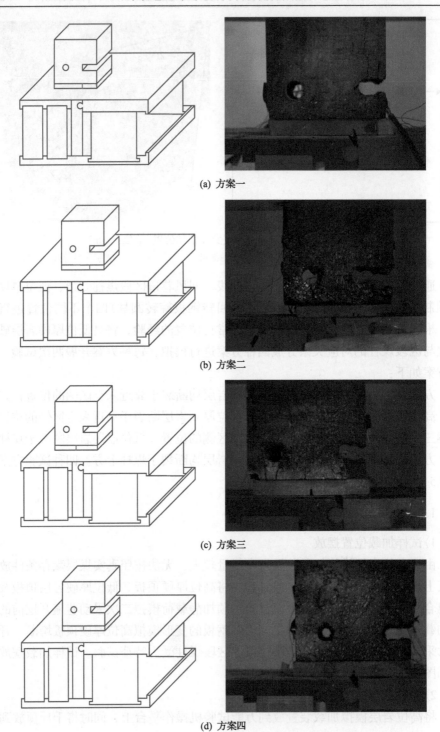

(a) 方案一

(b) 方案二

(c) 方案三

(d) 方案四

图 3.5　四种试验方案

槽内（油嘴向外侧），连接千斤顶手持加压泵，四周用柔性材料固支，以防止设备倾倒等安全隐患，将制好的方形煤样放到夹具上部，在试样顶部放置平行加载钢板，通过万能试验机对装置进行加载。

3）侧向断顶

煤样加载完毕后，通过手控液压泵对千斤顶进行匀速加压，2s/次记录表盘压力，观察回转钢板的回转角变化及下部低位厚硬岩层（薄板）的变形情况，当薄板破断及悬露于采空区上方的煤层垮冒时，记录回转钢板的回转倾角、薄板断裂位置及煤柱的应力、应变等相关监测数据。试验加载装置如图 3.6 所示。

图 3.6　试验加载装置

2. 试验监测方案

本次试验对煤样的加载载荷较大，煤体具有强冲击倾向性，因此试验采用远端监测方案。为了能够全程记录加载过程中，回转钢板、薄板以及煤层试样受力破坏过程中的全场应变数据，试验使用非接触式全场应变测量系统 MatchID-3DHR（包括相机、照明设备和主机三个部分），采用数字图像相关法进行比对分析，试验过程中，在煤样开挖之后涂散斑，完成第一步加静载荷之后，开始监测数据，直到试验结束。测试煤样全过程破坏全场位移和应变数据，试验加载过程中 0.05s 采集一次图像，整个试验过程中采集图片 1000 余张，记录了试样加载全过程。在此基础上，分析得到水平位移场及应变场、竖向位移场及应变场破坏过程中的规律。非接触式全场应变测量系统如图 3.7 所示。

图 3.7　非接触式全场应变测量系统

3.3　试验结果分析

3.3.1　散斑变形及测点应变特征分析

在数字散斑试验过程中，通过仪器测量得到各阶段不同位置的应变规律。对高低位厚硬岩层顶板破断的位置控制，组合研究不同应力作用位置和形式下区段煤柱的受力情况。通过后期散斑数据的处理，直观了解不同顶板断裂位置组合下岩板、煤体上应变分布及变化过程。为了进一步分析区段煤柱及上方顶板随着上覆高位厚硬岩层的回转变形，其内部不同时刻的受力特点，对 1～7 个测点的应变演化状态进行分析。为消除测点应力分析的误差，对每种方案采取多次试验，分析并保留其中的有效组别，试验编号为 A1～A8。图 3.8 为方案一试验中测点 1 的应变-时间演化图，分别记录测点水平方向 x 与垂直方向 y 的应变变化，应变为正值时表示该方向受拉，应变为负值则表示该方向受压。

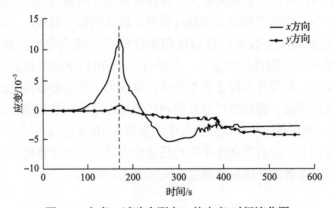

图 3.8　方案一试验中测点 1 的应变-时间演化图

（1）方案一：高位厚硬岩层和低位厚硬岩层均断裂在采空区边缘。方案一的受力散斑分析如图 3.9 所示。

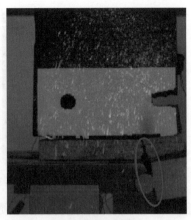

(a) 岩层出现裂隙　　　　　　　　　(b) 岩层完全断裂

图 3.9　方案一的受力散斑分析

由图 3.9 中数字散斑的试验结果可以得到，随着高位厚硬岩层回转角度的增加，采空区靠近煤柱边缘一侧变为高应变区域，水平方向的应变值明显大于其他区域，高应变区域垂直向上扩展，一直扩展至采空区。通过液压机读数记录高位厚硬岩层的作用力，采空区顶板跨落时顶板对下部岩层的作用力为 2.65kN。此外，两个试样在 7 个测点的受力变化情况基本一致。测点 3、6 位于煤样中部，主要受拉，其余测点以受压为主。测点 1、测点 2、测点 4 三个测点在 x 方向先受拉，后受压，三个测点试验过程中与简支梁受均布载荷的结果近似。这表明方案一中高低位岩层对煤顶起到单侧压弯的力学作用。对煤柱的应力主要为剪力作用，对巷道应力的影响较小。方案一的测点受力状态变化情况如表 3.1 所示。

表 3.1　方案一的测点受力状态变化情况

测点	A1		A6	
	x 方向	y 方向	x 方向	y 方向
1	拉→压	拉→压	压	压
2	拉→压	拉→压	拉→压	压
3	拉	拉	拉	拉
4	拉→压→拉	压	压	拉→压
5	拉	压	拉	压
6	压→拉	压→拉	拉	压→拉
7	拉→压	压	压	压

(2)方案二：高位厚硬岩层断裂在区段煤柱中部，低位厚硬岩层断裂在区段煤柱边缘。方案二的受力散斑分析如图 3.10 所示。

图 3.10　方案二的受力散斑分析

从图 3.10 可以看出，随着高位厚硬岩层顶板回转倾角的增加，当回转倾角较小时，靠近区段煤柱区域附近采空区很快出现了应力集中，表现为深色区域。不同于方案一，此种高低位厚硬顶板坡段组合条件下，应变区不是垂直分布而是向区段煤柱方向倾斜发育且位置逐渐向煤柱方向迁移。同时，区段煤柱上方也出现了深色的应变增加区域，表明此时区段煤柱上方也承受了上覆顶板回转变形的挤压应力，当采空区上方顶板垮落时，上部顶板对下部岩层施加的压力为 11.3kN。此外，方案二中两个试样各个测点对应的受力变化情况基本一致，测点 1 在 x、y方向均受拉，测点 2 与测点 5 在 y 方向受拉，说明巷道上方各层顶板的压力在破断过程中降低，上方应力集中作用在采空区范围的顶煤。方案二中煤柱受力较方案一范围更大，高位岩层破断对煤柱起到压剪应力作用。方案二的测点受力状态变化情况如表 3.2 所示。

表 3.2　方案二的测点受力状态变化情况

测点	A4		A8	
	x 方向	y 方向	x 方向	y 方向
1	拉	拉	压→拉	压→拉
2	压	拉	压	拉
3	压	压	拉→压	压
4	压→拉	拉→压	压→拉	压
5	压	拉	压	拉
6	压	拉→压	压	压
7	压→拉	拉→压	拉	压

(3)方案三：高位厚硬岩层断裂在采空区边缘，低位厚硬岩层断裂在区段煤柱中部。方案三的受力散斑分析如图 3.11 所示。

| (a1) 回转倾角为1.02° | (a2) 回转倾角为2.13° |

(a) 低位厚硬岩层水平方向

| (b1) 回转倾角为1.68° | (b2) 回转倾角为3.22° |

| (b3) 回转倾角为4.26° | (b4) 回转倾角为4.61° |

(b) 区段煤柱水平方向

图 3.11　方案三的受力散斑分析

从图 3.11 可以看出，随着上覆高位厚硬岩层回转倾角的增加，应变最大区域主要集中于采动巷道上方，原因在于试验过程低位厚硬岩层左侧没有约束力，随着回转倾角的进一步增加，低位厚硬岩层上方出现代表高应变的深色斑点，当高位厚硬顶板回转倾角达到 3.22°时，低位厚硬岩层应变集中区转移至煤柱上方，预制裂缝最终在深色高应变位置发生破断，此时煤柱及采空区边缘受力比较均匀，没有出现明显的应变集中区。此外，由于低位厚硬岩层在区段煤柱中部破断，嵌入侧向顶板的深度较大，当高位厚硬顶板回转倾角增大时，低位厚硬顶板侧向悬臂岩梁变发生受载变形，挤压区段煤柱采空区侧向煤体，致使采空区一侧表现为浅色条带，出现塑性区，而区段煤柱上方因受力相对均匀而未出现应变增加现象，当采空区顶板垮落时，记录液压机读数，对下部岩层施加的压力为 5.0kN。此外，方案三中两个试样各个测点对应的受力变化情况基本一致。顶煤测点 1、测点 2、测点 3 以及煤柱中部测点 5、测点 6 在 y 方向存在明显的受拉过程，说明方案三中由于高位厚硬岩层破断点距离煤柱较远，高位厚硬岩层破断有效降低了远离采空区煤柱上方的受压水平。测点 4 的 x 方向受拉，y 方向受压，表征采空区边界煤柱受到上覆岩层破断应力的压弯作用。方案三的测点受力状态变化情况如表 3.3 所示。

表 3.3　方案三的测点受力状态变化情况

测点	A2		A3	
	x 方向	y 方向	x 方向	y 方向
1	压	拉	压	拉
2	拉→压	拉→压	拉→压	拉
3	拉	压	拉→压→拉	拉
4	拉	压	压→拉	压
5	拉→压	压	拉→压	压
6	压	拉	拉→压	拉
7	压	拉→压	拉→压	拉→压

(4)方案四：高位厚硬岩层和低位厚硬岩层均在区段煤柱中部断裂。方案四的受力散斑分析如图 3.12 所示。

从图 3.12 可以看出，在高位顶板回转倾角的变化初期，区段煤柱中部附近就出现了浅色高应变带且垂直方向发育明显，表明当高低位顶板破断位置均发生在煤柱上方时，由于破断位置位于采空区侧上覆顶板结构深部，较小的回转变形使得高低位厚硬顶板同步联动破断，致使区段煤柱上方出现应力集中现象。随着回转倾角的增加，应变区由垂直方向发育分布逐渐转为向采空区一侧倾斜，在区段煤柱采空区边缘附近出现应力集中现象。当回转倾角达到 2.85°时，采空区上覆顶板断裂，区段煤柱中部应变持续增加，靠近采空区侧水平方向的应变随着回转倾角的增加而增大，在区段煤柱底部会形成一条高应变带，这表明在侧向顶板垮断后，区段煤柱依然受高低位厚硬岩层侧向回转挤压应力的作用，当高低位岩层垮断时，其对下部岩层施加的压力为 17.25kN。此外，方案四中两个试样各个测点对应的受力变化情况基本一致。测点在 x、y 方向主要受压，表明破断回转点在煤柱中点时高位岩层对煤柱产生挤压作用。邻近采空区的测点 4、测点 5、测点 6 三个测点存在先受拉、再受压的受力变化情况，表明采空区附近破断前以拉力为主，破断后以压力为主。方案四的测点受力状态变化情况如表 3.4 所示。

 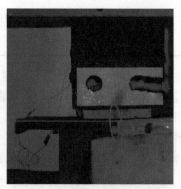

(a1) 回转倾角为1.83°　　　(a2) 回转倾角为2.46°

(a) 区段煤柱水平方向

(b1) 回转倾角为1.86°　　　(b2) 回转倾角为2.85°

(b) 区段煤柱垂直方向

图 3.12　方案四的受力散斑分析

表 3.4　方案四的测点受力状态变化情况

测点	A5		A7	
	x 方向	y 方向	x 方向	y 方向
1	压→拉	压	拉	压
2	压	拉	压	拉
3	压→拉	拉→压	压→拉	拉
4	压	压	拉	压

测点	A5		A7	
	x 方向	y 方向	x 方向	y 方向
5	拉→压	拉→压	拉→压	拉→压
6	拉→压	拉→压	拉→压	拉→压
7	压	压	压	压

通过对上述四种不同顶板破断位置下区段煤柱的应变分布特征进行分析可知，当高位厚硬岩层和低位厚硬岩层均断裂在采空区边缘(方案一)时，随着高位厚硬岩层回转倾角的增加，在试验前期，区段煤柱上覆厚硬顶板对区段煤柱施加的应力呈均匀分布，区段煤柱整体承担上部岩层应力。随着回转倾角的增大，区段煤柱采空区侧边缘附近出现高应变区且呈垂直方向发育分布，当采空区上部顶板垮落时，整体顶板施加的应力较小。当高位厚硬岩层断裂在区段煤柱中部，低位厚硬岩层断裂在区段煤柱边缘(方案二)时，由于高位岩层破断位置离侧向采空区自由空间较远，随着回转倾角的增加，区段煤柱靠近采空区侧率先出现高应变集中区且逐渐向区段煤柱内部转移，区段煤柱侧向塑性破坏区的范围逐渐扩大，在制样过程中，区段煤柱顶板附近存在一定的裂隙，在加载过程中裂隙进一步扩张，抵消了扩散部分作用在煤柱上的应力。即便如此，当方案二顶板垮断时，顶板施加的载荷仍为四个方案中的最大值，17.25kN。当高位厚硬岩层断裂在采空区边缘，低位厚硬岩层断裂在区段煤柱中部时(方案三)，随着上部高低位岩层的回转变形，区段煤柱受力范围主要集中在中部靠近采空区侧，回风巷道侧基本未出现高应变区，说明此时回风巷道稳定性最好。当高位厚硬岩层和低位厚硬岩层均在煤柱上方断裂时(方案四)，试验初期，区段煤柱上方就出现了高应变集中区，随着回转倾角的增加，煤柱上方受力逐渐增大，采空区侧塑性破坏区逐渐向区段煤柱中部转移，当采空区顶板垮落时，顶板施加应力较高。

在实际工程中，厚硬顶板的破断位置具有不可预测性，通过上述试验给出的四种典型破断结构下对区段煤柱的应力及变形影响，并结合高低位厚硬岩层的破断回转力学模型，对模型中不同 H、L 的取值进行敏感性分析，得到各种情况下结构失稳所需的回转载荷的归一化分布情况。破断位置 H、L 与破坏所需归一化载荷间的关系如图 3.13 所示。根据 H、L 的相对位置关系，结构破坏所需的载荷分为两种计算模型。在两种情况下，整体结构破坏所需载荷分别与破断点位置 H、L 的大小正相关。对于 $H>L$ 即高位破断点滞后于低位破断点的情况，其稳定性大于 $H<L$ 即高位破断点前置于低位破断点的情况。因此，在实际工程中，采空区煤顶上方附近存在厚硬岩层破断的情况，应当对区段煤柱可能受到顶板破断冲击能产生的冲击地压灾害进行预处理与防治。

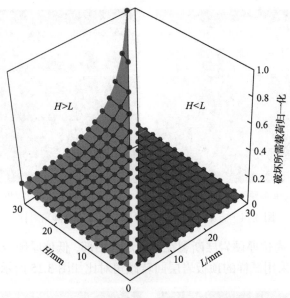

图 3.13　破断位置 *H*、*L* 与破坏所需归一化载荷间的关系

综上分析可知，当高位顶板破断位置在区段煤柱外侧采空区内，低位顶板垮断位置位于区段煤柱中部靠近采空区侧时，区段煤柱整体受力相对均衡且塑性破坏区主要集中在采空区侧，对回风巷道围岩应力分布及稳定性的影响越有利。当高低位厚硬顶板在区段煤柱上方中部位置破断时，较小的回转变形就导致区段煤柱整体受力水平较高，采空区侧塑性区范围发育较大，不利于区段煤柱稳定。

3.3.2　高位顶板回转倾角分析

利用数字散斑图片处理技术，通过对比高低位厚硬顶板岩层破断位置相同试验方案下，两块不同试验的煤层顶板垮断时对应回转倾角的情况，得到四种方案的煤层顶板垮落时所对应的高位岩层回转倾角。通过对比不同情况下，高位厚硬岩层回转倾角的大小，可以从侧面反映顶板上方厚硬岩层不同破断位置对区段煤柱受力及二次采动巷道稳定性的影响。

(1)方案一：高位厚硬岩层和低位厚硬岩层均断裂在采空区边缘。方案一采用试样的顶板岩层回转倾角对比如图 3.14 所示。

方案一采用的煤岩试样完整性较好。在整个试验过程中，两个试样均未出现除断裂位置以外的裂缝，说明煤样不存在原始裂隙分散上覆岩层垮断过程中传递下来的应力。当采空区顶板破裂时，两个试样的高位厚硬岩层回转倾角均大于 5°。对比其他方案，由于高低位厚硬岩层断裂位置邻近采空区，区段煤柱对上覆顶板回转变形的影响较小，所以其顶板回转倾角较大。

(a) 回转倾角为6.765°　　　　　　　　　(b) 回转倾角为5.340°

图 3.14　方案一采用试样的顶板岩层回转倾角对比

(2)方案二：高位厚硬岩层断裂在区段煤柱中部，低位厚硬岩层断裂在区段煤柱边缘。方案二采用试样的顶板岩层回转倾角对比如图 3.15 所示。

(a) 回转倾角为4.365°　　　　　　　　　(b) 回转倾角为6.655°

图 3.15　方案二采用试样的顶板岩层回转倾角对比

由于低位顶板悬露于采空区侧的岩梁较长，高位厚硬顶板回转变形位置距离采空区较远，所以当回转倾角较小时，低位厚硬顶板便发生变形。试验中加工煤样存在一定的裂隙，导致左右两块试样在顶板破裂时回转倾角相差 2.3°，分析原因是右侧煤样裂隙发育，较为松散，试样总体强度较低，试验前期压力的作用使其裂隙进一步发育贯通。当高位厚硬岩层回转倾角增大时，低位厚硬岩层在煤柱前方发生破坏，也对试验结果产生了一定的影响。

(3)方案三：高位厚硬岩层断裂在采空区边缘，低位厚硬岩层断裂在区段煤柱中部。方案三采用试样的顶板岩层回转倾角对比如图 3.16 所示。

此种高低位厚硬岩层破断组合方案，两块煤样顶板回转倾角均大于 8°，且回转倾角基本相同，较好地反映了此方案下煤岩变形的受力特征。左侧煤样在试验过程中出现裂隙，但裂隙并未贯通。相较于其他三个方案，此方案高位厚硬顶板

　　　(a) 回转倾角为8.589°　　　　　　　　　(b) 回转倾角为8.460°

图 3.16　方案三采用试样的顶板岩层回转倾角对比

回转倾角更大，更利于采空区内岩层的垮落充填。此外，在试验过程中，随着高位岩层回转倾角的增加，低位厚硬岩层并未在区段煤柱中部的预制裂缝处断裂，而是在靠近采空区位置发生破断，断口向外，说明在实际高位岩层回转过程中，较小的回转倾角就可以促使低位厚硬岩层破断，更有利于控制区段煤柱上方岩层破断位置向煤柱内部发育，减轻区段煤柱的受力状态，更有利于维护巷道的稳定。

　　(4)方案四：高低位厚硬岩层均在区段煤柱中部断裂。方案四的采用试样的顶板岩层回转倾角对比如图 3.17 所示。

　　　(a) 回转倾角为4.755°　　　　　　　　　(b) 回转倾角为6.142°

图 3.17　方案四采用试样的顶板岩层回转倾角对比

　　从图 3.17 中可以看出，高低位岩层破断位置一致且均深入采空区侧，致使高低位岩层回转过程中，悬露顶板对区段煤柱挤压应力较大，采空区侧煤柱塑性区发育。同时，在高位岩层回转变形过程中，促使下部低位厚硬岩层同步发生回转，进一步加剧了下部区段煤柱的受力状态。由于右侧试样原始裂隙较发育，强度低于左侧试样，进而在高低位岩层回转变形过程中，其回转倾角稍大一些。

　　试验中在高位厚硬岩层断裂位置相同的情况下，方案三的回转倾角整体明显大于方案一。方案四与方案二相比，同一方案中试样强度不同，选取完整性较好的试样进行对比，方案四中回转倾角4.7°大于方案二的4.3°。图3.16(b)和图3.18(b)的试样均出现了裂隙发育的情况，导致相同方案不同试样之间回转倾角的结果出现部分差异。方案四中回转倾角为6.142°，小于方案二的6.655°。在此试验中，试样松散程度对回转倾角的影响远大于岩层断裂位置的影响，方案二的煤样结构更加松散，因此煤质松散试样的回转倾角更大。

　　对上述四种不同顶板破断位置下高位岩层回转倾角大小进行分析，可以得到以下结论：

　　(1)相较于高位厚硬岩层断裂在区段煤柱中部，低位厚硬岩层断裂在煤柱边缘(方案二)及高位厚硬岩层和低位厚硬岩层均在煤柱上方中部断裂(方案四)，方案一(高位厚硬岩层和低位厚硬岩层均在采空区侧向边缘附近破断)和方案三(高位厚硬岩层断裂在采空区边缘，低位厚硬岩层断裂在区段煤柱中部)中，促使采空区上方顶板垮断所需的回转倾角更大，低位厚硬岩层断裂位置位于采空区侧向上方时的回转倾角总体要大于断裂位置位于区段煤柱上方时的回转倾角，说明低位岩层破断位置影响回转倾角的大小，进而影响区段煤柱的受力情况。

　　(2)当高位厚硬岩层破断位置位于区段煤柱中部时(方案二和方案四)，因其悬露顶板过长，回转支点距离采空区侧较远，较小的回转倾角就会促使下部低位厚硬岩层发生变形，进而诱发下部区段煤柱侧向受力严重，说明高位厚硬岩层的破断位置对下部岩层的运动影响显著，对控制区段煤柱应力状态和回风巷道围岩稳定至关重要。

　　(3)当高位厚硬岩层破断在采空区侧，低位厚硬岩层破断在区段煤柱上方中间(方案三)时，随着高位岩层回转倾角的增加，低位厚硬岩层并未在区段煤柱中部的预制裂缝处断裂，而是在靠近采空区位置发生破断且断口向外，说明在实际高位岩层回转过程中，较小的回转倾角就可以促使低位厚硬岩层破断，更有利于控制区段煤柱上方岩层破断位置向煤柱内部发育，减轻了区段煤柱的受力状态，对维护采动巷道稳定更加有利。

3.3.3　煤柱受力状态分析

　　根据数字散斑相关方法，结合相关理论对每种方案试验过程中的应变演化规律进行分析，得到高低位厚硬岩层不同顶板垮断位置组合下区段煤柱的应力分布变化。对低位厚硬岩层垮落和高位厚硬岩层断裂的情况分开进行讨论，给出不同阶段的煤柱受力情况。对四种方案顶板不同断裂位置下低位厚硬岩层和煤柱的支承压力分布进行分析[205,206]。

　　(1)方案一：高位厚硬岩层和低位厚硬岩层均断裂在采空区边缘。方案一的区段煤柱受力特征如图 3.18 所示。

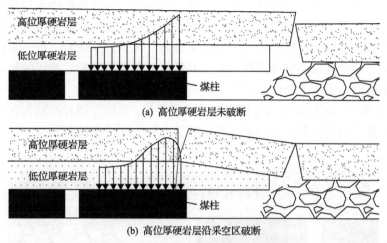

(a) 高位厚硬岩层未破断

(b) 高位厚硬岩层沿采空区破断

图 3.18　方案一的区段煤柱受力特征

　　从图 3.18 中可以看出，在向煤岩试样施加预载荷后，由于高低位厚硬岩层尚未发生破断，受侧向悬臂岩梁挤压作用的影响，在靠近采空区侧边缘形成应力集中，应力整体呈单调下降趋势，煤柱整体处于弹性压缩状态。随着高位厚硬岩层回转倾角的增加，下部低位厚硬岩层开始侧向挤压区段煤柱，区段煤柱靠近采空区侧发生破坏，应力值下降，侧向峰值应力位置向煤柱深部转移，但整体距离采动巷道较远，对巷道稳定性的影响不大。

　　(2)方案二：高位厚硬岩层断裂在区段煤柱中部，低位厚硬岩层断裂在区段煤柱边缘。方案二的区段煤柱受力特征如图 3.19 所示。

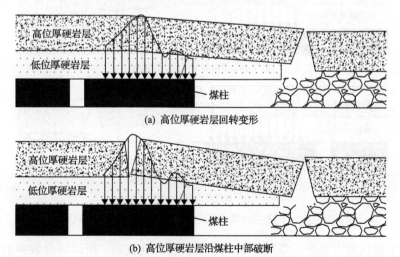

(a) 高位厚硬岩层回转变形

(b) 高位厚硬岩层沿煤柱中部破断

图 3.19　方案二的区段煤柱受力特征

从图 3.19 中可以看出，由于低位厚硬岩层破断位置靠近采空区侧，悬露于采空区上方，用于支撑高位厚硬岩层的悬臂岩梁较长，当高位厚硬岩层发生回转变形时，低位厚硬岩层率先弯曲变形，挤压区段煤柱，进而形成侧向应力峰值区。随着回转倾角的增大，低位厚硬岩层发生破断，在高位厚硬岩层进一步挤压作用下，应力峰值向区段煤柱深部转移且受高低位厚硬岩层破断后挤压的影响，在区段煤柱上形成大小两个峰值应力区。

(3)方案三：高位厚硬岩层断裂在采空区边缘，低位厚硬岩层断裂在区段煤柱中部。方案三的低位厚硬岩层和区段煤柱受力特征如图 3.20 所示。

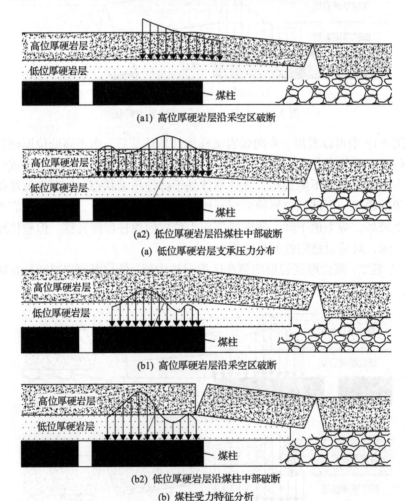

(a1) 高位厚硬岩层沿采空区破断

(a2) 低位厚硬岩层沿煤柱中部破断

(a) 低位厚硬岩层支承压力分布

(b1) 高位厚硬岩层沿采空区破断

(b2) 低位厚硬岩层沿煤柱中部破断

(b) 煤柱受力特征分析

图 3.20　方案三的低位厚硬岩层和区段煤柱受力特征

由于该试验方案低位厚硬岩层未在预制裂纹处破断，所以结合数字散斑试验结果，分别对低位厚硬岩层和区段煤柱二者在受力加载过程中的应力分布进行分析。首先，从图 3.20(a) 中可以看出，由于低位厚硬岩层预制裂纹位于区段煤柱中部，距离采空区较远，而高位厚硬岩层回转变形位置在采空区边缘，当上覆厚硬岩层发生较小回转变形时，下部低位厚硬岩层开始挤压区段煤柱，进而在试验开始不久，区段煤柱因低位厚硬岩层挤压作用而在其边缘形成峰值应力区，同时预制裂纹位置因发生向上屈曲变形，在区段煤柱中部形成小范围的应力集中，整个区段煤柱在低位厚硬岩层作用下呈大小双峰分布。其次，随着高位厚硬岩层回转倾角的进一步增加，悬露于采空区边缘的低位厚硬岩层受侧向挤压应力而率先破断，并未在预制的低位岩层中部破断，此时区段煤柱临空侧向挤压应力因岩层破断而得到释放降低，随着高位岩层回转倾角的进一步增加，低位厚硬岩层预制裂缝位置应变突增且在此处断裂，应力曲线表现为双峰，在高位厚硬岩层完全断裂之后，区段煤柱沿空侧塑性区受挤压应力进一步升高，侧向支承应力峰值逐渐向深部转移，峰值位置大约在区段煤柱中部附近。

(4) 方案四：高位厚硬岩层和低位厚硬岩层均在区段煤柱中部断裂。方案四的区段煤柱受力特征如图 3.21 所示。

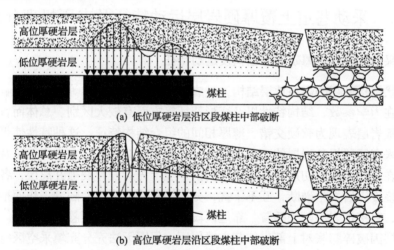

(a) 低位厚硬岩层沿区段煤柱中部破断

(b) 高位厚硬岩层沿区段煤柱中部破断

图 3.21　方案四的区段煤柱受力特征

从图 3.21 中可以看出，由于高低位厚硬岩层破断位置距离采空区较远，随着高位厚硬岩层的回转变形，低位厚硬岩层断裂前，在区段煤柱上形成大小两个峰值应力区，分别位于采空区边缘和预制断裂线附近。随着回转倾角的进一步增加，预制断裂线附近应力峰值增加，采空区侧区段煤柱煤体发生塑性破坏导致应力峰值稍显降低，当回转倾角进一步增加时，高位厚硬顶板发生破断，区段煤柱整体应力峰值增高，且峰值位置靠近采动回风巷道，采空区侧峰值变化趋于平缓。

第4章 采动巷道厚硬岩层运动特征及结构破断力学分析

采场上覆岩层运动破坏形式决定着矿山压力显现的规律,采动巷道区段煤柱侧向高低位厚硬岩层的运动规律和破断特征对区段煤柱的应力大小和分布特征影响显著。本章以先后经历两次开采扰动的回风顺槽采场围岩结构和应力分布变化为切入点,研究区段煤柱侧向采空区上方高低位厚硬岩层的破断特征和应力传递规律,分析高低位厚硬岩层不同破断位态下区段煤柱的全过程受力状态,建立基于采动巷道采空区侧向高低位厚硬顶板不同破断位态下的区段煤柱极限强度计算模型并给出失稳判据,为采动巷道顶板结构优化和应力控制提供理论指导。

4.1 采动巷道上覆厚硬岩层运动特征及来压机理分析

4.1.1 采动巷道低位厚硬岩层结构及运动特征

层状结构赋存的煤系地层结构,受成煤环境、成煤物质等因素的影响,各岩层之间在力学参数、结构特性以及变形特征等方面有较大区别。总体而言,煤层上覆顶板岩层表现为软硬交错、薄厚相间的组合结构特征。这种特性使得煤层开采后,采空区顶板各岩层的变形垮断分次、分组。对于煤层上方直接顶及其以下岩层,在工作面推采初期,各岩层之间由下至上先后发育裂隙并离层,各岩层达到极限挠度以后发生破断,互不干扰,分层垮冒特征明显;随着工作面推采距离的增加,直接顶岩层随采随冒,靠近区段煤柱侧直接顶呈短悬臂梁状态。直接顶冒落岩层因破碎膨胀对上部岩体起支撑作用,但因无法充分充填采空区空间,直接顶上方各岩层以离层的形式向上发展,进入低位厚硬岩层。低位厚硬岩层厚度大、强度高、极限跨度较大,当初次垮断时前后块体呈"三铰拱"结构存在,随着工作面的继续推进,该结构发生二次破断而转变为"砌体梁"铰接结构,承担上覆岩层的自重应力。

基于上覆岩层运动及垮冒位置的不同,本书中所指低位厚硬岩层结构相当于一次回采扰动下的"老顶",具有因破断块体旋转下沉所形成的"三铰拱"临时性结构和因跨度增大发生二次破断形成具有长期稳定的"砌体梁"铰接结构的特征。对于二次采动巷道,该结构一端经变形、断裂、旋转并作用在直接顶及其下部垮落碎胀岩层之上，支撑着采空区上部岩层的重量，另一端嵌于区段煤柱上方侧向岩层之内，悬露的厚硬低位岩层以下部直接顶为支点发生回转变形，向上支撑数个与之同步协调变形的软弱岩层，抑制侧向岩层断裂位置向深部发展的同时，向下偏转挤压直接顶短臂岩梁及其下部岩层，最终作用在区段煤柱上方，反映在沿空煤巷围岩帮部应力集中，围岩变形量大。因此，低位厚硬岩层主要体现上一工作面侧向顶板对采动巷道稳定性的影响。

4.1.2　采动巷道高位厚硬岩层结构及运动特征

当低位厚硬岩层结构破断引起顶板来压时，工作面已经推离较远，垮断来压位置发生在采空区后方，如果是一次性回采巷道，则基本不受低位厚硬岩层结构破断的影响。但由于预留巷道属于使用巷道，要继续服务下一工作面的生产，不仅要承受低位厚硬岩层的垮断影响，还要经受上部高位厚硬岩层破断时强动载荷作用的考验。这是因为低位厚硬岩层垮断并以砌体梁形式存在后，其上部软弱岩层随之一起变形垮落，进而在高位厚硬岩层下部形成离层区，离层高度等于煤层厚度扣除下部所有岩层垮冒碎胀增量高度及离层下沉量。高位厚硬岩层在上一工作面开采后，基本处于弯曲变形状态，并未发生垮断。当回采该工作面时，因下部采场面积的增大和沿空侧向低位厚硬岩层结构的改变，其弯曲变形程度进一步增大，达到其极限跨度后发生破断，产生的动载荷一部分消耗于变形软弱岩层、低位厚硬破断砌体梁和冒落岩层之间的传递，另一部分通过嵌入岩体向下直接传递到低位厚硬岩层，引起低位侧向悬露岩梁破断的同时，高低位岩梁破断后的动载荷扰动相叠加，直接作用到区段煤柱上方，引起区段煤柱应力的二次分布，进而诱使处于高应力状态的区段煤柱冲击失稳。

4.1.3　采动巷道上覆厚硬岩层侧向倒直梯形区形成过程

由采动巷道区段煤柱上方侧向高低位厚硬岩层结构及运动特征可知，嵌入采空区侧向岩体内的各层残余顶板结构，在区段煤柱及高位厚硬岩层双向夹持应力的作用下，在区段煤柱上方形成一个倒直梯形结构，该结构随着煤层的开采，在纵向上，由直接顶及其下部垮冒岩层-低位厚硬岩层-高位厚硬岩层逐层向上发展；在横向上，其发育深度逐渐随着岩层的升高，受载变形影响范围逐渐向深部转移，对采动巷道采场空间结构和应力分布影响更加明显。

为了下文叙述的方便，将这种具有承载上覆岩层重量和传递岩层应力双重作用并对采动巷道围岩稳定性影响显著的侧向岩层结构区域称为倒直梯形区。该区上部以高位厚硬岩层上沿为边界，下部以区段煤柱煤体为边界，左右分别以采空区倾斜块体铰接岩块和嵌入到区段煤柱上部岩层中的极限平衡区为边界。

倒直梯形区的形成过程与区段煤柱两侧的煤体开采密切相关，与采空区各层顶板变形垮冒相对应。随着煤层的开采，直接顶受自身强度或者留顶煤开采等因素的影响，在区段煤柱采空区侧形成较小的短悬臂梁，作为倒直梯形区最下部的支撑结构而存在；随着直接顶及其下部岩层随之垮断冒落，所产生的离层为低位厚硬岩层弯曲变形提供空间，在上覆岩层自重应力作用下发生弯曲破断，几乎同期或短期相继破断的还有高低位厚硬岩层之间的软弱岩层，导致各岩层内部裂隙进一步扩展发育，向下连续传递应力能力减弱的同时，嵌入岩体内的侧向岩层极限平衡区向岩体深部转移，倒直梯形区范围进一步扩大。与此同时，低位厚硬岩层及其上部同期垮落岩层对下部靠近倒直梯形区的倾斜块体产生瞬时载荷，造成下部直接顶等短悬臂岩梁结构破断失稳，区段煤柱发生较强的应力扰动，一次采动造成的采场结构破断和应力调整基本完成。

在由低位厚硬岩层向高位厚硬岩层发展的过程中，区段煤柱侧向低高位厚硬岩层之间的运动特征及边界条件基本相似，一侧以规则排列的砌体铰接结构形式存在于垮落岩体之上，每个块体相对稳定并作为缓冲垫层吸收上覆高位厚硬岩层破断形成的冲击载荷；另一侧与嵌入倒直梯形结构体内的对应岩层倾斜铰接，承受上覆高位厚硬岩层下方弯曲变形岩层重量的同时，侧向为倒直梯形提供顶推力，控制低位厚硬岩层上方的岩层向采空区侧倾斜垮断，这部分岩层称为倾斜块体。随着低位厚硬岩层下部垮落岩层的进一步压实、高位厚硬岩层下部各软弱岩层侧向弯曲变形和回转垮落位置的横向纵深发育，高位厚硬岩层跨度进一步增加，弯曲变形程度接近极限挠度。当工作面回采时，在超前采动应力和侧向支承压力的作用下，高位厚硬岩层发生破断，倒直梯形区范围横纵两向进一步扩大，所产生的动载荷主要通过倒直梯形区传递到下部区段煤柱上，造成区段煤柱应力二次分布。当调整后的应力达到区段煤柱极限强度时，临空巷道发生冲击地压。至此，二次采动影响造成的区段煤柱上覆采场结构破断和应力调整基本完成。二次采动巷道倒直梯形区及倾斜块体形成过程如图 4.1 所示。

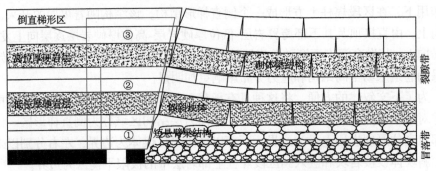

图 4.1　二次采动巷道倒直梯形区及倾斜块体形成过程

4.1.4　采动巷道区段煤柱侧向厚硬岩层倒直梯形区应力传递机制

结合前面采动巷道先后经历两次开采扰动影响以及采场围岩结构特征和倒直梯形区的形成过程分析，对两侧开采扰动下采动巷道围岩的应力状态及倒直梯形区的应力传递机制进行分析。

受上覆岩层垮冒及矿山压力的影响，煤层开采后采场两侧依次形成低应力区、侧向支承应力区和原岩应力区，分别对应冒落卸压区、应力扰动区和高值承压区。随着工作面的回采，直接顶及其下部岩层相继垮断并形成离层空间，低位厚硬岩层在上部载荷作用下发生弯曲变形，并将其承担的上部载荷向两侧分流转移，导致倒直梯形区下部岩体及区段煤柱内的应力重新分布。其中，倒直梯形区下部区域产生高低应力区的变化区，区段煤柱上部产生双峰应力区，此时视为采动巷道附近采场的初始应力状态。采动巷道初始应力场分布状态如图 4.2 所示。

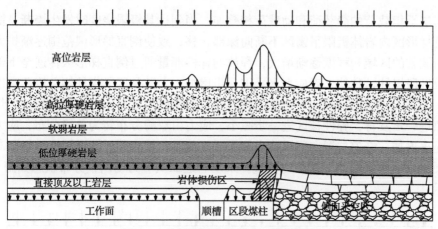

图 4.2　采动巷道初始应力场分布状态

随着工作面的推进，低位厚硬岩层达到极限挠度而发生破断，并引发上部软弱岩层同步变形破断，致使嵌入倒直梯形区范围内的岩体极限平衡区向深部转移，倒直梯形区范围进一步扩大。而低位厚硬岩层及上部软弱岩层破断时产生的载荷通过倒直梯形区岩体向下传递，引起下部区域及区段煤柱应力调整，主要表现为倒直梯形区下部应力整体升高，采空区侧向应力的影响范围增大，区段煤柱上部双峰应力值增加，双峰位置间距较小，并整体向回风顺槽侧转移，此时视为采动巷道附近采场因低位厚硬岩层垮断诱发的一次应力调整。采动巷道一次应力场调整分布状态如图 4.3 所示。

当工作面回采时，高位厚硬岩层在承担上部覆岩载荷发生弯曲变形的同时，随着采场范围的扩大，一方面高位厚硬岩层在空间上承担上部岩层的范围增大，静载荷增加；另一方面在工作面超前采动应力和侧向支承压力的作用下，高位厚

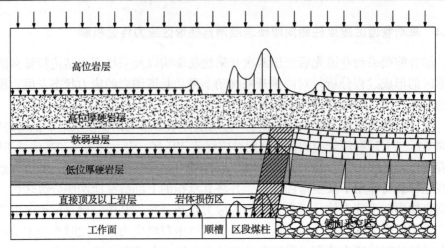

图 4.3　采动巷道一次应力场调整分布状态

硬岩层承担载荷的静载荷和动载荷相叠加,当到达其极限挠度时发生垮断,嵌入倒直梯形区内岩体极限平衡区不断向深部转移,致使倒直梯形区范围逐渐扩大,应力调整的区域和程度逐渐增大,释放的弹性能量通过倒直梯形区传递至下部岩体及区段煤柱,致使二者应力水平进一步增加,尤其是区段煤柱侧,垮落高度增加,下部支撑压力拱脚向煤体深部转移,致使横向位于挤压剪切带内的区段煤柱裂隙进一步发育,弹性核区进一步减小,应力由双峰分布转为单峰分布,应力峰值显著增加,峰值位置向回风巷道侧靠近。此时,视为回风巷道附近采场因高位厚硬岩层垮断诱发的二次应力调整。采动巷道二次应力场调整分布状态如图 4.4所示。

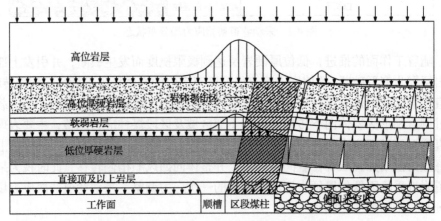

图 4.4　采动巷道二次应力场调整分布状态

区段煤柱在高低位岩层破断所引起的倒直梯形区结构变化及应力调整的过程

中，始终处于压剪变化带之内，其应力也一直在应力扰动区和高值支承区之间波动，致使内部煤体强度损伤弱化严重，由外向内产生大量的裂隙，由双峰应力分布逐渐向单峰应力分布转变，应力集中程度愈加凸显，这也是回风顺槽区段煤柱有效承载宽度逐渐减小，帮部围岩破碎发育、难支易冒的主要原因。同时，倒直梯形区采空区侧岩体是压剪变化区的主体，高低位岩层破断所引起的回风巷道附近应力集中及岩体损伤主要发生在该区域，致使倒直梯形区岩体在回转变形中促使区段煤柱上的应力峰值逐渐向回风巷道侧转移，采动巷道变形严重。

在对倒直梯形区作用的方式上，低位厚硬岩层破断后短时间内发生快速旋转下沉，下沉量占整个高低厚硬岩层运动总下沉量的 50%，以采空区侧形成的短悬臂梁结构对侧向直立梯形区下部产生快速应力扰动，区段煤柱靠近采空区侧煤体发生受载破坏，并在区段煤柱内部形成侧向高应力集中区，形成采动巷道围岩应力的一次分布。同时，垮落后的低位厚硬岩层，在上覆岩层传递载荷作用下依旧发生压缩变形，致使倾斜块体以砌体铰接结构为后部支点，不断向倒直梯形区岩体施加应力载荷。以双端固支铰接梁结构承担上部岩层载荷的高位厚硬岩层，在其变形垮断前，下部离层量基本达到最大，上部高位厚硬岩层所承担应力竖向上已无法连续向下部垮落岩层应力进行传递，应力通过两端固支结构向下传递，通过倒直梯形区的下部岩体作用在区段煤柱上，工作面回采形成的开采扰动应力叠加诱使其发生破断，形成的破断动载荷通过倒直梯形区岩体向下传递，造成区段煤柱应力的二次分布。

4.2　采动巷道区段煤柱侧向厚硬岩层结构破断形式

4.2.1　高位厚硬岩层侧向结构破断分析

在弹性力学的定义中，如果板的厚度远小于中面的最小尺寸，那么这个板就称为薄板。将厚度与最小宽度之比大于 1/100～1/80、小于 1/8～1/5 的板定义为薄板。对于工作面顶板厚度与工作面倾向长度或顶板断裂步距满足此条件的煤层，都可以用薄板理论进行分析。本书将试验过程中的顶板受力简化为薄板模型，采用板的 Marcus 算法进行求解。相较于厚板，薄板理论更利于应用在工程实际问题中。

薄板弯曲的三个假设如下：

(1) 垂直于中面的正应变 ε_z 可以忽略，取 $\varepsilon_z=0$。由方程 $\partial w/\partial z=0$ 得 $w=\omega(x,y)$。

(2) 应力分量 τ_{xz}、τ_{yz} 和 σ_z 远小于其余 3 个分量，它们引起的变形可以忽略。

(3) 薄板中面内的各点都没有平行于中面的位移。

根据上覆岩层受力情况的分析，建立直角坐标系并给出高位厚硬岩层受力力学模型，如图 4.5 所示。将作用在基本顶上部的力简化为 q，其垂直中面的横向载荷为 $q_1=q\cos\alpha$，平行中面的纵向载荷为 $q_2=q\sin\alpha$，α 为基本顶断裂下沉倾角。顶板沿煤层走向的宽度为 a，沿煤层倾向的长度为 b，下覆岩层对顶板的支撑力为 F。

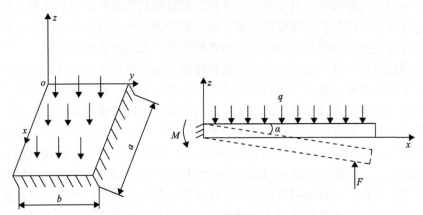

图 4.5　高位厚硬岩层受力力学模型

　　设基本顶的总挠度为 w，其中，垂直中面横向载荷产生的挠度为 w_1，纵向载荷产生的挠度为 w_2，由 F 产生的挠度为 w_3。

　　薄板挠度微分方程为

$$\nabla^4 w = \frac{q(x,y)}{D} = f(x,y) \tag{4.1}$$

　　横向载荷和纵向载荷作用下薄板的弹性曲面微分方程为

$$D\nabla^4 w = q_t + h\sigma_x \frac{\partial^2 w}{\partial x^2} + h\sigma_y \frac{\partial^2 w}{\partial y^2} + 2h\tau_{xy}\frac{\partial^2 w}{\partial x \partial y} \tag{4.2}$$

式中，D 为薄板抗弯强度；∇ 为拉普拉斯算子；w 为薄板挠度；q_t 为法向载荷集度；$h\sigma_x$、$h\sigma_y$、$h\tau_{xy}$ 为薄面内力。

$$D = \frac{E\delta^3}{12(1-\mu^2)}$$

式中，E 为弹性模量；δ 为薄板厚度；μ 为泊松比。

$$D\nabla^4 w_2 = q_t + h\sigma_x \frac{\partial^2 w_2}{\partial x^2} + h\sigma_y \frac{\partial^2 w_2}{\partial y^2} + 2h\tau_{xy}\frac{\partial^2 w_2}{\partial x \partial y} \tag{4.3}$$

$$q_t = q_{t1} + q_{t2} + q_{t3} \tag{4.4}$$

式中，

$$q_{t\phi} = h\sigma_x \frac{\partial^2 w_\phi}{\partial x^2} + h\sigma_y \frac{\partial^2 w_\phi}{\partial y^2} + 2h\tau_{xy} \frac{\partial^2 w_\phi}{\partial x \partial y}, \quad \phi = 1, 2, \cdots, n$$

求解挠度弯曲问题，在边界条件下有弹性曲面微分方程，可求出挠度。现场典型的顶板边界条件是：首采面的初次断裂为四边固支。对于已经形成采空区，并产生周期来压的工作面，其顶板边界条件为三固支一长简，边界条件为

$$\begin{cases} (w)_{x=0} = 0, & \dfrac{\partial w}{\partial x} = 0 \\[2mm] (w)_{x=a} = 0, & \dfrac{\partial^2 w}{\partial x^2} = 0 \\[2mm] (w)_{y=0} = 0, & \dfrac{\partial w}{\partial y} = 0 \\[2mm] (w)_{y=b} = 0, & \dfrac{\partial w}{\partial y} = 0 \end{cases} \tag{4.5}$$

则重三角级数为

$$w = \sum_{m=1}^{\infty} \sum_{n=1}^{\infty} A_{mn} \sin^2\left(\frac{m\pi x}{a}\right) \sin^2\left(\frac{n\pi y}{b}\right) \tag{4.6}$$

式中，m 和 n 为正整数，将边界条件代入，全部边界条件都能满足。

将式 (4.2) 代入式 (4.6)，可得

$$q_1 = \pi^4 D \sum_{m=1}^{\infty} \sum_{n=1}^{\infty} \left(\frac{3m^4}{a^4} + \frac{2m^2 n^2}{a^2 b^2} + \frac{3n^4}{b^4} \right) A_{mn} \sin^2\left(\frac{m\pi x}{a}\right) \sin^2\left(\frac{n\pi y}{b}\right) \tag{4.7}$$

将 $q_1 = q_1(x, y)$ 以重三角级数展开为

$$q_1 = \sum_{m=1}^{\infty} \sum_{n=1}^{\infty} A_{mn} \sin^2\left(\frac{m\pi x}{a}\right) \sin^2\left(\frac{n\pi y}{b}\right) \tag{4.8}$$

由傅里叶级数展开公式可得

$$A_{mn} = \varepsilon \sum_{m=1}^{\infty} \int_0^a \int_0^b q_1 \sin^2\left(\frac{m\pi x}{a}\right) \sin^2\left(\frac{n\pi y}{b}\right) \mathrm{d}x \mathrm{d}y \tag{4.9}$$

进行系数对比可得

$$A_{mn} = \frac{\int_0^a \int_0^b q_1 \sin^2\left(\frac{m\pi x}{a}\right)\sin^2\left(\frac{n\pi y}{b}\right)\mathrm{d}x\mathrm{d}y}{D\pi^4\left(\dfrac{3m^4}{a^4} + \dfrac{2m^2n^2}{a^2b^2} + \dfrac{3n^4}{b^4}\right)} \tag{4.10}$$

由于模型采用液压缸加压来模拟高位厚硬岩层断裂过程及位置，考虑高位厚硬岩层施加应力为均布载荷，即 q_1 为常量，此时式(4.10)可以改写为

$$\int_0^a \int_0^b q_1 \sin^2\left(\frac{m\pi x}{a}\right)\sin^2\left(\frac{n\pi y}{b}\right)\mathrm{d}x\mathrm{d}y = q_1\int_0^a \sin^2\left(\frac{m\pi x}{a}\right)\mathrm{d}x \int_0^b \sin^2\left(\frac{n\pi y}{b}\right)\mathrm{d}y$$

$$= \frac{q_1 ab}{4mn\pi^2}\sin(2m\pi)\sin(2n\pi) \tag{4.11}$$

由式(4.10)得到

$$A_{mn} = \frac{q\,ab\sin(2m\pi)\sin(2n\pi)\cos\alpha}{4Dmn\pi^6\left(\dfrac{3m^4}{a^4} + \dfrac{2m^2n^2}{a^2b^2} + \dfrac{3n^4}{b^4}\right)}, \quad m=1,\ n=1 \tag{4.12}$$

将式(4.12)代入式(4.6)，得到挠度的表达式为

$$w_1 = \frac{qab\sin(2m\pi)\sin(2n\pi)\cos\alpha}{4Dmn\pi^6\left(\dfrac{3m^4}{a^4} + \dfrac{2m^2n^2}{a^2b^2} + \dfrac{3n^4}{b^4}\right)}\sum_{m=1}^{\infty}\sum_{n=1}^{\infty}\sin^2\left(\frac{m\pi x}{a}\right)\sin^2\left(\frac{n\pi y}{b}\right) \tag{4.13}$$

式(4.13)主要考虑 a、b，即长度和宽度两变量，考虑到薄板模型定义边界，分别在 $b=5$ 和 $a=100$ 两种情况下讨论薄板挠度变化规律。

w_1 的挠度曲线如图 4.6 所示。可以看出，当宽度 $b=5$ 时，w_1 的挠度曲线随着长度 a 的增加整体呈上升趋势。其中，当 $a<50$ 时，曲线小斜率缓慢上升；当 $a>50$ 时，曲线大斜率快速上升。当长度 $a=100$ 时，挠度曲线随着宽度 b 的增加呈先快速上升而后快速下降的趋势。其中，当 $b<7$ 时，曲线大斜率快速上升；当 $b=7$ 时，w_1 的挠度达到最大值；当 $b>7$ 时，曲线大斜率快速下降。

低位厚硬岩层和煤层对高位厚硬岩层的反向作用力可以考虑为集中载荷。当薄板在任意一点受到集中载荷 F 时，用 $F/\mathrm{d}x\mathrm{d}y$ 代替均布载荷 q，于是式(4.10)中除 (ξ,η) 上的微分面积等于 $F/\mathrm{d}x\mathrm{d}y$，其余各处为零。因此式(4.10)可以改写为

$$A_{mn} = \frac{1}{D\pi^4\left(\dfrac{3m^4}{a^4} + \dfrac{2m^2n^2}{a^2b^2} + \dfrac{3n^4}{b^4}\right)} \frac{F}{dxdy} \sin^2\left(\frac{m\pi\xi}{a}\right) \sin^2\left(\frac{n\pi\eta}{b}\right) dxdy$$

$$= \frac{F}{D\pi^4\left(\dfrac{3m^4}{a^4} + \dfrac{2m^2n^2}{a^2b^2} + \dfrac{3n^4}{b^4}\right)} \sin^2\left(\frac{m\pi\xi}{a}\right) \sin^2\left(\frac{n\pi\eta}{b}\right) \tag{4.14}$$

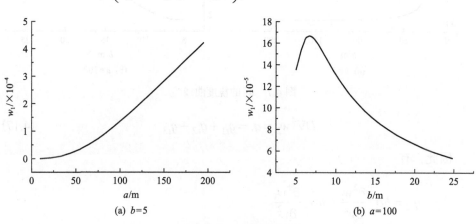

(a) $b=5$　　　　　　　　　　　(b) $a=100$

图 4.6　w_1 的挠度曲线

将式 (4.14) 代入式 (4.6)，得到挠度的表达式为

$$w_3 = \frac{F\sin^2\left(\dfrac{m\pi\xi}{a}\right)\sin^2\left(\dfrac{n\pi\eta}{b}\right)}{D\pi^4\left(\dfrac{3m^4}{a^4} + \dfrac{2m^2n^2}{a^2b^2} + \dfrac{3n^4}{b^4}\right)} \sum_{m=1}^{\infty}\sum_{n=1}^{\infty} \sin^2\left(\frac{m\pi x}{a}\right)\sin^2\left(\frac{n\pi y}{b}\right) \tag{4.15}$$

w_3 的挠度曲线如图 4.7 所示。可以看出，当宽度 $b=5$ 时，w_3 的挠度曲线随着长度 a 的增加整体呈下降趋势。其中，当 $a<30$ 时，挠度曲线大斜率快速下降；当 $a>30$ 时，挠度曲线小斜率缓慢下降。当长度 $a=100$ 时，曲线随着宽度 b 的增加整体呈上升趋势。其中，当 $b<7$ 时，曲线小斜率缓慢上升，在 $b>7$ 时，曲线大斜率快速上升。

在薄板模型中，中面位移不受 x 方向和上部边界条件的约束。将式 (4.16) 代入式 (4.2)，可得

$$\begin{cases} h\sigma_x = 0 \\ h\sigma_y = q\sin\alpha \\ h\tau_{xy} = 0 \end{cases} \tag{4.16}$$

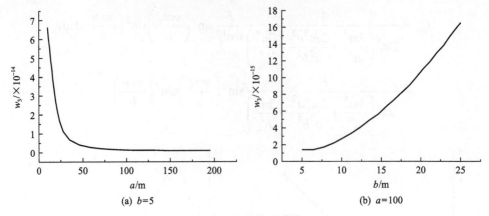

图 4.7　w_3 的挠度曲线

$$D\nabla^4 w_2 = q_t = q_{t1} + q_{t2} + q_{t3} \tag{4.17}$$

因此，有

$$
\begin{aligned}
q_{t2} &= h\sigma_y \frac{\partial^2 w_1}{\partial y^2} + h\sigma_y \frac{\partial^2 w_3}{\partial y^2} \\
&= q\sin\alpha (A_{mn} + C_{mn}) \frac{2\pi^2 n^2}{b^2}\sin^2\left(\frac{m\pi x}{a}\right)\sin^2\left(\frac{n\pi y}{b}\right)\cos\left(\frac{2n\pi y}{b^2}\right)
\end{aligned} \tag{4.18}
$$

同理，可以得到

$$
B_{mn} = \frac{aq\sin\alpha\left(\dfrac{2}{3} - \dfrac{1}{m^2\pi^3}\right)}{2D\left[\left(\dfrac{n\pi}{b}\right)^4 a^2\left(1 - \dfrac{15}{8m^2\pi^2}\right) + \left(\dfrac{m\pi}{b}\right)^2\left(m^2\pi^2 + \dfrac{15}{8}\right) + \left(\dfrac{n\pi}{b}\right)^2\left(\dfrac{2}{3}m^2\pi^2 - \dfrac{1}{4}\right)\right]} \tag{4.19}
$$

$$
w_2 = \frac{aq\sin\alpha\left(\dfrac{2}{3} - \dfrac{1}{m^2\pi^3}\right)\displaystyle\sum_{m=1}^{\infty}\sum_{n=1}^{\infty}\sin^2\left(\dfrac{m\pi x}{a}\right)\sin^2\left(\dfrac{n\pi y}{b}\right)}{2D\left[\left(\dfrac{n\pi}{b}\right)^4 a^2\left(1 - \dfrac{15}{8m^2\pi^2}\right) + \left(\dfrac{m\pi}{b}\right)^2\left(m^2\pi^2 + \dfrac{15}{8}\right) + \left(\dfrac{n\pi}{b}\right)^2\left(\dfrac{2}{3}m^2\pi^2 - \dfrac{1}{4}\right)\right]} \tag{4.20}
$$

w_2 的挠度曲线如图 4.8 所示。可以看出，当宽度 $b=5$ 时，w_2 的挠度曲线随着长度 a 的增加整体呈下降趋势。其中，$a<40$ 时，曲线大斜率快速下降；当 $a>40$ 时，曲线小斜率缓慢下降。当长度 $a=100$ 时，曲线随着宽度 b 的增加整体呈上升趋势。其中，当 $b<15$ 时，曲线小斜率缓慢上升；当 $b>15$ 时，曲线大斜率快速上升。

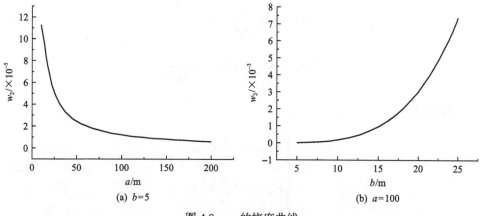

(a) $b=5$　　　　　　(b) $a=100$

图 4.8　w_2 的挠度曲线

因此，高位厚硬顶板的挠度方程为

$$w = w_1 + w_2 + w_3 \tag{4.21}$$

w 的挠度曲线如图 4.9 所示。可以看出，当宽度 $b=5$ 时，w 的挠度曲线随着长度 a 的增加整体呈现先快速下降、后快速上升的趋势。其中，当 $a<30$ 时，曲线大斜率快速下降；当 $a=30$ 时，w 挠度达到最小值；当 $a>30$ 时，曲线大斜率快速上升。当长度 $a=100$ 时，曲线随着宽度 b 的增加整体呈上升趋势。其中，当 $b<15$ 时，曲线小协律缓慢上升；当 $b>15$ 时，曲线大斜率快速上升。

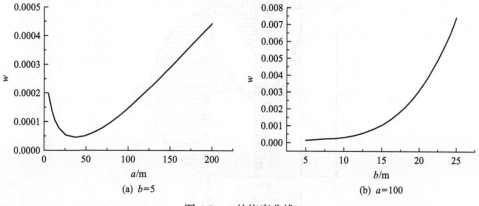

(a) $b=5$　　　　　　(b) $a=100$

图 4.9　w 的挠度曲线

薄板模型横截面的弯矩为

$$
\begin{cases}
M_x = -D\left(\dfrac{\partial^2 w}{\partial x^2} + \mu\dfrac{\partial^2 w}{\partial y^2}\right) \\[2mm]
M_y = -D\left(\dfrac{\partial^2 w}{\partial y^2} + \mu\dfrac{\partial^2 w}{\partial x^2}\right) \\[2mm]
M_{xy} = M_{yx} - D(1-\mu)\dfrac{\partial^2 w}{\partial x \partial y}
\end{cases}
\tag{4.22}
$$

剪应力为

$$
\begin{cases}
F_{sx} = -D\dfrac{\partial}{\partial x}\nabla^2 w \\[2mm]
F_{sy} = -D\dfrac{\partial}{\partial y}\nabla^2 w
\end{cases}
\tag{4.23}
$$

式中，F_{sx} 为薄板横截面 x 轴方向的剪应力；F_{sy} 为薄板横截面 y 轴方向的剪应力。

薄板的破断首先出现在最大主应力或最大剪切应力点处。由式（4.22）和式（4.23）计算得出，在工作面推进时，顶板最薄弱处首先破断，然后邻近顶板破断垮落并向工作面两个端部逐渐推进。由式（4.1）～式（4.23）和图 4.6～图 4.9 可知，横向载荷 q_1 和纵向载荷 q_2 对高位厚硬岩层挠度的影响较大，采空区支撑力 F 相较于前者影响较小。因此，计算高位厚硬岩层挠度时不能忽略平行于顶板岩层的纵向载荷。三固一简边界条件中心轴线上弯矩分布如图 4.10 所示。

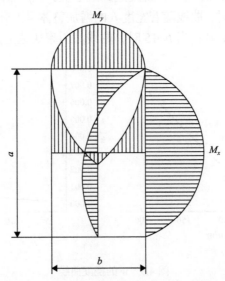

图 4.10　三固一简边界条件中心轴线上弯矩分布

4.2.2 低位厚硬岩层侧向结构破断分析

在力学模型中 F 对高位厚硬岩层的作用力分为两个阶段：一是在低位厚硬岩层断裂之前，高位厚硬岩层受到的支撑力简化为受集中载荷；二是在低位厚硬岩层断裂之后，高位厚硬岩层受到的支撑力简化为一定范围内的均布载荷。

由静力学可知

$$M = \int_0^y Ay\sigma\mathrm{d}A \tag{4.24}$$

式中，M 为弯矩；y 为所求点到中性轴的距离。

由胡克定律可得

$$\sigma = E\varepsilon = E\frac{y}{\rho} \tag{4.25}$$

式中，σ 为单轴应力；E 为弹性模量；ε 为纵向线应变；ρ 为曲率。

将式 (4.25) 代入式 (4.24)，可得

$$M = \frac{E}{\rho}\int_0^y Ay^2\sigma\mathrm{d}A = \frac{EI}{\rho} \tag{4.26}$$

$$\frac{1}{\rho} = \frac{M}{EI} \tag{4.27}$$

式中，I 为横截面对中性轴的慢性矩；EI 为弯矩刚度。

将式 (4.27) 代入式 (4.25)，可得

$$M = \frac{\sigma I}{y} \tag{4.28}$$

低位厚硬岩层矩形截面 $I = bh^3/12$，当 $y = h/2$ 时，弯矩最大，此时 $M = \sigma bh^3/6$，进而可以求得法向内力 $F_N = \int_0^y A\sigma\mathrm{d}A = \sigma A$。

岩层的极限法向内力与岩层的抗压强度和岩层的尺寸存在线性关系，设低位厚硬岩层极限法向内力 $F_u = \chi\sigma_c bh$，其中 χ 为补偿系数，取值为 1，σ_c 为低位厚硬岩层抗压强度，b 为低位厚硬岩层的长度，h 为低位厚硬岩层的高度。

令 $F_N = F_u$，求得 $\sigma = \chi\sigma_c$，代入式 (4.28) 可得

$$M_u = \frac{\chi\sigma_c bh^2}{\sigma} \tag{4.29}$$

低位厚硬岩层预制裂缝的位置靠近区段煤柱记为 A 点，远离区段煤柱记为 B 点。对 M_{uA} 和 M_{uB} 进行比较，当 $M_{uA} < M_A$ 且 $M_{uB} > M_B$ 时，A 处断裂；当 $M_{uA} > M_A$ 且 $M_{uB} < M_B$ 时，B 处断裂；当 $M_{uA} < M_A$ 且 $M_{uB} < M_B$ 时，两处先达到极限状态的位置发生断裂。

经过对比计算，当均布载荷和集中载荷满足如下条件时，可以验证试验过程中低位厚硬岩层断裂位置与高位厚硬岩层断裂位置的预期试验效果。其中，当简支梁受到集中载荷时，最外侧的集中力到邻近支座的距离 a 称为剪跨，其与梁截面有效高度 h_0 的比值称为剪跨比，用 λ 表示，$\lambda = a/h_0$。

在均布载荷情况下，有

$$F_s = 0.7\sigma_t bh \qquad (4.30)$$

在集中载荷情况下，有

$$F_s = \frac{1.75}{1+\lambda}\sigma_t bh \qquad (4.31)$$

式中，F_s 为低位厚硬岩层受到的剪应力；σ_t 为轴心抗拉强度，当 $\lambda < 1.5$ 时，σ_t 取 1.5，当 $\lambda > 3$ 时，σ_t 取 3。

4.2.3 采空区顶板断裂形式及煤柱受力分析

1. 采空区顶板断裂形式分析

在剪跨比较大的情况下，集中力与支座之间没有直接的主压应力迹线。主压应力迹线分布如图 4.11 所示。

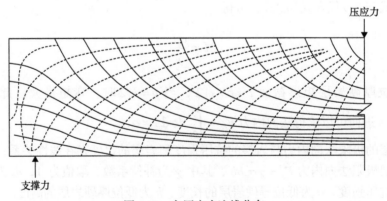

图 4.11　主压应力迹线分布

以弯曲传力为主，产生沿主压应力迹线的斜裂缝。岩梁的破坏形式与剪跨比 λ 有直接的关系。岩梁的破坏形式如图 4.12 所示。

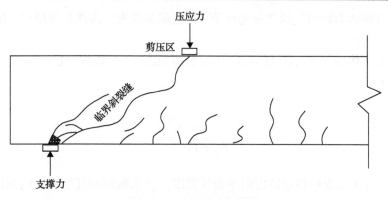

图 4.12　岩梁的破坏形式

在试验中，直接顶 $\lambda = a/h_0 \approx 2$，当 $1 \leqslant \lambda \leqslant 3$ 时，发生剪压破坏。在弯剪区段的受拉区造成较宽的临界裂缝，其迅速延伸使斜截面剪压区的高度缩小，最终导致剪压区的岩体破坏。

2. 煤柱受力分析

巷道开挖后，区段煤柱所受应力在开挖影响下向巷道侧移动，又受到上一个工作面侧向支承压力的影响，导致其采空区侧的煤壁鼓出。以巷道高度内的煤柱为研究对象，假设其中部存在弹性区，其上边界、下边界分别为巷道顶板和底板。因此，建立其力学模型如图 4.13 所示。设在极限平衡区内，煤柱巷道侧的峰值应力为 σ_{yt}，煤柱采空区侧峰值应力为 σ_{yp}，根据建立的煤柱力学模型，分别以煤柱巷道侧和煤柱采空侧为研究对象，建立计算模型。区段煤柱边缘煤体力学模型如图 4.13 所示。

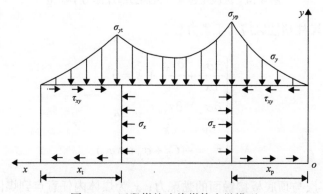

图 4.13　区段煤柱边缘煤体力学模型

依照区段煤柱边缘煤体巷道侧应力的分布情况进行应力分析。其中，一侧为煤柱内的煤体，另一侧为采空区侧的煤体。这里先研究采空区侧，假设如下：

(1)在煤体为均值连续体的前提下，对极限强度内的煤体开展研究，在平面应变情况下进行。

(2)若煤体剪切破坏满足莫尔-库仑强度准则，则区段煤柱极限强度的应力边界条件为

$$
\begin{cases}
\sigma_y\big|_{x=x_p} = \sigma_{y_p} \\
\sigma_x = \beta\sigma_{y_p}
\end{cases}
\tag{4.32}
$$

式中，x_p 为区段煤柱临空侧极限平衡区宽度；β 为极限强度所在面的侧压系数，$\beta = \mu/(1-\mu)$，μ 为泊松比。

依据边界条件建立区段煤柱采空区侧边缘煤体力学模型，如图 4.14 所示。

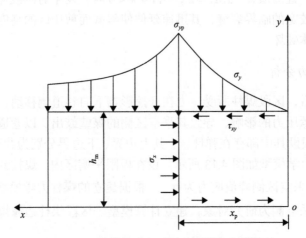

图 4.14　区段煤柱采空区侧边缘煤体力学模型

建立区段煤柱塑性区应力平衡方程：

$$
\begin{cases}
\dfrac{\partial \sigma_x}{\partial x} + \dfrac{\partial \tau_{xy}}{\partial y} + X = 0 \\[2mm]
\dfrac{\partial \sigma_y}{\partial y} + \dfrac{\partial \tau_{xy}}{\partial x} + Y = 0 \\[2mm]
\tau_{xy} = -(C_0 + \sigma_y \tan\varphi_0)
\end{cases}
\tag{4.33}
$$

式中，C_0 为煤层与顶底板接触面的黏聚力；x 为煤体内任意点到煤体边缘的水平距离；y 为煤体内任意点到煤体底部的垂直距离；X 和 Y 分别为体积力的水平分量与垂直分量；φ_0 为煤层与顶底板接触面的内摩擦角；σ_x、σ_y 和 τ_{xy} 分别为极限平衡区水平应力、垂直应力和剪切应力。

由式(4.33)可得

$$\frac{\partial \sigma_y}{\partial y} - \frac{\partial \sigma_y}{\partial x}\tan\varphi_0 + Y = 0 \tag{4.34}$$

设

$$\sigma_y = f(x)g(y) + A \tag{4.35}$$

联立式(4.34)和式(4.35)可得

$$\frac{f'(x)}{f(x)}\tan\varphi_0 = \frac{g'(x)}{g(y)} + Y \tag{4.36}$$

令式(4.36)两侧等于常数 B，即

$$\frac{f'(x)}{f(x)}\tan\varphi_0 = B \tag{4.37}$$

$$\frac{g'(x)}{g(y)} + Y = B \tag{4.38}$$

可得

$$\begin{cases} f(x) = B_1 e^{\frac{Bx}{\tan\varphi_0}} \\ g(y) = B_2 e^{(B-Y)y} \end{cases} \tag{4.39}$$

联立式(4.33)、式(4.36)和式(4.39)，可得

$$\begin{cases} \sigma_y = B_0 e^{(B-Y)y} e^{\frac{Bx}{\tan\varphi_0}} + A \\ \tau_{xy} = -\left[\left(B_0 e^{(B-Y)y} e^{\frac{Bx}{\tan\varphi_0}} + A\right)\tan\varphi_0 + C\right] \end{cases} \tag{4.40}$$

式中，A、B_0 均为待定常数，$B_0 = B_1 B_2$。

在塑性区内，因平衡区内 x 方向的合力等于 0，故有

$$h_m \beta \sigma_y \big|_{x=x_p} - 2\int_0^1 \tau_{xy} \mathrm{d}x = 0 \tag{4.41}$$

对 x_p 求导，可得

$$\left.\frac{h_m \beta \sigma_y}{dx_p}\right|_{x=x_p} - 2\tau_{xy}\big|_{x=x_p} = 0 \tag{4.42}$$

求解得

$$\sigma_y\big|_{x=x_p} = Ce^{\frac{2\tan\varphi_0}{h_m\beta}x_p} - \frac{C_0}{\tan\varphi_0} \tag{4.43}$$

令式 (4.40) 中 $x=x_p$，$y=y/2$，并与式 (4.43) 比较，可得

$$\begin{cases} A = -\dfrac{C_0}{\tan\varphi_0} \\[2mm] B = \dfrac{2\tan^2\varphi_0}{h_m\beta} \\[2mm] C = B_0 e^{\frac{B-Y}{2}h_m} = B_0 e^{\frac{2\tan^2\varphi_0 - Yh_m B}{2\beta}} \end{cases} \tag{4.44}$$

联立式 (4.43) 和式 (4.44)，可得

$$\begin{cases} \sigma_y\big|_{x=x_p} = Ce^{\frac{2\tan^2\varphi_0}{h_m\beta}x_p} - \dfrac{C_0}{\tan\varphi_0} \\[3mm] h_m\beta\sigma_y\big|_{x=x_p} + 2\displaystyle\int_0^1 \tau_{xy}dx = 0 \end{cases} \tag{4.45}$$

由于

$$\int_0^1 \tau_{xy}dx = \frac{h_m\beta}{2}C\left(1 - e^{\frac{2\tan^2\varphi_0}{h_m\beta}x_p}\right) \tag{4.46}$$

由式 (4.45) 和式 (4.46) 可得

$$C = \frac{C_0}{\tan\varphi_0} \tag{4.47}$$

将式 (4.47) 代入式 (4.44)，可得

$$B_0 = \frac{C_0}{\tan\varphi_0} e^{\frac{h_m \beta \gamma_0 - 2\tan^2 \varphi_0}{2\beta}} \tag{4.48}$$

根据条件可得，极限平衡区内任意一点的应力为

$$
\begin{cases}
\sigma_y = \dfrac{C_0}{\tan\varphi_0} e^{\frac{h_m \beta \gamma_0 - 2\tan^2 \varphi_0}{2\beta} + \frac{2\tan\varphi_0}{h_m \beta}x + \left(\frac{2\tan^2 \varphi_0}{2\beta} - \gamma_0\right)y} - \dfrac{C_0}{\tan\varphi_0} \\[4mm]
\tau_{xy} = -\left[\dfrac{C_0}{\tan\varphi_0} e^{\frac{h_m \beta \gamma_0 - 2\tan^2 \varphi_0}{2\beta} + \frac{2\tan\varphi_0}{h_m \beta}x + \left(\frac{2\tan^2 \varphi_0}{2\beta} - \gamma_0\right)y} \tan\varphi_0 + C_0\right]
\end{cases}
\tag{4.49}
$$

将 $y = \dfrac{h_m}{2}$、$x = x_p$、$\sigma_y|_{x=x_p} = \sigma_{yp}$ 代入式（4.49），则区段煤柱临空侧极限平衡区宽度为

$$x_p = \frac{h_m \beta}{2\tan\varphi_0} \ln\left(\frac{\sigma_{yp}\tan\varphi_0}{C_0} + 1\right) \tag{4.50}$$

式中，h_m 为煤层厚度；φ_0 和 C_0 分别为煤层与顶底板接触面的内摩擦角和黏聚力；β 为侧压系数；σ_{yp} 为区段煤柱临空侧煤体极限强度。

同理，求解巷道侧极限平衡区内任意一点的垂直应力、剪切应力分别为

$$\sigma_y = \frac{C_0}{\tan\varphi_0} e^{\frac{h_m \beta \gamma_0 - 2\tan^2 \varphi_0}{2\beta} + \frac{2\tan\varphi_0}{h_m \beta}x + \left(\frac{\tan^2 \varphi_0}{\beta} - \gamma_0\right)y} - \frac{C_0}{\tan\varphi_0} \tag{4.51}$$

$$\tau_{xy} = -\left[\frac{C_0}{\tan\varphi_0} e^{\frac{h_m \beta \gamma_0 - 2\tan^2 \varphi_0}{2\beta} + \frac{2\tan\varphi_0}{h_m \beta}x + \left(\frac{\tan^2 \varphi_0}{\beta} - \gamma_0\right)y} \tan\varphi_0 + C_0\right] \tag{4.52}$$

煤柱边缘煤体极限强度发生处的距离，即塑性区距巷道边缘的距离为

$$x_t = \frac{h_m \beta}{2\tan\varphi_0} \ln\left(\frac{\sigma_{yt}\tan\varphi_0}{C_0} + 1\right) \tag{4.53}$$

式中，x_t 为塑性区距巷道边缘的距离；σ_{yt} 为煤柱巷道侧煤体边缘的极限强度。

4.3　采动巷道侧向厚硬岩层结构破断对区段煤柱稳定性影响及卸压判据

4.3.1　采动巷道区段煤柱侧向厚硬岩层结构破断模型

采动巷道区段煤柱上覆厚硬岩层的侧向破断，可简化为四种模型。四种高低位厚硬顶板破断力学模型如图 4.15 所示。其中，高位厚硬岩层断裂位置使得其对下部岩层力的作用方式和作用大小不同，在区段煤柱边缘处断裂时，其对下部岩层的应力明显小于在区段煤柱上方断裂时的应力。而低位厚硬岩层断裂的位置直接决定作用在区段煤柱上附加应力的分布形式。当低位厚硬岩层在区段煤柱边缘断裂时，煤柱受到顶板的附加集中载荷；当低位厚硬岩层在煤柱上方断裂时，煤柱受到顶板一定范围内的附加均布载荷。

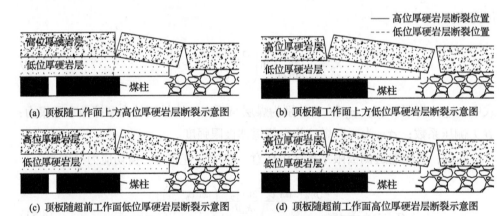

(a) 顶板随工作面上方高位厚硬岩层断裂示意图　　(b) 顶板随工作面上方低位厚硬岩层断裂示意图

(c) 顶板随超前工作面低位厚硬岩层断裂示意图　　(d) 顶板随超前工作面高位厚硬岩层断裂示意图

图 4.15　高低位厚硬顶板破断力学模型

建立载荷作用在高位厚硬岩层不同跨度下弯矩的表达式，计算上覆岩层全过程载荷如下所示。

在高位厚硬岩层断裂之前，下部岩层受到顶板弯曲下沉的载荷：

$$Q = wK \tag{4.54}$$

式中，K 为低位厚硬岩层下方岩层（煤层）的组合刚度；w 为高位厚硬岩层挠度。

高位厚硬岩层极限沉降值：

$$S_0 = h_c \cos\left(\arctan \frac{h_c}{c_0} \right) \tag{4.55}$$

式中，h_c 为岩层厚度。当 $h_c/C_0 \approx 0$ 时，$S_0 \approx h_c$。

当高位厚硬岩层断裂时，作用在下部岩层的作用力为

$$F_{\overline{\text{下}}} = K(S_0 - w) \tag{4.56}$$

区段煤柱的极限强度由上覆采空区侧向岩层自重应力 f_z 与回转岩体附加应力 f_t 构成。

煤体的自重应力 f_z 的计算实质上是指当无水平推力时，独立支撑煤柱长期受垂直载荷作用下峰值应力点所能达到的应力极限。其计算公式为

$$f_z = 2.729(\eta\sigma_m)^{0.729} \tag{4.57}$$

在高位厚硬岩层断裂之后，距离煤柱 x 处煤层上的支承压力为

$$F = 2.729(\eta\sigma_m)^{0.729} + \sum_{i=1}^{n} h_i\gamma_i L_i C_{ix}s \tag{4.58}$$

式中，C_{ix} 为传递比率；h_i 为各岩梁的容重；L_i 为岩梁跨度（由高位厚硬岩层顶板挠度决定）；n 为该处上方未出现离层的岩梁数；s 为作用在煤层上的面积；γ_i 为各岩梁的平均重力密度；σ_m 为煤样的单轴抗压强度；η 为煤体的流变系数。

4.3.2　不同破断结构形式下区段煤柱极限强度计算

当低位厚硬岩层在区段煤柱上方断裂时，区段煤柱受到部分上覆岩层的均布载荷。其具体计算过程如下。

在一次采动过程中，区段煤柱上部岩层仍可近似为弹性体，垮落在冒落区上部岩体所产生的附加应力 Δq 呈均布载荷分布。均布载荷作用下的附加应力求解模型如图 4.16 所示。其中，Δq_i 在侧向区段煤柱任意一点 M 处的附加应力可按图 4.16 所示模型求解。

先求均布应力的微分力 dQ_i，利用 $dQ_i = \Delta Q_i dx$ 及几何关系 $dx = \rho d\theta/\cos\theta$ 可得

$$dQ_i = \Delta Q_i dx = \frac{\Delta Q_i \rho d\theta}{\cos\theta} \tag{4.59}$$

微分力 dq_i 产生的垂直应力的表达式为

$$d\sigma_i = \frac{2dQ_i \cos^3\theta}{\pi\rho} \tag{4.60}$$

根据积分及应力叠加，可求得岩层附加载荷在侧向煤体中任意一点产生的附加应力表达式：

$$f_{ac} = \frac{\Delta Q}{\pi l} [\theta_1 - \theta_2 + 0.5\sin(2\theta_1) - 0.5\sin(2\theta_2)] \tag{4.61}$$

式中，θ_1 和 θ_2 分别为点 M 和附加载荷 Δq 边缘连线与垂直方向的夹角；l 为附加载荷的宽度。

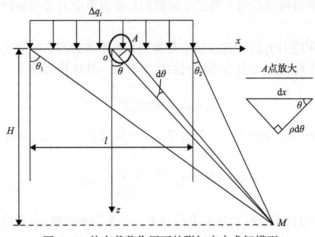

图 4.16　均布载荷作用下的附加应力求解模型

当低位厚硬岩层在煤柱边缘断裂时，煤柱受到顶板的集中载荷，计算集中载荷在下方煤岩层产生的应力分量。以 o 为中心，以 ρ 为半径做圆弧 abc，在点 o 附近割出一部分。集中载荷作用下的附加应力求解模型如图 4.17 所示。

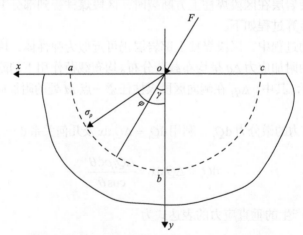

图 4.17　集中载荷作用下的附加应力求解模型

当平面体在边界上受到集中载荷的作用时，该集中载荷与垂直方向的夹角为 γ，考虑单位厚度，则可求应力分量。

用半逆解法求解，可得出应力分量为

$$\begin{cases} \sigma_\rho = \dfrac{1}{\rho}\dfrac{\partial \phi}{\partial \rho} + \dfrac{1}{\rho^2}\dfrac{\partial^2 \phi}{\partial \varphi^2} = \dfrac{2}{\rho}(D\cos\varphi - C\sin\varphi) \\[2mm] \sigma_\varphi = \dfrac{\partial^2 \phi}{\partial \rho^2} = 0 \\[2mm] \tau_{\rho\varphi} = \tau_{\varphi\rho} = -\dfrac{\partial}{\partial \rho}\left(\dfrac{1}{\rho}\dfrac{\partial \phi}{\partial \varphi}\right) \end{cases} \tag{4.62}$$

式中，σ_ρ、σ_φ 为与 x 轴夹角和与 y 轴夹角下的集中载荷作用下的法向面力；$\tau_{\rho\varphi}$、$\tau_{\varphi\rho}$ 为 x-z 方向和 y-z 方向的集中载荷作用下的切向面力；ρ 为集中载荷作用的半径；φ 为法向面力与 y 方向之间的夹角；ϕ 为普朗特函数。

除了原点之外，在 $\varphi = \pm\dfrac{\pi}{2}$ 的主要边界上，没有任何法向面力和切向面力，所以满足

$$\begin{cases} (\sigma_\varphi)_{\varphi=\pm\frac{\pi}{2},\,\rho\neq0} = 0 \\[2mm] (\tau_{\varphi\rho})_{\varphi=\pm\frac{\pi}{2},\,\rho\neq0} = 0 \end{cases} \tag{4.63}$$

考虑点 o 的集中载荷 Q 的作用，集中载荷 Q 可以看作下面载荷的抽象化：在点 o 附近一小部分边界面上，受到一组面力，简化均布载荷 t，而主矩为 0。根据圣维南原理，列出平衡方程：

$$\begin{cases} \sum\limits_{x=1}^{n} Q_x = 0, \quad \displaystyle\int_{-\frac{\pi}{2}}^{\frac{\pi}{2}}\left[\sigma_\rho \rho \sin\varphi\mathrm{d}\varphi - \tau_{\rho\varphi}\rho\cos\varphi\mathrm{d}\varphi\right] + q\cos\gamma = 0 \\[4mm] \sum\limits_{y=1}^{n} Q_y = 0, \quad \displaystyle\int_{-\frac{\pi}{2}}^{\frac{\pi}{2}}\left[\sigma_\rho \rho \cos\varphi\mathrm{d}\varphi - \tau_{\rho\varphi}\rho\sin\varphi\mathrm{d}\varphi\right] + q\cos\gamma = 0 \\[4mm] \sum\limits_{o=1}^{n} M_o = 0, \quad \displaystyle\int_{-\frac{\pi}{2}}^{\frac{\pi}{2}}\tau_{\rho\varphi}\rho\mathrm{d}\varphi = 0 \end{cases} \tag{4.64}$$

将应力分量代入式(4.64)，可得

$$\begin{cases} \pi V + q\cos\gamma = 0 \\ -\pi V' + q\sin\gamma = 0 \end{cases} \tag{4.65}$$

由此可得

$$\begin{cases} D = -\dfrac{q}{\pi}\cos\gamma \\ C = \dfrac{q}{\pi}\sin\gamma \end{cases} \tag{4.66}$$

联立式 (4.62) ～式 (4.66) 可得应力分量为

$$\begin{cases} \sigma_\rho = -\dfrac{2q}{\pi\rho}(\cos\gamma\cos\varphi - \sin\gamma\sin\varphi) \\ \sigma_\varphi = 0 \\ \tau_{\rho\varphi} = \tau_{\varphi\rho} = 0 \end{cases} \tag{4.67}$$

按照圣维南原理，不论这个面力如何分布，在离面力稍微远点的地方，应力分布是相同的。当 F 垂直于直线边界时，解答最为有用，应用坐标变换可以得出在直角坐标系中垂直方向的应力分量为

$$\sigma_y = \sigma_\rho \cos^2\varphi = -\frac{2Fy^3}{\pi(x^2 + y^2)^2} \tag{4.68}$$

式中，F 为单位厚度所受到的力；x、y 分别为任意点到边界面的水平距离和垂直距离。

4.3.3 基于煤柱稳定性的最优侧向破断位态分析及其卸压判据

1. 不同破断位态区段煤柱稳定情况

区段煤柱稳定性受上部岩体作用和自身结构力学属性的影响显著。依照极限平衡法，合理区段煤柱宽度 B 按图 4.18 进行计算。极限平衡法合理区段煤柱宽度如图 4.18 所示。

$$L = L_1 + L_2 + L_3 \tag{4.69}$$

式中，L 为煤柱宽度；L_1 为上区段工作面侧向造成的塑性区宽度；L_3 为回风巷道煤柱侧塑性区宽度；L_2 为煤柱稳定时的塑性区宽度，$L_2 = (L_1 + L_3) \times (20\% \sim 40\%)$。

因此，L 可以表示为

$$L = (x_p + x_t) \times (120\% \sim 140\%) \tag{4.70}$$

式中，x_p 为区段煤柱临空侧极限平衡区宽度；x_t 为塑性区距巷道边缘的距离。

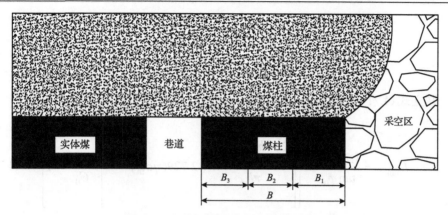

图 4.18　极限平衡法合理区段煤柱宽度

联立式（4.50）和式（4.53）可得

$$L_{\min} = \frac{0.6h_{\mathrm{m}}\beta}{\tan\varphi_0} \ln\left[\left(\frac{\sigma_{yp}\tan\varphi_0}{C_0}+1\right)\left(\frac{\sigma_{yt}\tan\varphi_0}{C_0}+1\right)\right] \tag{4.71}$$

当煤柱留设的宽度 $L_{\mathrm{实}} < L_{\min}$ 时，区段煤柱将失稳。

采动巷道上覆厚硬岩层侧向破断不同位态，将导致区段煤柱的受力状态差距明显。采动巷道上覆厚硬岩层侧向破断位态有四种，为了求解不同侧向破断位态煤柱受力的最优解，假设在煤柱侧和采空区侧的极限强度大小一样，则其分布是对称的；当附加应力为集中载荷时，其应力峰值在附加应力边缘；当附加应力为均布载荷时，其应力峰值在载荷中间。

1）方案一

高位厚硬岩层、低位厚硬岩层破断位置靠近采空区，区段煤柱上受上覆岩层的自重应力以及采空区上覆岩层传递过来的附加集中载荷。图 4.19 为采动巷道上覆厚硬岩层侧向破断方案一。

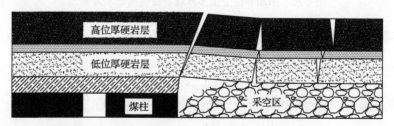

图 4.19　采动巷道上覆厚硬岩层侧向破断方案一

联立式（4.54）～式（4.65），求解煤柱上的极限应力，取 $x = 0$、$y = h_m$，可得方案一的极限强度为

$$\sigma_{u} = \frac{2\sum\limits_{i=1}^{n} h_i \gamma_i L_i C_{ix} s}{\pi h_m} + 2.729(\eta \sigma_m)^{0.729} \tag{4.72}$$

联立式（4.71）和式（4.72）可得方案一的最小煤柱宽度为

$$L_{\min -} = \frac{1.2\beta h_m}{\tan \varphi_0} \ln \left\{ \left[\frac{2\sum\limits_{i=1}^{n} h_i \gamma_i L_i C_{ix} s}{\pi h_m} + 2.729(\eta \sigma_m)^{0.729} \right] \frac{\tan \varphi_0}{C_0} + 1 \right\} \tag{4.73}$$

式中，C_{ix} 为传递比率；h_m 为煤层厚度；L_i 为岩梁跨度；h_i 为各岩梁的厚度；n 为该处上方未出现离层的岩梁数；s 为作用在煤层的面积；γ_i 为各岩梁的平均重力密度；φ_0 和 C_0 分别为煤层与顶底板接触面的内摩擦角和黏聚力；β 为极限强度所在面的侧压系数，$\beta = \mu/(1-\mu)$，μ 为泊松比；σ_m 为煤样的单轴抗压强度；η 为煤体的流变系数。

2）方案二

高位厚硬岩层破断位置位于煤柱上方、低位厚硬岩层破断位置靠近采空区，煤柱上受上覆岩层的自重应力以及采空区上覆岩层传递过来的附加集中载荷。图 4.20 为采动巷道上覆多厚硬岩层侧向破断方案二。

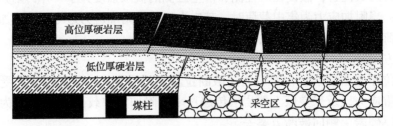

图 4.20　采动巷道上覆多厚硬岩层侧向破断方案二

同理，可得方案二的最小煤柱宽度为

$$L_{\min \boxminus} = \frac{1.2\beta h_m}{\tan \varphi_0} \ln \left\{ \left[\frac{2\sum\limits_{i=1}^{n} h_i \gamma_i L_i C_{ix} s}{\pi h_m} + 2.729(\eta \sigma_m)^{0.729} \right] \frac{\tan \varphi_0}{C_0} + 1 \right\} \tag{4.74}$$

方案二与方案一相比，前者的岩梁跨度明显大于后者，故方案二所需的煤柱宽度大于方案一所需的煤柱宽度。

3) 方案三

高位厚硬岩层断裂位置靠近采空区，低位厚硬岩层断裂位置位于煤柱上方；煤柱上受上覆岩层的自重应力以及采空区上覆岩层传递过来的一定范围的附加均布载荷。图 4.21 为采动巷道上覆多厚硬岩层侧向破断方案三。

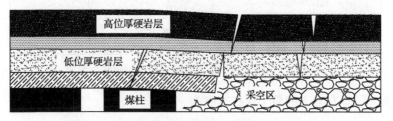

图 4.21　采动巷道上覆多厚硬岩层侧向破断方案三

联立式 (4.54)、式 (4.55) 和式 (4.58) 求解区段煤柱上的极限应力，该极限应力位于载荷中间，即 $\theta_1 = -\theta_2$，可求得方案三的极限强度为

$$\sigma_{\mathrm{u}} = \frac{\sum\limits_{i=1}^{n} h_i \gamma_i L_i C_{ix} s}{\pi l} \left[2\theta_1 + \sin(2\theta_1) \right] + 2.729 (\eta \sigma_{\mathrm{m}})^{0.729} \tag{4.75}$$

式中，θ_1 为极限强度点和附加载荷单侧边缘连线与垂直方向的夹角；l 为该均布载荷的宽度。

联立式 (4.68) 和式 (4.75)，可得方案三的最小煤柱宽度为

$$L_{\min \equiv} = \frac{1.2 \beta h_{\mathrm{m}}}{\tan \varphi_0} \ln \left(\frac{\sigma_{\mathrm{u}} \tan \varphi_0}{C_0} + 1 \right) \tag{4.76}$$

式中，

$$\sigma_{\mathrm{u}} = \frac{\sum\limits_{i=1}^{n} h_i \gamma_i L_i C_{ix} s}{\pi l} \left[2\theta + \sin(2\theta) \right] + 2.729 (\eta \sigma_{\mathrm{m}})^{0.729} \tag{4.77}$$

$$\theta = \arctan \frac{L}{2h_{\mathrm{m}}} \tag{4.78}$$

式中，θ 为附加均布载荷中心线上一点和载荷边缘连线与垂直方向的夹角。

4) 方案四

高位厚硬岩层、低位厚硬岩层破断位置位于煤柱上方；煤柱上受上覆岩层的自重应力以及采空区上覆岩层传递过来的一定范围的附加均布载荷。图 4.22 为

采动巷道上覆多厚硬岩层侧向破断方案四。

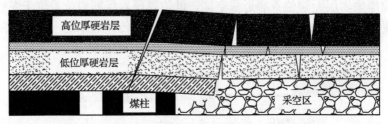

图 4.22　采动巷道上覆多厚硬岩层侧向破断方案四

同理，可得方案四的最小煤柱宽度为

$$L_{\min 四} = \frac{1.2\beta h_{\mathrm{m}}}{\tan\varphi_0}\ln\left(\frac{\sigma_{\mathrm{u}}\tan\varphi_0}{C_0}+1\right) \tag{4.79}$$

式中，

$$\sigma_{\mathrm{u}} = \frac{\sum\limits_{i=1}^{n}h_i\gamma_i L_i C_{ix}s}{\pi l}\left[2\theta+\sin(2\theta)\right]+2.729(\eta\sigma_{\mathrm{m}})^{0.729} \tag{4.80}$$

$$\theta = \arctan\frac{L}{2h_{\mathrm{m}}} \tag{4.81}$$

方案四与方案三相比，前者的岩梁跨度明显大于后者，故方案四所需的煤柱宽度大于方案三所需的煤柱宽度。

在方案一和方案二中，煤柱受到采空区上覆岩层传递过来的附加载荷同属一类，且可以看出方案二受到的载荷更大，方案二保持煤柱稳定所需要的宽度更宽，即方案一较方案二更优。同理，对方案三和方案四进行比较可知，方案三更优。为了获得沿空煤巷上覆多厚硬岩层侧向破断位态的最优方案，将方案一和方案三进行比较，故令 $L_{\min -} = L_{\min 三}$ ，即

$$\frac{2\sum\limits_{i=1}^{n}h_i\gamma_i L_i C_{ix}s}{\pi h_{\mathrm{m}}} = \frac{\sum\limits_{i=1}^{n}h_i\gamma_i L_i C_{ix}s}{\pi l}\left[2\theta+\sin(2\theta)\right] \tag{4.82}$$

化简可得

$$\frac{l}{h_{\mathrm{m}}} = \theta + \sin\theta\cos\theta \tag{4.83}$$

(1) 当 $\theta < \dfrac{l}{h_{\mathrm{m}}} - \dfrac{2Lh_{\mathrm{m}}}{4h_{\mathrm{m}}^2 + L^2}$ 时，方案三优于方案一；当 $\theta > \dfrac{l}{h_{\mathrm{m}}} - \dfrac{2Lh_{\mathrm{m}}}{4h_{\mathrm{m}}^2 + L^2}$ 时，方案一优于方案三。

(2) 取 $L = h_{\mathrm{m}}$，即 $\dfrac{L}{h_{\mathrm{m}}} = 1$。当 $l < 0.86h_{\mathrm{m}} = 0.86L$ 时，方案一比较好；当 $l > 0.86h_{\mathrm{m}} = 0.86L$ 时，方案三比较好。

(3) 取 $L = 2h_{\mathrm{m}}$，即 $\dfrac{L}{h_{\mathrm{m}}} = 2$。当 $l < 1.28h_{\mathrm{m}} = 0.64L$ 时，方案一比较好；当 $l > 1.28h_{\mathrm{m}} = 0.64L$ 时，方案三比较好。

(4) 取 $L = 3h_{\mathrm{m}}$，即 $\dfrac{L}{h_{\mathrm{m}}} = 3$。当 $l < 1.44h_{\mathrm{m}} = 0.48L$ 时，方案一比较好；当 $l > 1.44h_{\mathrm{m}} = 0.48L$ 时，方案三比较好。

(5) 取 $L = 4h_{\mathrm{m}}$，即 $\dfrac{L}{h_{\mathrm{m}}} = 4$。当 $l < 1.51h_{\mathrm{m}} = 0.38L$ 时，方案一比较好；当 $l > 1.51h_{\mathrm{m}} = 0.38L$ 时，方案三比较好。

图 4.23 为均布载荷的宽度 l 随煤柱宽度 L 的变化。从图中可以看出，随着宽高比的增加，满足方案三较优所需的 l 的范围越小，达到方案三较优更容易，达到方案一较优更难。随着宽高比的增加，方案三较优；随着宽高比的减少，方案一较优。

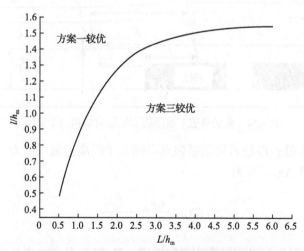

图 4.23　均布载荷的宽度 l 随煤柱宽度 L 的变化

在现场生产过程中，为了维护采动巷道区段煤柱的稳定，需要对区段煤柱进行卸压处理。当 $\theta < \dfrac{l}{h_{\mathrm{m}}} - \dfrac{2Lh_{\mathrm{m}}}{4h_{\mathrm{m}}^2 + L^2}$ 时，按照方案三，使得高位厚硬岩层断裂位置

靠近采空区，低位厚硬岩层断裂位置位于煤柱上方；当 $\theta > \dfrac{l}{h_{\mathrm{m}}} - \dfrac{2Lh_{\mathrm{m}}}{4h_{\mathrm{m}}^2 + L^2}$ 时，按照方案一，使得高位厚硬岩层、低位厚硬岩层破断位置均靠近采空区。

　　在实际情况中，二次采动巷道区段煤柱宽高比较大，受采动影响，直接顶与煤柱没有发生明显离层，接触范围未有较大减小。因此，直接顶对煤柱的载荷未减少，即 l 接触载荷的宽度值几乎不改变。由前面的分析可知，方案三较优。所以，在对区段煤柱进行卸压处理时，应按照方案三进行卸压处理。

　　2. 卸压判据

　　图 4.24 为采动巷道上覆厚硬岩层侧向结构力学模型。不同位置 x 时关键块体 B 的回转下沉量 s_x 为

$$s_x = \frac{h_{\mathrm{m}} - (k_{\mathrm{c}} - 1)\sum\limits_{i=1}^{n} h_i}{L_B \cos \theta} x \tag{4.84}$$

式中，k_{c} 为直接顶的碎胀系数；h_i 为第 i 层煤层厚度；n 为煤层数量。

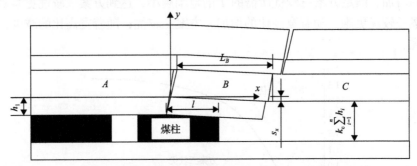

图 4.24　采动巷道上覆厚硬岩层侧向结构力学模型

　　若用 f_{c} 表示低位厚硬岩层距断裂点不同水平距离上的压应力，则低位厚硬岩层的压缩变形量 Δh_x 可写为

$$\Delta h_x = \frac{f_{\mathrm{c}} h_{\mathrm{m}}}{E_{\mathrm{m}}} + \frac{f_{\mathrm{c}} h_1}{E_1} \tag{4.85}$$

式中，h_1、h_{m} 分别为直接顶厚度和煤层厚度；E_{m} 和 E_1 分别为煤柱和直接顶的弹性模量。

　　由于低位厚硬岩层不能阻止高位厚硬岩层的给定变形，直接顶也不能控制低位厚硬岩层的转动，所以有 $s_x = \Delta h_x$，联立式 (4.84) 和式 (4.85)，可以得到煤柱上承受的压应力 f_{c}，即

$$f_c = \frac{\left[h_m - (k_c - 1)h_1\right]x}{\left(\dfrac{h_m}{E_m} + \dfrac{h_1}{E_1}\right)L_B \cos\phi} \tag{4.86}$$

式中，ϕ 为岩层运动的旋转角，且最大旋转角 ϕ_{max} 为

$$\phi_{max} = \arcsin\left[\frac{h_m - (k_c - 1)h_1}{L_B}\right] \tag{4.87}$$

将式(4.86)改写成函数形式，有

$$f_c(\theta) = \frac{x\tan\phi}{\dfrac{h_m}{E_m} + \dfrac{h_1}{E_1}} \tag{4.88}$$

将其改写成块体 B 边缘下沉量 s 的函数，有

$$f_c(s) = \frac{xs}{\left(\dfrac{h_m}{E_m} + \dfrac{h_1}{E_1}\right)\sqrt{L_B^2 - s^2}} \tag{4.89}$$

由式(4.84)可知，在 $[0, h_m - (k_c - 1)h_1]$ 区间内，s 的值递增。

由式(4.71)已知在方案三的情况下，煤柱的极限强度为 σ_u，为使煤柱免受破坏，应保证煤柱承受的最大载荷不大于其极限强度，即

$$f_c = \frac{\left[h_m - (k_c - 1)h_1\right]x}{\left(\dfrac{h_m}{E_m} + \dfrac{h_1}{E_1}\right)L_B \cos\phi} \leqslant \sigma_u \tag{4.90}$$

由式(4.84)～式(4.90)分析可知，煤柱的极限强度位于 1/2 处，因此得到保证煤柱不受破坏的低位厚硬岩层的层位高度为

$$h_1 \geqslant \frac{lE_m h_m - 2h_m \sigma_u L_B \cos\phi_{max}}{k_c l E_1 - l E_1 + 2\sigma_u L_B \cos\phi_{max}} \tag{4.91}$$

当按照方案三进行区段煤柱侧向厚硬岩层侧向破断时，在一定的采高条件下，若低位厚硬岩层的层位高度满足式(4.91)条件，则区段煤柱满足承载要求；否则需要对区段煤柱侧向厚硬岩层顶板破断位置进行优化。

第 5 章　采动巷道结构优化及应力控制技术研究

本章从采动巷道围岩结构和应力环境两方面入手，提出以"吸能稳构、断联增耗"为原则的结构优化防冲技术和以"转移释放、让压阻抗"为原则的应力控制防冲技术原理，构建采动巷道冲击地压力构协同防控技术体系，分析不同爆破孔布置方式、不同爆孔间距条件下深孔顶板预裂爆破结构控制技术和高位厚硬顶板断裂韧性、裂纹倾角对深孔顶板定向水压致裂结构控制技术防冲效果的影响，给出适于二次采动影响巷道吸能让压卸支耦合支护原则和参数选择方案，得出深孔断底爆破配合煤层卸载爆破组合使用，可有效阻断区段煤柱侧向巷道断面连续传递应力和能量的途径，为采动巷道冲击地压防治提供技术参考。

5.1　采动巷道侧向顶板断裂结构优化与围岩应力控制

采动巷道先后经历两个工作面采掘扰动的影响，巷道围岩应力分布及变形破坏不仅与整个巷道采场围岩的应力状态相关，更与巷道侧向上覆岩层的破断结构相关。在上覆岩层大范围运动趋势和高采场围岩应力环境相对无法改变的前提下，必须要从采动巷道围岩结构和应力环境两方面入手，通过调整采动巷道围岩的应力环境，控制倒直梯形区的范围，人为干预高低位厚硬岩层破断位态，增加高低位厚硬顶板破断所释放弹性能量的传递损耗，切断区段煤柱在巷道底板应力传递和能量释放的通道，利用巷道围岩作为上覆岩层应力主承载结构的功能，发挥巷道围岩卸压和围岩支护二者耦合防冲的优势，提高巷道支护刚性支护系统瞬时吸能让压功能。此外，针对采场煤层赋存条件、围岩结构特征和应力环境不断改变的特点，要根据各种结构优化和应力控制措施的适用条件，动态调整各种措施的时空组合方式，进而实现二次采动巷道的围岩稳定性控制。采动巷道力构协同防控原理及技术方案如图 5.1 所示。

5.1.1　采动巷道结构优化防冲原则

采空区侧向顶板结构中对采动巷道影响最为关键的部位包括两个：倒直梯形结构与倾斜块体结构。从控制二者形成机制上，通过提高低位厚硬岩层及其下部岩体的冒落块度，减小高位厚硬岩层下沉变形的空间，从而达到控制高位厚硬岩层破断后侧向悬臂岩梁的长度，减小下部倒直梯形区的发育范围的目的；从控制二者对采动巷道作用方式上，通过对高低位厚硬岩层破断位置的控制，提高倾斜

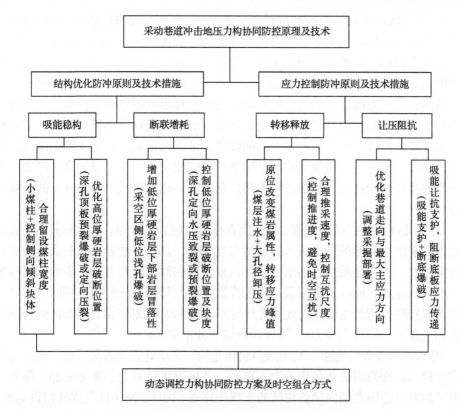

图 5.1　采动巷道力构协同防控原理及技术方案

块体对倒直梯形区岩体的侧向支撑作用,降低其回转变形对区段煤柱的挤压作用;从控制二者对采动巷道作用途径上,通过对断裂位置和断裂块度大小的控制,降低了块体分形维数和裂隙发育程度,增加了高位厚硬顶板破断释放弹性能量在向下传输过程中的能量损耗,进而降低了区段煤柱上的动载荷扰动。此外,通过优化区段煤柱留设宽度,减小区段煤柱弹性核区范围,使煤柱整体处于高低位厚硬岩层垮断形成的侧向倾斜块体掩护之下,继而达到结构优化防冲的目的。

(1)增加低位厚硬岩层以下岩层的冒落性。对于低位厚硬岩层结构以下的岩层,除靠近采空区侧区段煤柱上方以短悬臂梁存在的部分直接顶外,其他大部分都与区段煤柱上方侧向未垮断岩体失去联系,以冒落块体的形式充填采空区,其冒落充实程度直接决定了上覆低位厚硬岩层甚至高位厚硬岩层的变形活动空间,充实程度越高对上部顶板运动空间的限制越大,进而对二次采动影响巷道区段煤柱侧向上覆低位、高位岩层的悬露岩梁长度、回转倾角及破断位置的控制更加有效。因此,可通过采空区侧低位浅孔爆破震动等措施,增加低位厚硬岩层以下岩层的冒放性,实现对区段煤柱上方倒直梯形结构的优化,降低煤柱的应力集中程度和冲击风险[205-207]。

(2) 控制低位厚硬顶板破断位置和断块大小，提高吸能增耗水平。低位厚硬岩层不仅是控制岩体向上发展、为高位厚硬岩层下部提供离层空间的基础，更是影响侧向倒直梯形一次影响范围的关键。控制低位岩层的破断位置，一方面可以降低其侧向悬露长度，有效抑制深部岩体极限平衡区向内发展，控制倒直梯形区的影响范围；另一方面，可以优化倾斜块体对倒直梯形区的侧向支撑作用，提高区段煤柱上覆侧向岩层的稳定性，降低其回转变形对区段煤柱的挤压作用。通过控制低位厚硬顶板垮落断块大小，一方面促使其形成稳定砌体岩梁支撑上部及侧向岩体的稳定；另一方面增加其块体分形维数和裂隙发育程度，增加高位厚硬顶板破断释放弹性能量在向下传输过程中的能量损耗，进而降低区段煤柱上的动载荷扰动。

(3) 优化高位顶板破断位置，减小倒直梯形区的影响范围。高位厚硬岩层破断两端固支于倒直梯形区内，嵌入岩层的深度较大，高位厚硬岩层破断后形成的悬臂岩梁过长，不仅导致倒直梯形区整体向采空区侧倾斜，而且进一步增加区段煤柱上的挤压应力，同时其破断所产生的弹性能量大部分由深嵌固支端向下传递，传递效率较高，所产生的高动载荷扰动与区段煤柱高静载荷(倒直梯形区侧向挤压应力和上覆岩层的自重应力)，诱发区段煤柱冲击失稳。

(4) 合理留设煤柱宽度，利用倾斜块体稳构。采动巷道受载荷变形严重，与上部倒直梯形区和倾斜块体的影响密不可分。若区段煤柱较宽，势必增加上部倒直梯形区的发育范围和侧向倾斜块体的支撑作用点。因此，减小区段煤柱留设宽度，降低区段煤柱弹性核区范围，使煤柱整体处于高低位厚硬岩层垮断形成的侧向倾斜块体掩护之下，可有效控制其应力集中程度，降低冲击地压风险，但巷道围岩大变形不可避免。目前，煤矿 12 盘区取消 30m 宽区段煤柱，改为 6m 小煤柱，巷道动压显现得到明显控制。不同煤柱宽度下煤柱内垂直应力及顶底板相对位移分布如图 5.2 所示。12 盘区 6m 小煤柱围岩应力分布如图 5.3 所示。

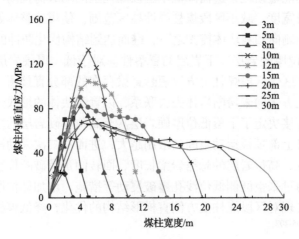

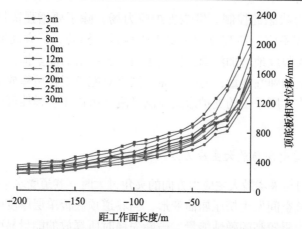

图 5.2　不同煤柱宽度下煤柱内垂直应力及顶底板相对位移分布

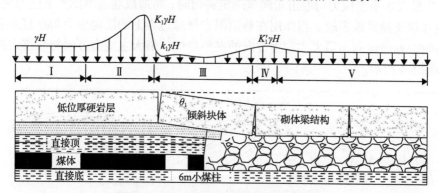

图 5.3　12 盘区 6m 小煤柱围岩应力分布

Ⅰ. 原岩应力区；Ⅱ. 实体帮应力集中区；Ⅲ. 低应力区；Ⅳ. 侧向触矸高应力区；Ⅴ. 应力恢复区

　　基于以上分析，本节制定了采动巷道结构优化的原则，即"吸能稳构，断联增耗"。

5.1.2　采动巷道应力控制防冲原则

　　煤矿井下应力场整体上可分为三个应力场，即原岩应力场、采动应力场和支护应力场。因此，对于采动巷道围岩的应力控制应从这三个应力场的特征进行整体考虑。对于原岩应力场，其主要包括构造应力和自重应力，这两者相对难以改变，只能通过调整采掘部署、巷道布置方式等措施予以协调。对于采动应力场，主要是由煤层开采扰动引起的，是采场巷道围岩应力控制最直接也是最有效的防控对象。因为采动应力对巷道围岩所造成的损伤不仅与采动应力分布特征和运移规律相关，还与煤层自身的力学性质相关。因此，可通过控制推采速度、优化采掘接替顺序以及采煤方法等手段调控采动应力的分布规律和煤层注水等措施改变煤岩介质自身的力学属性，使其不具备孕生或者连续传递应力能量的途径，进而实现对围岩应力状态的控制。围绕支护应力场，除了要增强锚杆(索)预应力场对巷道围岩加固稳定，使其成为主要支护承载结构外，一方面要与围岩卸压技术相结合，最大限度地增加深部弹性能量向巷道冲击的能量损耗，降低其作用在巷道支护系统上的弹性能量；另一方面要注重对能量损耗后释放于巷道内部剩余能量的硬抗吸收，所采用的支护形式要满足刚性可抗压、弹性可让压和柔性可吸压(能)。

1. 优化巷道走向与最大主应力方向

当巷道走向与采场最大主应力方向的夹角过大时，巷道受水平挤压的应力大，顶底板易向巷道空间发生挤压屈曲变形，当巷道顶底板单层厚度较大或力学性能较高时，容易积累较高的弹性能量，破断失稳时所释放的能量易引发巷道动压显现；当最大水平主应力与巷道走向呈一定夹角时，易造成巷道单侧水平应力集中，发生片帮及抽冒顶事故。当作用在巷道围岩帮部边界上的法向应力与垂直主应力相等时，巷道走向与最大主应力方向的夹角最优。最大主应力方向与巷道走向关系如图 5.4 所示。

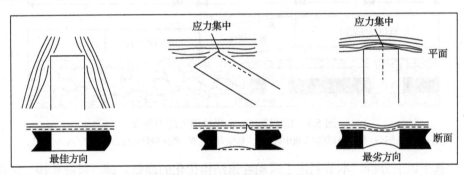

图 5.4　最大主应力方向与巷道走向关系

对于上覆存在厚硬岩层的采动巷道，若巷道走向与最大主应力方向的夹角过大，则势必在顶板岩层内积聚过高的弹性能量，其破断失稳时所释放的能量，经倒直梯形区传递到区段煤柱上，导致其冲击失稳。后面对煤矿 11 盘区地应力进行实测，311103 工作面回风顺槽与最大主应力方向的夹角接近 90°，属最劣方向，这也就解释了回风顺槽巷道变形量大，冲击显现严重的内因。为此，该煤矿在发生几次冲击地压事故后，决定根据矿区地应力主控方向对矿井的开拓系统进行改造。具体措施是：改变原 11 盘区南北向巷道布置方案为东西向巷道布置方案，停止 11 盘区开采，调整为矿区南北两侧 12 盘区和 13 盘区联合开采，改"两进一回"式巷道布置为"常规一进一回"式布置，取消 30m 大区段煤柱，改为 6m 小煤柱送巷，工作面停采线至大巷距离不小于 200m。采取这样的措施，并配合顶板的及时处理，冲击地压事故显著下降，基本不再发生破坏性、事故性的冲击地压。煤矿开拓部署调整前后与地应力的关系如图 5.5 所示。

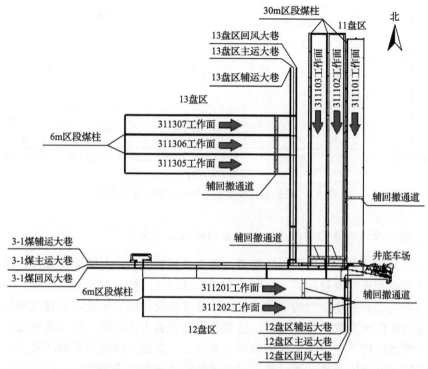

图 5.5　煤矿开拓部署调整前后与地应力的关系

2. 合理推采速度，控制互扰尺度

顶板运动存在相对固定的周期垮断步距，若工作面推采速度过快，则上覆顶板岩层上一周期内变形沉降尚未完成便直接进入下一个变形沉降周期，造成相邻周期顶板岩层局部区域累加而使悬顶结构范围及长度增加，当其垮落破断时，势必诱发采场大范围来压，进而影响巷道围岩稳定。同理，若采场内同时存在两个采掘工作面作业，则容易在时空上引起超前支承压力相互叠加，进而造成局部高应力集中而诱发冲击。对于上覆存在厚硬顶板的采动巷道，工作面推进过快导致低位厚硬岩层垮断不及时，下部无法形成稳定结构支撑高位岩层下沉运动，造成高位厚硬顶板控顶面积过大，倾斜岩块对倒直梯形区侧向支撑不及时，进而导致区段煤柱承载范围和来压强度增大，冲击风险增强。采动巷道围岩能量释放与推进度的关系如图 5.6 所示。从图中可以看出，随着工作面推进度的增加，上覆厚硬岩层变形垮断不及时，微震事件的数量明显增多，微震释放能量加大，尤其是在推进速度调整变化阶段，大微震事件数量明显增多，冲击危险程度加大。

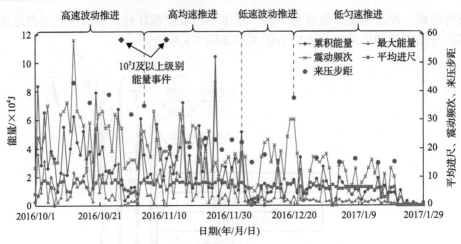

图 5.6　采动巷道围岩能量释放与推进度的关系

3. 原位改变煤体力学性质，转移应力峰值位置大小

对于大部分动压显现强烈的巷道，煤体及其顶底板大多属于硬脆性岩体，单轴抗压强度和弹性模量较高，一般具有冲击倾向性。受开挖扰动的影响，在上覆岩层自重应力和采动应力的作用下，煤体强度高使得围岩松动圈发育范围较小，侧向应力峰值距离巷道帮部较近，造成巷道变形量大的同时，更容易在覆岩破断动载荷叠加作用下造成煤体冲击失稳。为此，一方面，围绕冲击地压发生的介质属性（冲击倾向性）条件，通过煤层注水软化或者压裂增透等措施，改变煤岩介质的力学属性，降低其力学响应性能，使其不易或者不能积聚过高的弹性能量，进而实现防冲的目的；另一方面，围绕冲击地压发生的应力条件，通过大直径钻孔卸压或煤层卸载爆破等手段，使集中在巷帮附近的应力向煤岩体深部转移，同时施工钻孔及其产生的裂隙切断了煤体内部应力和能量连续向巷帮传递的途径，进而达到消冲解危的目的。钻孔卸压机理及现场施工布置如图 5.7 所示。钻孔卸压机理及煤矿 311103 工作面回风顺槽区段煤柱采用"三花式"钻孔布置防冲施工参数标注在图中。

4. 吸能让抗耦合支护，阻断底板应力传递

常规回采巷道围岩锚杆（索）支护的主要作用在于控制锚固区围岩扩容变形及内部裂纹扩展发育，保持岩体的完整特性使其成为承载外部载荷的主体。但采动巷道先后经历两次采掘扰动的影响，上覆岩层影响范围大，巷道变形严重，使得巷道支护系统必须能够经受常规静载荷条件下造成的围岩裂纹扩展发育、压缩扩容片帮以及控制松动圈向深部发育，维持巷帮围岩完整性的同时还要能抵御瞬时

动载荷所造成的冲击载荷作用,具有较强的冲击吸收功率和瞬时延伸率。当冲击释放能量较小时,巷道锚杆(索)预应力支护系统可以满足要求。当释放能量较大,超过了锚杆(索)支护系统的承载极限时,多余的能量就会释放到巷道空间,造成设备损伤和人员伤亡。因此,在采动巷道充分发挥锚杆(索)支护强度的基础上,要增加能够吸收多余冲击能量的主动支护系统,提高巷道的支护强度及安全等级。此外,底板是整个巷道围岩支护最为薄弱的环节,冲击地压显现位置大多表现为底板冲出,311103 工作面"8·26"事故就是典型的底板型冲击地压显现,可通过切断底板应力和能量传递的连续性达到防治底板型冲击地压的目的。超前垛式支架支护现场如图 5.8 所示。

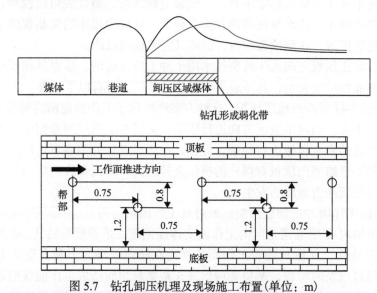

图 5.7　钻孔卸压机理及现场施工布置(单位:m)

图 5.8　超前垛式支架支护现场

基于以上分析,本节制定了采动巷道应力控制的原则,即"转移释放,让压阻抗"。

5.2　采动巷道侧向顶板断裂结构控制技术

5.2.1　深孔顶板定向水压致裂力构防控技术

1. 深孔顶板定向水压致裂防冲机理及类型

深孔顶板定向水压致裂的机理是：根据主应力的方向不同，通过在煤层上方坚硬岩层中预先人为制造定向可控初始裂缝，并通过高压泵向钻孔内持续、稳定、高流量泵入水体，致使初始裂纹在预裂岩层内沿预定方向起裂扩展，直至裂纹发育完全，注水泵压下降后稳定不升。一般裂缝越细长，裂纹尖角越锐利，与主应力方向的夹角越小，注水泵压越高且流量越大，高应力集中的尖端裂纹会在拉应力作用下迅速扩展，达到预裂顶板、破坏其完整性的目的。

目前，深孔顶板定向水压致裂技术用于冲击地压防治，根据其顶板预裂施工位置及工作面的对应关系，其压裂类型及防冲原理主要有以下三种：

(1)防治煤柱型冲击地压压裂。这种方案选择位于工作面超前两巷位置，在巷道内向煤柱上方、侧向采空区方向进行压裂，关键在于通过对悬露于区段煤柱上方侧向采空区的坚硬顶板进行预裂，促使其在区段煤柱外侧或靠近侧向采空区边缘破断，较小悬露侧向顶板对煤柱的挤压夹持应力，降低煤柱的应力集中程度，进而避免煤柱型冲击地压的发生。

(2)防治工作面冲击顶板预裂。通过对工作面超前两巷(主要集中在超前采动应力影响范围内)，沿巷道走向向工作面实体煤侧施工顶板预裂钻孔，破坏工作面前顶板的完整性，促使其随着工作面的推进在超前采动应力和自重应力的影响下，随采随冒或及时垮冒，避免架后形成长距离悬顶而造成工作面煤壁附近挤压应力过大，发生工作面冲击危险，该方法对单一厚硬顶板岩层效果更佳。

(3)防治初、末采阶段的工作面冲击地压。在初采阶段切眼顶板水压致裂在工作面支架未安装前，通过对煤层上方顶板预裂施工，增加其裂隙发育，促使其及时垮断，避免形成较大范围的悬顶，减小工作面初次来压强度，而末采阶段水压致裂主要是在主(辅)回撤通道内向工作面方向施工顶板预裂钻孔，人为压裂形成顶板断裂预制弱面，随着工作面邻近停采线，在超前采动应力的影响下及时垮断，减小工作面回撤通道的压力，确保工作面设备安全回收撤出。同时，末采阶段的顶板压裂防冲也是对采区大巷或者集中大巷的保护，避免采区大范围采空后高位覆岩压力拱脚作用在大巷附近。

此外，岩石具有遇水软化的特性，高压水在厚硬顶板中的扩散降低了岩层的强度，在一定程度上缓解了冲击的危险。顶板深孔定向水压致裂防冲类型如图 5.9 所示。

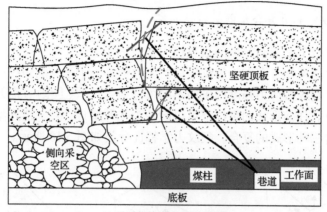

(a) 防治煤柱型冲击地压压裂

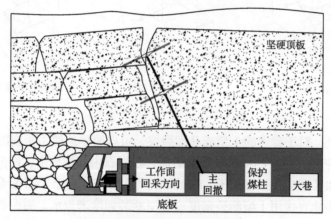

(b) 防治工作面冲击顶板预裂

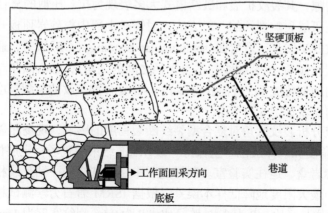

(c) 防治初、末采阶段的工作面冲击地压

图 5.9 顶板深孔定向水压致裂防冲类型

2. 顶板砂岩 I-II 复合型断裂特性研究

1)顶板砂岩 I-II 复合型断裂裂纹应力强度因子特征

由断裂力学可知，存在于裂纹尖端的应力强度因子是预测裂纹产生和扩展的重要物理量，裂纹按应力强度因子的不同可分为张开型（I 型）、滑开型（II 型）和撕开型（III 型）。任何形式的裂纹都可以归结为张开型（I 型）、滑开型（II 型）和撕开型（III 型）这三种形式的复合。裂纹力学特征分类如图 5.10 所示。

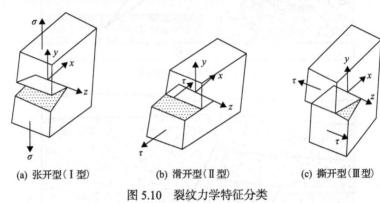

(a) 张开型（I 型）　　　(b) 滑开型（II 型）　　　(c) 撕开型（III 型）

图 5.10　裂纹力学特征分类

一般来说，对于普通的 I 型或 II 型裂纹，可以简单地使用断裂准则 $K_I \geq K_{IC}$ 和 $K_{II} \geq K_{IIC}$ 来评判裂纹的稳定状态。然而，在岩石内部结构中，许多原生裂纹同时存在 I 型和 II 型应力强度因子，均对断裂产生影响，属于 I-II 复合型裂纹，其断裂韧度就不能直接用 I 型断裂韧度或 II 型断裂韧度来表示，需两者综合考虑。而煤矿巷道顶板岩层受多期地质构造运动产生的原生裂隙以及多次开采扰动影响产生的采动裂隙，其裂纹扩展和破断模式大多表现为拉、压剪的复合型破断。

根据研究研层裂隙裂纹的一般方法，对煤矿上覆中粒砂岩顶板开展含有边缘径向倾斜裂纹的半圆盘三点弯曲（semicircular bending, SCB）试验，通过改变半圆盘弯曲试样裂纹倾角 β（裂纹线与垂直半径之间的夹角），分析倾角与复合型裂纹断裂韧度之间的变化关系，进而获得砂岩 I-II 复合型裂纹的断裂韧度。SCB 试验试样等效几何形状如图 5.11 所示。

为了系统分析裂纹倾角对复合型裂纹断裂韧度的影响，现场相邻取样钻孔相距 2m，开孔角度和取样层位尽量保持一致，取芯结束后现场标定层位，塑封后按顺序装入取芯岩盒，运往实验室。制样过程中尽量选择同一钻孔或相邻钻孔同一位置处岩层，最大限度地降低样本误差。根据 ISRM 岩石力学测试相关要求进行试样加工，试样长径比 a/R 为 0.4、跨径比 S/R 为 0.6、裂纹宽度为 1mm，在保证试样半径 R 和两支座间距 $2S$ 不变的前提下，先后开展了 0°、15°、30°、45°、60°、75°

六种不同裂纹倾角的 SCB 试验。GCTS 伺服试验机及试样加载如图 5.12 所示，试验相关技术参数如表 5.1 所示。

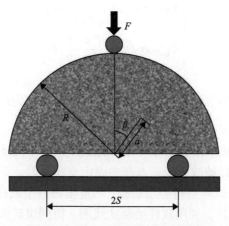

图 5.11　SCB 试验试样几何示意图

图 5.12　GCTS 伺服试验机及试样加载

表 5.1　试验相关技术参数

几何参数	数值
试样半径 R/mm	60
试样厚度 B/mm	50
裂纹长度 a/mm	24
$a/R, S/R$	0.4, 0.6
裂纹倾角 β/(°)	0、15、30、45、60、75
支座间距 $2S$/mm	72

注：每个角度切 4 组试样，共 24 个。

裂纹尖端应力强度因子除与试样几何参数相关外，外部临界载荷也是重要的

影响参数。其关系式为

$$\begin{cases} K_{\mathrm{I}} = \sigma\sqrt{\pi a}Y_{\mathrm{I}}\left(\dfrac{a}{R}, \dfrac{S}{R}, \beta\right) \\ K_{\mathrm{II}} = \sigma\sqrt{\pi a}Y_{\mathrm{II}}\left(\dfrac{a}{R}, \dfrac{S}{R}, \beta\right) \end{cases} \tag{5.1}$$

式中，$\sigma = \dfrac{F_{\mathrm{cr}}}{2RB}$，其中 F_{cr} 为外部临界载荷；Y_{I} 和 Y_{II} 分别为纯 I 型裂纹和纯 II 型裂纹对应的无量纲几何因子。

试验几何参数直接采用 Lim 等[208]的试验结论中不同裂纹倾角下的 Y_{I} 和 Y_{II} 值。在试验过程中，当试样被放置于三点弯曲固定支座上时，采用位移加载模式，以 0.05mm/min 的速度对试样进行静态加载，测量出每一个试样的临界破坏载荷 F_{cr}，将测量结果带入式(5.1)，利用软件绘制曲线图，得到煤矿砂岩顶板临界应力强度因子随裂纹倾角的变化曲线，如图 5.13 所示。

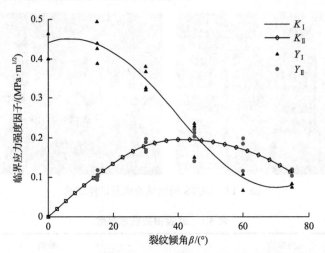

图 5.13　煤矿砂岩顶板临界应力强度因子随裂纹倾角的变化曲线

为了便于直观记录裂纹扩展形式以及后续分析，试验过程中采用电荷耦合器件(charge coupled device, CCD)摄像机记录不同裂纹倾角 SCB 试验试样裂纹扩展形式。不同裂纹倾角下试样破坏后照片如图 5.14 所示。

从图 5.13 和图 5.14 可以看出，在不同裂纹倾角下，随着上部集中载荷的增加，起裂点沿最短路径向加载顶端延伸并最终到达试样顶端，但随着裂纹倾角 β 的不同，试样的裂纹起裂方向和破坏模式有较大区别。

(1)当裂纹倾角 $0° \leqslant \beta < 15°$ 时，裂纹以 I 型断裂为主，水平位移变化快，垂直位移变化相对缓慢，最终裂纹呈均匀对称分布，其中 $\beta=0°$ 时，$K_{\mathrm{II}}=0$，试样属于纯

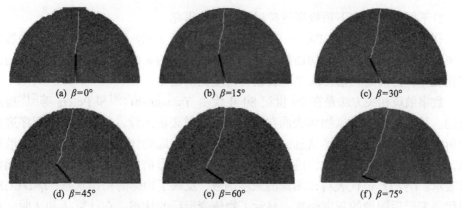

(a) $\beta=0°$　　　　　(b) $\beta=15°$　　　　　(c) $\beta=30°$

(d) $\beta=45°$　　　　　(e) $\beta=60°$　　　　　(f) $\beta=75°$

图 5.14　不同裂纹倾角下试样破坏后照片

Ⅰ型断裂，此时断裂韧度为 $K_{IC}=0.441$。

（2）当裂纹倾角 $15°\leqslant\beta\leqslant45°$ 时，裂纹表现为Ⅰ-Ⅱ复合型断裂，但Ⅱ型破裂占主导地位，水平位移变化减缓而垂直位移变化增快，其中当裂纹倾角 β 接近 45° 时，K_{II} 达到最大值，试样属于Ⅱ型断裂。

（3）当 $45°<\beta\leqslant75°$ 时，K_{I} 和 K_{II} 均呈下降趋势，裂纹表现为Ⅰ-Ⅱ复合型破裂。其中当 $\beta=75°$ 时，试样并不是从预制裂缝尖端起裂，而是从其下端部位起裂并最终扩展到顶部加载点。

基于以上分析结果，得到煤矿砂岩顶板复合型断裂的应力强度因子包络线。复合型断裂应力强度因子变化趋势如图 5.15 所示。若巷道顶板的临界强度因子 K_{I} 和 K_{II} 位于包络线以内，砂岩处于稳定状态，否则砂岩将发生断裂破坏。

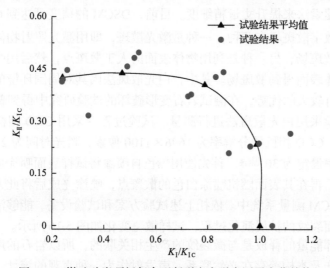

图 5.15　煤矿砂岩顶板复合型断裂应力强度因子变化趋势

2) 不同切槽角度下顶板裂缝扩展特征试验研究

利用 SCB 试验和 RFPA (realistic failure process analysis) 模拟软件，借助数字散斑拍照系统，研究不同切槽角度对裂缝扩展方向的影响，揭示裂缝扩展的动态演化规律，为确定切槽方向及压裂钻孔角度提供指导。

数字散斑相关方法是在 20 世纪 80 年代由 Yamagushi[209]和 Peters 等[210]提出来的。该方法通过记录物体表面在变形前后的散斑场图像，并运用相关程序进行分析，以获取物体的变形信息。其基本原理在于追踪物体表面图像上的几何散斑点，并记录这些点的运动轨迹。具体来说，物体变形前后的两幅图像可以用函数来表示：$I_s = F(x, y)$ 代表对比图像的灰度函数，反映了物体的初始状态；$I_t = G(X, Y)$ 则代表变形后图像的灰度函数，显示了物体变形后的状态。在计算 I_s 和 I_t 时，首先按照统一的方法将图像划分为 $m \times n$ 个小区格，然后在原始状态的散斑图中选取一个小区域，并在变形后的散斑图像中寻找与之对应的微结构。对于随机分布的散斑图像，判断两个小区格是否匹配的关键在于计算它们之间的相关系数：

$$C = \frac{\sum_{i=1}^{m}\sum_{j=1}^{n}\left[f(x,y)-\overline{f}\right]\left[g(x',y')-\overline{g}\right]}{\sqrt{\sum_{i=1}^{m}\sum_{j=1}^{n}\left[f(x,y)-\overline{f}\right]^2}\sqrt{\sum_{i=1}^{m}\sum_{j=1}^{n}\left[g(x',y')-\overline{g}\right]^2}} \tag{5.2}$$

式中，$f(x,y)$ 为对比散斑图像上小区间的灰度空间函数；$g(x',y')$ 为变形后散斑图像上小区间的灰度空间函数；$\overline{f}$ 和 $\overline{g}$ 分别为 $f(x,y)$ 与 $g(x',y')$ 的平均值。

在处理散斑图像的过程中不仅要采取十字搜索法找到像素精度的位移，还要使用亚像素搜索法来提升丈量精细度。目前，DSCM 的精度可达到 0.01 像素。

常见的数字散斑场有两种：一种是激光散斑，即用激光照射物体表面，在物体前方形成散斑场；另一种是利用物体表面的人工散斑点，然后用强白光作为光源，拍摄物体表面得到散斑场。其中，白光散斑法因其对周围环境的要求低，测量变形区域有较大的优势，在测试岩石变形破坏的试验研究中得到普遍使用。

本次试验采用白光散斑法进行测量。试验过程中采用 CCD 相机拍摄试样表面的散斑场，CCD 相机的分辨率为 1696×1100 像素，曝光时间为 25ms，采集速率和存储速率设定为 30 帧/s。首先使用黑色自喷漆将试样表面喷涂成黑色，待黑色漆面干燥后再在其表面随机喷涂白色的散斑点，喷涂完成后将此人工散斑场表面放置于 DSCM 测量系统中。依托上述试验方案和试验设备，能够清楚地观测到岩石试样表面裂纹的扩展演化过程，试样散斑变化如图 5.16 所示。

岩石内部能量的释放是与微裂纹的产生相关联的，所以岩石的声发射过程与其本身的损伤及本构等存在必然联系。声发射作为一种直观的统计，可不考虑各部分声发射频率和能量之间的差异，假设每一个岩石细观单元的破坏都会导致一

图 5.16　试样散斑变化

次声发射。基于此，Tang 等[211]的研究结果表明，声发射数与损伤变量具有关联性，即岩石的声发射数与损伤变量呈正比关系，并以此为依据提出一维情况下岩石本构关系同声发射累积量之间的联系。

根据 SCB 试样特征建立纯Ⅰ型和Ⅰ-Ⅱ复合型断裂的数值模型。模型相关参数根据前面单轴压缩试验和巴西劈裂试验测得。模型的力学参数如表 5.2 所示。其中，均质度取 3（岩石一般在 2～5），采用边界位移加载，加载速度为 0.005mm/步，并用莫尔-库仑强度准则作为模型单元是否损伤的判断标准。

表 5.2　模型的力学参数

参数	数值
抗压强度/MPa	43.11
弹性模量/GPa	12.24
泊松比	0.17
抗拉强度/MPa	2.85
均质度	3
加载速度/(mm/步)	0.005

此外，RFPA^{2D} 软件考虑了工程岩体宏观力学性质和均匀性的影响，因此必须根据式(5.3)和式(5.4)将岩体的宏观力学参数转换为细观力学参数[212]：

$$\frac{f_{cs}}{f_{cso}} = 0.2602\ln m + 0.0233, \quad 1.2 \leqslant m \leqslant 50 \tag{5.3}$$

$$\frac{E_s}{E_{so}} = 0.1412\ln m + 0.6476, \quad 1.2 \leqslant m \leqslant 10 \tag{5.4}$$

式中，f_{cs} 和 E_s 分别为宏观的强度和弹性模量；f_{cso} 和 E_{so} 分别为细观的强度和弹性模量；m 为岩体材料的均质度。

图 5.17 为不同预制裂缝角度下试样破坏后的最终模拟结果。从图中可以看出，模拟得到的试样破坏后的形态与试验结果大致相同。

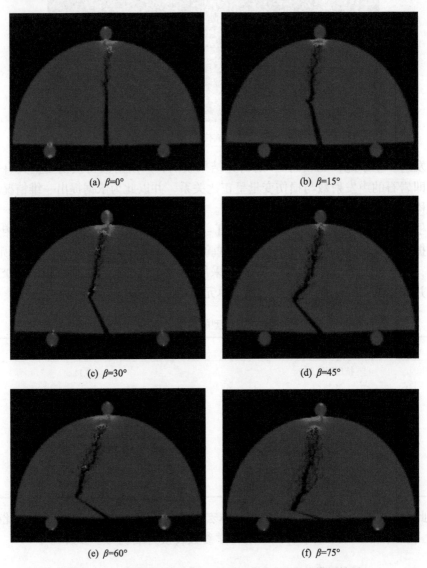

(a) $\beta=0°$ (b) $\beta=15°$

(c) $\beta=30°$ (d) $\beta=45°$

(e) $\beta=60°$ (f) $\beta=75°$

图 5.17 不同预制裂缝角度下试样破坏后的最终模拟结果

图 5.18 为试验测试临界载荷与数值模拟临界载荷对比。图 5.19 为数值模拟与试验测试的裂纹扩展路径对比。可以看出，模拟结果与测试结果基本吻合，验证了模型的有效性。

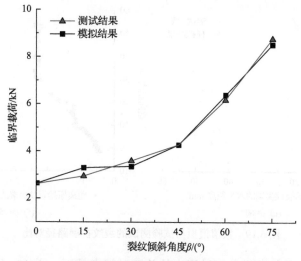

图 5.18 试验测试临界载荷与数值模拟临界载荷对比

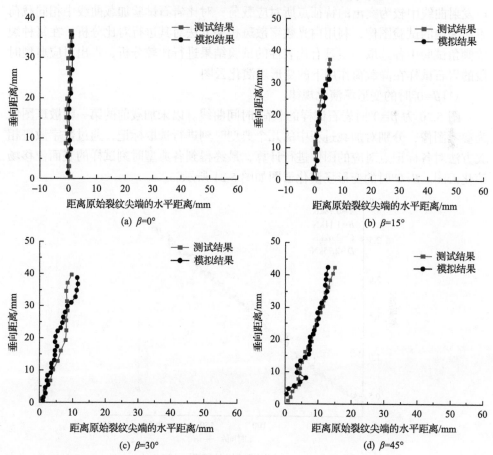

(a) β=0°

(b) β=15°

(c) β=30°

(d) β=45°

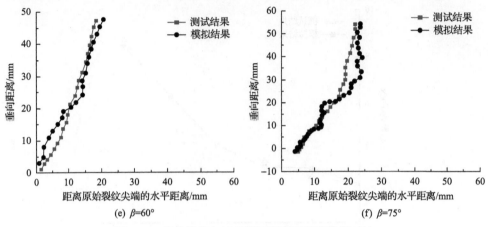

(e) $\beta=60°$ 　　　　　　　　　　　　　　(f) $\beta=75°$

图 5.19　数值模拟与试验测试的裂纹扩展路径对比

不同裂纹倾角的试样破坏过程中的关键时间点是不一样的，参照模拟得到的声发射曲线中较为突出的特征点所对应载荷，对比岩石试验加载曲线中相同载荷下所采集的试验图像，利用白光数字散斑相关方法对其进行对比分析。在每种裂纹倾角试验中各选取一组具有代表性的试验结果进行比较分析，得出对应典型时段的岩石试样在静载荷作用下的变形场演化云图。

（1）$\beta=0°$ 时的变形场演化规律。

图 5.20 为 $\beta=0°$ 时岩石试样的载荷-时间曲线。以未加载前的第一幅散斑图像为参考图像，分别对加载过程中的几个典型时刻进行选取标记，通过数字散斑相关方法对各标记点对应的图像进行计算，最终得到各典型时刻试样的表面位移场演化云图。$\beta=0°$ 时的变形场演化云图如图 5.21 所示。

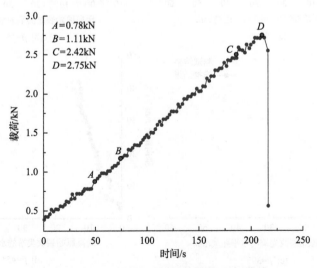

图 5.20　$\beta=0°$ 时岩石试样的载荷-时间曲线

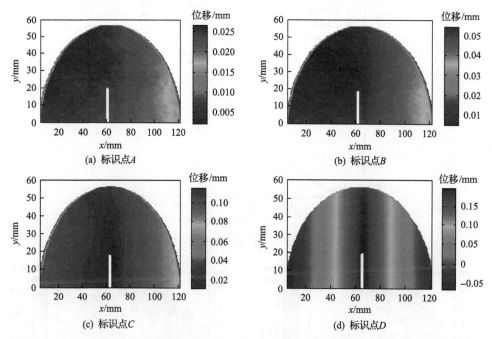

图 5.21　β=0°时的变形场演化云图

图 5.21(a)与载荷-时间曲线中的标识点 A 对应，此时载荷约为 0.78kN，裂纹尖端没有出现明显的变形局部化现象，位移场整体变化较小，预制裂缝尖端变形量约为 0.025mm。图 5.21(b)与载荷-时间曲线中的标识点 B 对应，此时载荷约为 1.11kN，试样左右两边位移场同步变化，预制裂纹尖端变形量成倍增长，约为 0.05mm，这一阶段裂纹虽未明显扩展，但变形量的增加表明微裂纹在裂纹尖端出现并聚集。图 5.21(c)与载荷-时间曲线中的标识点 C 对应，此时载荷约为 2.42kN，岩石位移场变形和变形量都有较大增加，预制裂缝尖端变形量约为 0.1mm。图 5.21(d)与载荷-时间曲线中的标识点 D 对应，载荷约为 2.75kN，变形进一步集中，裂纹尖端位移场出现明显的变形局部化现象，预制裂缝尖端变形量约为 0.15mm，裂纹开始扩展，呈失稳破坏现象。随着加载的持续进行，岩石内部原生裂隙逐渐压密闭合，试样左右两端位移场表现出显著的对称现象。

(2)β=15°时的变形场演化规律。

图 5.22 为 β=15°时岩石试样的载荷-时间曲线。以未加载前的第一张散斑图像为参考图像，分别对加载过程中的几个典型时刻进行标记，通过数字散斑相关方法对各标记点对应的图像进行计算，最终得到各典型时刻试样的表面位移场演化云图。β=15°时的变形场演化云图如图 5.23 所示。

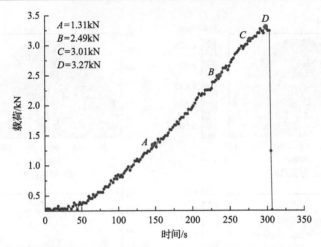

图 5.22　β=15°时岩石试样的载荷-时间曲线

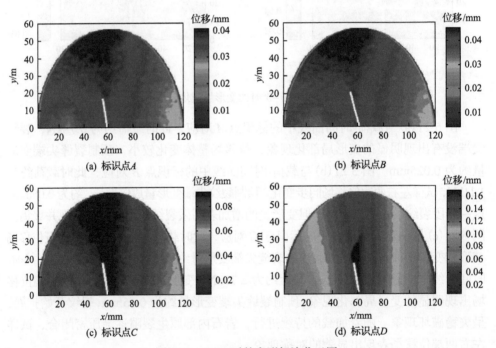

(a) 标识点 A　　　　　　　　　　　　(b) 标识点 B

(c) 标识点 C　　　　　　　　　　　　(d) 标识点 D

图 5.23　β=15°时的变形场演化云图

图 5.23(a)与载荷-时间曲线中的标识点 A 对应，此时载荷约为 1.31kN，裂缝尖端与顶部加载点之间出现较大的变形集中区域，预制裂缝尖端变形量约为 0.035mm。图 5.23(b)与载荷-时间曲线中的标识点 B 对应，此时载荷约为 2.49kN，变形集中区域的范围进一步加大，预制裂缝尖端变形量约为 0.04mm。图 5.23(c)与载荷-时间曲线中的标识点 C 对应，此时载荷约为 3.01kN，变形集中区域的范

围从预制裂纹尖端扩展到底部，其位移场变形量几乎成倍增长，预制裂缝尖端变形量约为 0.08mm。图 5.23(d)与载荷-时间曲线中的标识点 D 对应，此时载荷约为 3.27kN，预制裂纹尖端区域出现了明显的变形局部化现象，但试样位移分场量大体上呈左右对称分布规律(裂纹尖端除外)，表明该期间裂纹以Ⅰ型拉张扩展为主，Ⅱ型剪切错动扩展不明显，预制裂缝尖端变形量约为 0.16mm。

(3)β=30°时的变形场演化规律。

图 5.24 为 β=30°时岩石试样的载荷-时间曲线。以未加载前的第一幅散斑图像为参考图像，分别对加载过程中的几个典型时刻进行标记，通过数字散斑相关方法对各标记点对应的图像进行计算，最终得到各典型时刻试样的表面位移场演化云图。β=30°时的变形场演化云图如图 5.25 所示。

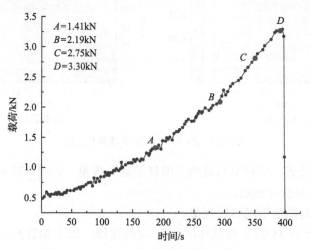

图 5.24　β=30°时岩石试样的载荷-时间曲线

图 5.25(a)与载荷-时间曲线中的标识点 A 对应，此时载荷约为 1.41kN，裂纹尖端位移场没有出现变形局部化现象，预制裂缝尖端变形量约为 0.025mm，变形场整体上呈现出沿水平方向分层的现象。从位移场演化云图看到，试样上端的变形较大，逐渐向下端降低，后期随着载荷的增加，轴向变形逐步增大。图 5.25(b)与载荷-时间曲线中的标识点 B 对应，此时载荷约为 2.19kN，岩石试样的变形集中范围和大小都明显增加，预制裂缝尖端变形量约为 0.05mm，试样表面位移场有明显变化，表现为明显的位移带下滑现象，主要集中在试样下表面。图 5.25(c)与载荷-时间曲线中的标识点 C 对应，载荷为 2.75kN，当裂纹尖端位移达到 0.1mm 时，集中区的范围和变形明显增大，位移带的下滑现象更为明显，表明在该段岩石中微裂纹出现并不断汇集。图 5.25(d)与载荷-时间曲线中的标识点 D 对应，此时载荷约为 3.30kN，预制裂缝尖端变形量约为 0.15mm，位移场沿裂纹扩展方向

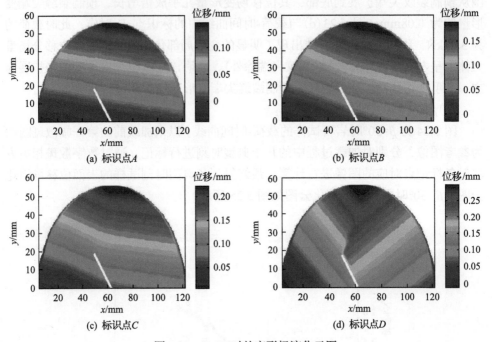

(a) 标识点A (b) 标识点B

(c) 标识点C (d) 标识点D

图 5.25 $\beta=30°$ 时的变形场演化云图

表现为非对称分布,呈现出明显的"滑移错动"现象,表明试样发生了张拉兼剪切错动的 I - II 复合型破断。

(4) $\beta=45°$ 时的变形场演化规律。

图 5.26 为 $\beta=45°$ 时岩石试样的载荷-时间曲线。以未加载前的第一幅散斑图

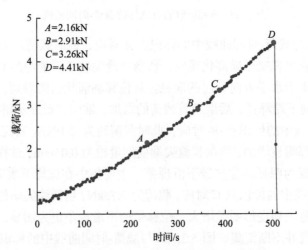

A=2.16kN
B=2.91kN
C=3.26kN
D=4.41kN

图 5.26 $\beta=45°$ 时岩石试样的载荷-时间曲线

像为参考图像，分别对加载过程中的几个典型时刻进行标记，通过数字散斑相关方法对各标记点对应的图像进行计算，最终得到各典型时刻试样的表面位移场演化云图。β=45°时的变形场演化云图如图 5.27 所示。

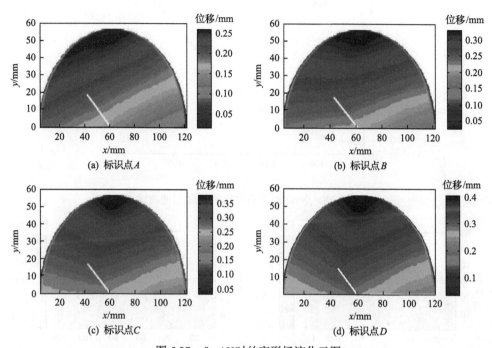

图 5.27　β=45°时的变形场演化云图

图 5.27(a) 与载荷-时间曲线中的标识点 A 对应，此时载荷约为 2.16kN，裂缝尖端与顶部加载点之间出现较大的变形集中区域，预制裂缝尖端变形量约为 0.15mm。图 5.27(b) 与载荷-时间曲线中的标识点 B 对应，此时载荷约为 2.91kN，预制裂缝尖端变形量约为 0.2mm。图 5.27(c) 与载荷-时间曲线中的标识点 C 对应，此时载荷约为 3.26kN，位移场整体变形不明显，但变形量有些许增长，预制裂缝尖端变形量约为 0.25mm。图 5.27(d) 与载荷-时间曲线中的标识点 D 对应，此时载荷约为 4.41kN，裂纹尖端区域出现了明显的位移场错动现象，表明该期间裂纹发生了 I-II 复合型断裂扩展，预制裂缝尖端变形量约为 0.3mm。

(5) β=60°时的变形场演化规律。

图 5.28 为 β=60°时岩石试样的载荷-时间曲线。以未加载前的第一幅散斑图像为参考图像，分别对加载过程中的几个典型时刻进行标记，通过数字散斑相关方法对各标记点对应的图像进行计算，最终得到各典型时刻试样的表面位移场演化云图。β=60°时的变形场演化云图如图 5.29 所示。

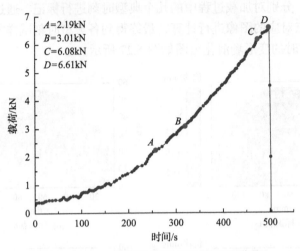

图 5.28　β=60°时岩石试样的载荷-时间曲线

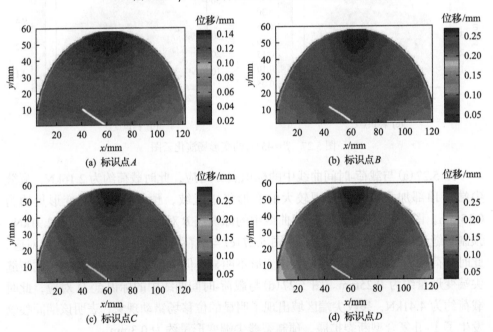

图 5.29　β=60°时的变形场演化云图

　　图 5.29（a）与载荷-时间曲线中的标识点 A 对应，此时载荷约为 2.19kN，预制裂缝尖端变形量约为 0.12mm。图 5.29（b）与载荷-时间曲线中的标识点 B 对应，此时载荷约为 3.01kN，预制裂缝尖端变形量约为 0.22mm。图 5.29（c）与载荷-时间曲线中的标识点 C 对应，此时载荷约为 6.08kN，位移场整体变形不明显，但变形量有些许增长，预制裂缝尖端变形量约为 0.25mm。图 5.29（d）与载荷-时间曲线中的

标识点 D 对应，此时载荷约为 6.61kN，裂纹尖端区域出现了些许位移场错动的现象。同时，因为试样承受的载荷较大，所以有足够的力使其内部微裂纹压实和闭合，除裂纹尖端外，试样在左右两端均呈现对称现象，预制裂缝尖端变形量约为 0.25mm。

(6) β=75°时的变形场演化规律。

图 5.30 为 β=75°时岩石试样的载荷-时间曲线。以未加载前的第一幅散斑图像为参考图像，分别对加载过程中的几个典型时刻进行标记，通过数字散斑相关方法对各标记点对应的图像进行计算，最终得到各典型时刻试样的表面位移场演化云图。β=75°时的变形场演化云图如图 5.31 所示。

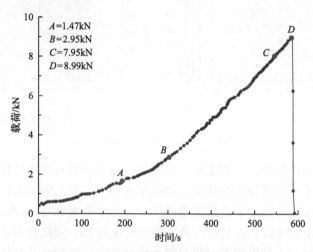

图 5.30　β=75°时岩石试样的载荷-时间曲线

图 5.31 (a) 与载荷-时间曲线中的标识点 A 对应，此时载荷约为 1.47kN，预制裂缝尖端变形量约为 0.05mm。图 5.31 (b) 与载荷-时间曲线中的标识点 B 对应，此时载荷约为 2.95kN，预制裂缝尖端变形量约为 0.15mm。图 5.31 (c) 与载荷-时间曲线中的标识点 C 对应，此时载荷约为 7.95kN，预制裂缝尖端变形量约为 0.2mm。图 5.31 (d) 与载荷-时间曲线中的标识点 D 对应，此时载荷约为 8.99kN，试样开始破坏，但并未沿预制裂纹尖端起裂。同时，因为试样承受的载荷足够大，所以内部微裂纹有足够的时间压实和闭合。除裂纹尖端外，试样位移场左右两端呈现对称现象，裂纹尖端变形量为 0.25mm 左右。

3) 不同裂纹倾角对顶板水压致裂影响理论分析

采动巷道上覆厚硬顶板岩层复杂的应力状态以及岩层自身复合型裂纹破断特征，在顶板水压致裂过程中，钻孔倾角、预割缝倾角 (预割缝与水平地应力之间的夹角) 受地应力影响对压裂裂纹的扩展以及临界水压力会产生很大的影响。参数的

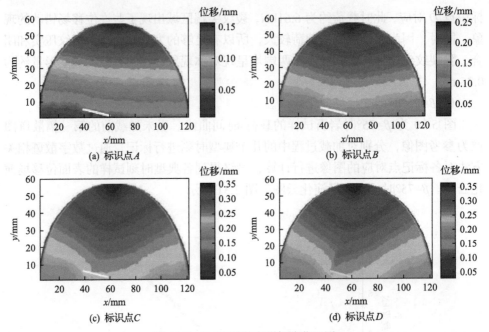

图 5.31　$\beta=75°$时的变形场演化云图

设计往往依赖于经验公式。为了深入探究裂纹倾角对岩石在水压作用下断裂特性的影响，构建了一个断裂力学模型，该模型模拟了一个无限大岩板中存在一个斜向裂纹，且裂纹尺寸远小于岩板的整体尺寸。受水平地应力 σ_h 和垂直地应力 σ_H 的作用，钻孔和裂纹面上的水压为 P_0，裂纹长度为 $2a$，裂纹面和水平地应力的夹角为 β，求解过程中假设岩石材料是线弹性和各向同性的，不计体力，裂纹视为理想裂纹，准静态开裂。为了求解方便，建立了直角坐标系 oxy 和 $ox'y'$，其中 ox 轴与裂纹面平行，ox'轴沿水平地应力方向，在远场应力 σ_H 和 σ_h 作用下的应力状态按式(5.5)计算。水压致裂等效远场应力分布如图 5.32 所示。

$$\begin{cases} \sigma_x = -(\sigma_H\cos^2\beta + \sigma_h\sin^2\beta) \\ \sigma_y = -(\sigma_H\sin^2\beta + \sigma_h\cos^2\beta) \\ \tau_{xy} = -(\sigma_1 - \sigma_3)\sin\beta\cos\beta \end{cases} \tag{5.5}$$

根据叠加原理，水压致裂裂纹尖端的应力强度因子可分解为简单应力强度因子的叠加，如图 5.33 所示。其中，对于水压致裂 I 型应力强度因子，由于远场切应力 τ_{xy} 不会对斜裂纹张拉作用产生影响，其求解过程可简化为图 5.33(a)和(c)两种应力状态下 I 型应力强度因子的和。而水压致裂 II 型应力强度因子由图 5.33(b) 应力状态下求得。结合断裂力学理论得到岩石 I -II 复合型水压裂纹的应力强度因子公式为

$$\begin{cases} K_{\mathrm{I}} = K_{\mathrm{Ia}} + K_{\mathrm{Ic}} = \sigma_y \sqrt{\pi a} + P\sqrt{\pi a}\,\beta \\ K_{\mathrm{II}} = K_{\mathrm{Ib}} = \tau_{xy}\sqrt{\pi a} \end{cases} \tag{5.6}$$

此时，将远处应力强度因子公式(5.5)代入式(5.6)中，整理得到考虑地应力、水压致裂、裂纹倾角的应力强度因子公式：

$$\begin{cases} K_{\mathrm{I}} = [P - (\sigma_1 \sin^2\beta + \sigma_3 \cos^2\beta)]\sqrt{\pi a} \\ K_{\mathrm{II}} = -(\sigma_1 - \sigma_3)\sin\beta\cos\beta\sqrt{\pi a} \end{cases} \tag{5.7}$$

令 $K_{\mathrm{I}} = K_{\mathrm{IC}}$，则顶板水压致裂临界水压力 P_{c} 的计算公式为

$$P_{\mathrm{c}} = \frac{K_{\mathrm{IC}}}{\sqrt{\pi a}} + (\sigma_1 \sin^2\beta + \sigma_3 \cos^2\beta) \tag{5.8}$$

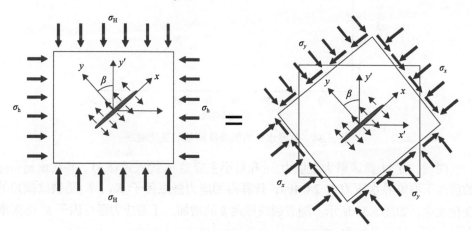

图 5.32　水压致裂等效远场应力分布

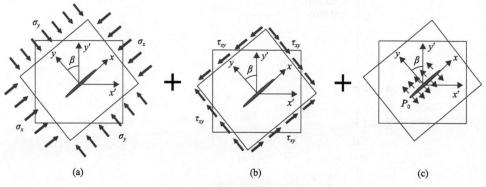

图 5.33　水压致裂模型的叠加原理

　　由此可见，只要得到顶板水压致裂钻孔所在区域地应力情况，即可分析得出裂纹倾角对临界水压力和应力强度因子的影响。煤矿 11 盘区开展地应力测试结果详见第 6 章。

　　将 11 盘区最大主应力 σ_H 和最小主应力 σ_h 代入式 (5.7)，计算得到临界水压力随裂纹倾角的变化曲线，如图 5.34 所示。从图中可以看出，随着裂纹倾角的增加，临界水压力逐渐降低，当裂纹倾角为 0° 时，临界水压力达到最大值。

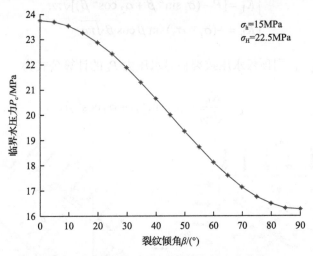

图 5.34　临界水压力随裂纹倾角的变化曲线

　　同理，将 11 盘区最大主应力 σ_H 和最小主应力 σ_h 代入式 (5.3)，并在预制裂缝的前提下取临界水压力为 24MPa，计算得到应力强度因子 K_I、K_{II} 随裂纹倾角的变化规律，如图 5.35 所示。随着裂纹倾角 β 的增加，I 型应力强度因子 K_I 逐渐增

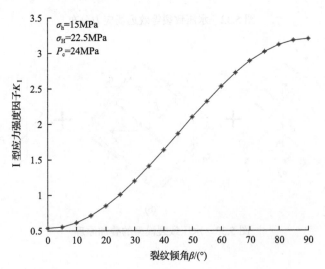

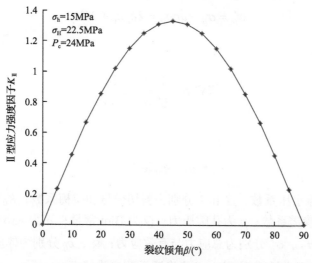

图 5.35　Ⅰ型、Ⅱ型应力强度因子随裂纹倾角 β 的变化曲线

加，表明裂纹受张拉作用愈加明显，Ⅱ型应力强度因子 $K_{\rm II}$ 则表现出先升高后降低的变化趋势，当裂纹倾角 $\beta=45°$ 时，$K_{\rm II}$ 达到最大值，表明裂纹受地应力的影响可能发生剪切错动。

综上所述，当预制裂缝的裂纹方向与最大主应力方向存在夹角时，裂纹扩展必定为Ⅰ-Ⅱ复合型。随着夹角的不同，裂纹应力强度因子 $K_{\rm I}$、$K_{\rm II}$ 均不同，进而对临界水压力和裂纹扩展方向产生影响。当裂纹倾角 β 接近 45° 时，可充分发挥地应力的作用使得裂纹同时承受Ⅰ型裂纹张拉作用和Ⅱ型裂纹错动剪切作用，尤其适用于临界水压力有限的前提下。

4）不同裂纹倾角对顶板水压致裂影响数值分析

（1）渗流-应力耦合方程。

在渗流过程中，材料介质中的液体应当符合 Biot 渗流理论[213]，但在其本构方程中未考虑应力对材料渗透性能的影响，因此需添加渗流-应力耦合方程，其基本形式主要有以下几种。

平衡方程：

$$\sigma_{ij,j} + \rho X_j = 0, \quad i, j=1,2,3 \tag{5.9}$$

几何方程：

$$\varepsilon_{ij} = \frac{1}{2}(u_{i,j} + u_{j,i}), \quad \varepsilon_v = \varepsilon_{11} + \varepsilon_{22} + \varepsilon_{33} \tag{5.10}$$

本构方程：

$$\sigma'_{ij} = \sigma_{ij} - ap\delta_{ij} = \lambda\delta_{ij}\varepsilon_v + 2G\varepsilon_{ij} \tag{5.11}$$

渗流方程：

$$K\nabla^2 p = \frac{1}{Q}\frac{\partial p}{\partial t} - a\frac{\partial \varepsilon_v}{\partial t} \tag{5.12}$$

耦合方程：

$$K(\sigma, p) = \xi K_0 e^{-\beta(\sigma_{ij}/3 - ap)} \tag{5.13}$$

式中，a 为孔隙水压系数；G 和 λ 分别为剪切模量和拉梅系数；K_0 和 K 分别为渗透系数初值和渗透系数；p 为孔隙压力；Q 为 Biot 常量；δ 为 Kronecker 常量；ρ 为体力密度；σ_{ij}、σ'_{ij} 分别为总应力与有效应力；ε_v、ε_{ij} 分别为体应变和正应变；β 为耦合系数(应力敏感因子)；ξ 为渗透系数突跳倍率。

试验结果显示，岩石的渗透率不仅与应力相关，当单元介质发生破坏时，对其渗透率的大小也会有很大影响。

(2)渗流-损伤耦合方程。

假定材料中的某个细观单元的应力状态达到一定的阈值时单元开始产生初始破坏，则破坏单元的弹性模量可表示为

$$E = (1-D)\,E_0 \tag{5.14}$$

式中，D 为损伤变量；E 为破坏单元的弹性模量；E_0 为无破坏单元的弹性模量。

以单轴压缩为例，当某个细观单元所受的应力达到莫尔-库仑强度准则规定的损伤阈值时，有

$$F = \sigma_1 - \sigma_3\frac{1+\sin\varphi}{1-\sin\varphi} \geqslant f_c \tag{5.15}$$

式中，φ 为内摩擦角；f_c 为单轴抗压强度。

此时，单元的损伤变量 D 可表示为

$$D = \begin{cases} 0, & \varepsilon < \varepsilon_{co} \\ 1 - \dfrac{f_{cr}}{E_0\varepsilon}, & \varepsilon_{co} \leqslant \varepsilon \end{cases} \tag{5.16}$$

式中，f_{cr} 为拉伸损伤参与强度；ε_{co} 为拉伸极限的应变量。

$$K = \begin{cases} K_0 e^{-\beta(\sigma_1 - ap)}, & D = 0 \\ \xi K_0 e^{-\beta(\sigma_1 - ap)}, & D > 0 \end{cases} \tag{5.17}$$

5) 数值模型建立及模拟方案

根据深孔顶板定向水压致裂技术原理，采用预制裂缝的方式模拟裂纹扩展。假设初始裂缝的存在可能会对试样的破坏起导向作用，为研究预制裂缝试样的水力致裂扩展规律并与上述结果进行对比分析，模型选用标准带孔圆柱体，试样外径 D=50mm、内径 d=8mm，模型圆孔两端设置两条长度为 d/4 的预制裂缝，在内孔中施加水压来研究细观单元尺度下水压致裂的破坏机理，建立二维平面应变数值模型。预制裂缝水压致裂模型如图 5.36 所示。

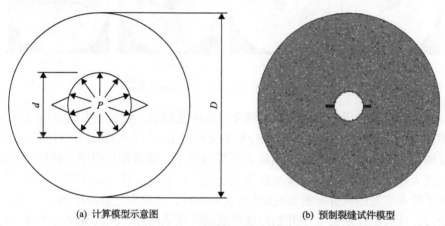

(a) 计算模型示意图　　　　　　　　(b) 预制裂缝试件模型

图 5.36　预制裂缝水压致裂模型

$P.$ 内孔水压力

将模型划分为 170×170 个细观单元，模型的力学参数如表 5.3 所示。其中，反映材料均质度的参数 m=3，且在圆孔中施加 100m 的初始压力水头，孔隙压力系数的增量 $\Delta\alpha$ =1，即以每步 0.1MPa 的加载速率在钻孔中施加水压，直到模型失稳破坏。

表 5.3　预制裂缝水压致裂模型的力学参数

参数	数值
抗压强度/MPa	43.11
弹性模量/GPa	12.24
泊松比	0.17
抗拉强度/MPa	2.85
均质度	3
内摩擦角/(°)	30
渗透系数/(m/d)	0.01
耦合系数	0.1
孔隙压力系数	1

6)模拟结果分析

由模拟结果可知,预制裂缝圆孔试样的起裂压力为17MPa左右且其破坏过程同样可以分为应力积累、裂纹稳定扩展、试样失稳破坏几个阶段。模型破坏过程中应力呈现阶段如图5.37所示。

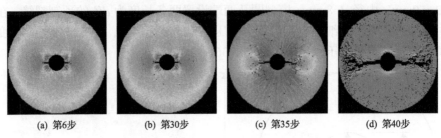

(a) 第6步　　　　(b) 第30步　　　　(c) 第35步　　　　(d) 第40步

图 5.37　模型破坏过程中应力呈现阶段

在应力积累阶段,预制裂缝两侧应力集中最明显,使预制裂缝尖端受拉应力作用,在一定范围内表现为呈扇状分布的受拉应力区(图5.37(a)),对应于声发射特征图5.38中的第Ⅰ阶段,此阶段无声发射现象。随着钻孔内压力的逐渐增加,裂纹进入稳定扩展阶段,在预制裂缝尖端的应力集中区域,试样部分薄弱点周围产生了许多零星随机分布的微裂纹(图5.37(b)),对应声发射特征图5.38中的第Ⅱ阶段,此时试样从第6步开始出现声发射并逐渐增加。在微裂纹增加到一定程度后,它们之间开始相互连接并与预制裂纹尖端贯通,形成破坏所需的初始主裂纹,如图5.37(c)所示,试样两端预制裂缝几乎同时开始起裂,但受材料非均匀的影响,两端裂缝并不对称,整体趋势都是沿水平向两侧扩展。在水压增大到一定程度后(17MPa左右),裂纹尖端也会出现分叉现象,如图5.37(d)所示,试样开

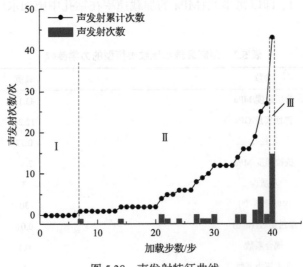

图 5.38　声发射特征曲线

始进入失稳破坏阶段，对应声发射特征图 5.38 中的第Ⅲ阶段。此时，不需要再增加水压力，裂纹仍会继续扩展。当加载到第 40 步时，声发射出现了大的突跳，模型整体失效。加载过程中的声发射特征曲线如图 5.38 所示。

　　图 5.39 为模型破坏过程中的孔隙水压力分布。可以看出，最大水压力始终出现在预制裂纹周围，呈椭圆分布，当水压力增加到一定程度时，试样从预制裂纹尖端起裂，由于水压的持续驱动，孔洞中的水不断向裂纹尖端聚集，水压力沿着裂纹面传递，使主裂纹逐渐向两侧扩展，最终到达临界破坏点时的最大水压力呈近似椭圆分布。

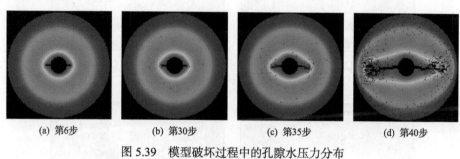

(a) 第6步　　　　　　(b) 第30步　　　　　　(c) 第35步　　　　　　(d) 第40步

图 5.39　模型破坏过程中的孔隙水压力分布

　　为进一步分析预制裂缝角度对水压裂的影响，在 15MPa 等围压下，改变预制裂缝角度来模拟钻孔的起裂破坏行为。设预制裂缝角度 $\alpha=0°$、$15°$、$30°$、$45°$、$60°$，其余模型参数与前面相同，初始水压力为 2MPa，此后单步增量值为 1MPa，逐步加载直至岩层完全破裂为止。

　　不同预制裂缝角度下的孔隙水压力如图 5.40 所示。从图中可以看出，在力学参数相同及围压相等的条件下，随着预制裂缝角度的改变，水压力裂纹的扩展方向也发生改变，裂纹基本上是顺着预制裂缝的方向沿直线向前扩展，说明预制裂缝对裂纹扩展起导向作用。不同预制裂缝角度下的起裂压力及失稳扩展压力如图 5.41 所示。从图中可以看出，在不同预制裂缝角度下模型钻孔起裂压力完全

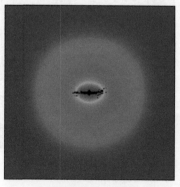

(a) 钻孔起裂压力27.4MPa　　　　　　　(b) 钻孔失稳扩展压力34.3MPa

(1) $\alpha=0°$

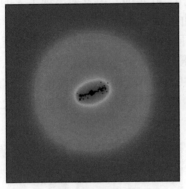

(a) 钻孔起裂压力27.4MPa　　　　　(b) 钻孔失稳扩展压力30.38MPa

(2) α=15°

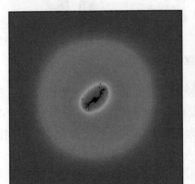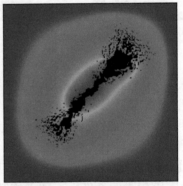

(a) 钻孔起裂压力27.4MPa　　　　　(b) 钻孔失稳扩展压力27.4MPa

(3) α=30°

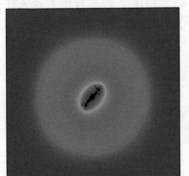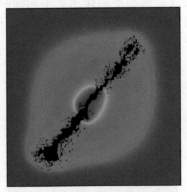

(a) 钻孔起裂压力27.4MPa　　　　　(b) 钻孔失稳扩展压力30.38MPa

(4) α=45°

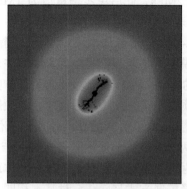 

(a) 钻孔起裂压力27.4MPa　　　　(b) 钻孔失稳扩展压力28.4MPa

(5) $\alpha = 60°$

图 5.40　不同预制裂缝角度下的孔隙水压力

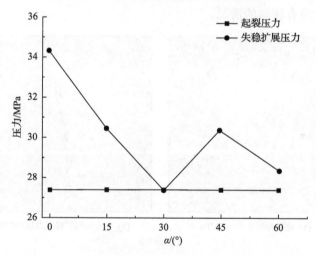

图 5.41　不同预制裂缝角度下的起裂压力及失稳扩展压力

相同，而随着预制裂缝角度的增大，模型的钻孔失稳扩展压力整体呈现下降趋势，当预制裂缝角度为 30°时，模型的钻孔失稳扩展压力达到最小值，此时钻孔失稳扩展压力与钻孔起裂压力相等。不同预制裂缝角度下，模型的钻孔起裂压力与失稳扩展压力不同的原因可能是模型材料具有非均质性。

7) 不同侧压系数对顶板水压致裂影响数值分析

由于煤矿大多受多期地质构造运动影响，深部岩体的工程应力环境较为复杂，尤其是当矿区内含有较大的地质构造体时，其构造应力往往会对冲击地压的发生造成较大影响。在一定的埋深条件下，煤岩体的侧压系数对顶板水压致裂的效果具有一定影响。为此，选取了四组不同侧压系数 $\lambda = 0.5$、1、1.5、2，模拟分析不同侧压系数对顶板水压致裂的影响。模型采用平面应变问题进行计算，网格划分为 200×200 个细观单元，初始水压力为 2MPa，此后单步增量值为 1MPa，逐步加载至模型失效，其他物理力学参数参照表 5.3。

　　不同侧压系数下的孔隙水压力如图 5.42 所示。从图中可以看出，当侧压系数 $\lambda=0.5$ 时，垂直方向为最大主应力方向，模型从预制裂缝尖端起裂，但并未沿着预制裂缝方向扩展，而是向上发生了明显的转动，左右两边都转向垂直方向扩展；当侧压系数 $\lambda=1$ 时，裂缝的扩展方向与预制裂缝的方向几乎相同，由预制裂缝尖端向外扩展，说明预制裂缝对裂缝的扩展起到了明显的导向作用；当侧压系数 $\lambda=1.5$ 时，水平方向为最大主应力方向，两端主裂纹都从预制裂缝尖端产生，但裂缝的扩展方向发生了明显的偏转，左右两侧都偏向水平方向扩展，未体现预制裂缝的导向作用；当侧压系数 $\lambda=2$ 时，裂缝扩展方式与 $\lambda=1.5$ 时基本相同，但在起裂之前向水平方向扩展的趋势更加明显，最终裂缝的破坏压力也相应增加。因此，在不同侧压系数下，水压致裂裂纹全部沿着最大地应力方向（或垂直最小地应力方向）扩展，中途没有转向的情况。

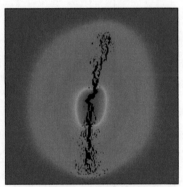

(a) 钻孔起裂压力14.7MPa　　　　　(b) 钻孔失稳扩展压力16.6MPa

(1) $\lambda=0.5$

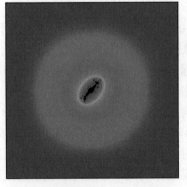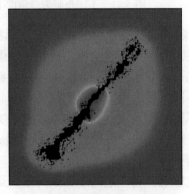

(a) 钻孔起裂压力27.4MPa　　　　　(b) 钻孔失稳扩展压力30.38MPa

(2) $\lambda=1$

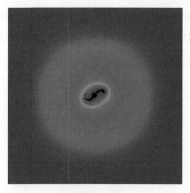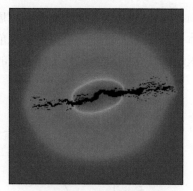

(a) 钻孔起裂压力27.4MPa　　　　(b) 钻孔失稳扩展压力28.7MPa

(3) λ=1.5

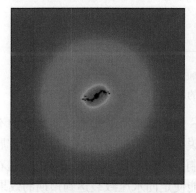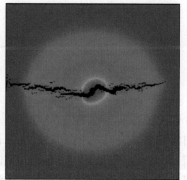

(a) 钻孔起裂压力26.4MPa　　　　(b) 钻孔失稳扩展压力33.3MPa

(4) λ=2

图 5.42　不同侧压系数下的孔隙水压力

　　不同侧压系数下的起裂压力及失稳扩展压力如图 5.43 所示。从图中可以看出，随着测压系数的改变，模型的钻孔起裂压力和失稳扩展压力均发生明显改变，当侧压系数 λ=0.5 时，钻孔起裂压力和失稳扩展压力均远小于其他三种侧压系数下的钻孔起裂压力和失稳扩展压力，但整体上失稳扩展压力都明显高于起裂压力。同时对水压致裂的破坏机理进行初步分析，破坏过程主要包括起裂阶段和裂纹扩展阶段。在起裂阶段，钻孔内压力迅速增加，能量快速积聚，在预制裂缝两侧存在明显的应力集中现象，导致尖端区域受拉应力作用并在其中不断形成微裂纹。在微裂纹增加到一定数量后开始相互贯通形成宏观主裂纹，模型从预制裂缝尖端起裂。在裂纹扩展阶段，水压力增加，孔洞中的水流不断涌向裂纹中，水压力沿着裂隙向远处扩散，使得裂纹逐渐向两侧扩展，但由于材料非均匀性的影响，其路径并不光滑平直，而是会发生一定的偏转。同时，在主裂纹扩展过程中，会生成许多分枝裂纹，两条相邻的分枝裂纹可能会逐渐贯通。在该阶段后期，当水压力增大到一定程度时，主裂纹会迅速扩展，伴生出许多不规则的分叉裂纹，模型开始整体失稳破坏。另外，对模型失稳前的裂纹形状进行观察，发现在相同条件下，侧压越大，主裂纹出现分叉现象前的扩展距离也越长。

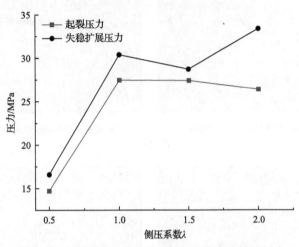

图 5.43　不同侧压系数下的起裂压力及失稳扩展压力

综合以上分析可知，在主应力方向一定的前提下，随着侧压系数的不同，裂缝会转向沿着最大主应力的方向扩展，说明最大主应力的方向对裂缝扩展起绝对控制作用。因此，当地应力作用时，预制裂缝的导向作用是有限的，随着侧压系数的不同，只有合适的预制裂缝角度才能使定向水压致裂达到预期的效果。

5.2.2　深孔顶板预裂爆破力构控制技术

1. 深孔顶板预裂爆破防冲机理及类型

深孔顶板预裂爆破是以煤层上方难垮易聚弯曲弹性能量的厚硬顶板为目标，通过在巷道内向厚硬顶板所在层位钻孔并实施装药爆破，利用炸药瞬时起爆产生的应力波对厚硬顶板岩层进行损伤破坏，爆孔内无临空自由面，爆破应力波在爆破三维空间内呈柱面向外传播，致使爆孔周边岩体处于三向高挤压应力状态，且大部分的爆破冲击动能损耗于此，并形成粉碎压缩区，其范围为装药半径的3~7倍。深孔顶板预裂爆破旨在破坏顶板岩层的完整性，促进顶板裂隙发育，并非破碎顶板或崩落岩层，所以要尽量减小粉碎压缩区的范围。

随着应力波传递范围的扩大以及破碎岩层介质的能量耗散，在粉碎区外侧爆破应力波以弹性波向外扩展传递并产生径向压缩回弹，由于顶板岩体力学环境的复杂性以及岩体介质自身的非均质性，不同位置处质点力学响应和变形趋势离散不均，剪切裂隙应运而生。同时，爆破产生的高温爆轰气体因体积扩容楔入岩体裂隙并在裂隙尖端产生应力集中，促使粉碎区外部岩体裂隙进一步扩展发育。

在上述多种应力作用下，粉碎区外侧一定范围内径向裂隙、切向裂隙、剪切裂隙交错贯通，形成爆破裂隙区。由断裂力学可知，压剪复合应力作用下，爆破裂隙区内岩体裂隙尖端起裂应力强度因子 K 可以采用叠加法进行计算，即

$$K = K_{\mathrm{II}} + K_{\mathrm{II}}' = 2\sqrt{\frac{\pi a}{3}}\left(\tau_{\mathrm{a}} + \tau_{\max}\left|K_{\mathrm{II}}^{(2)}\right|\right) \tag{5.18}$$

式中，a 为裂纹长度；K_{II} 为原岩应力产生的 II 型静态应力强度因子；K_{II}' 为爆破应力波在岩体裂隙表面发生拉伸时产生的 II 型动态应力强度因子；τ_{a} 为裂隙面上的有效应力；$\tau_{\max}$ 为爆破应力波震面上的最大剪应力。由于原岩应力相对固定，裂隙区扩展半径主要取决于爆破应力波所产生的动态应力强度因子大小。在爆破应力波强度一定的前提下，当入射波与裂隙面夹角近似为 90°时，$\left|K_{\mathrm{II}}^{(2)}\right|$ 达到最大值，此时，爆破应力波对压剪复合作用下裂隙区的裂隙扩展扰动最大。

另外，爆破产生的强力冲击波不仅可以改变顶板岩体力学的介质属性，降低岩体内部结构单元储能能力，对顶板岩体的结构力学效应和破断特征也有较大影响。首先，顶板岩层在上覆岩层自重应力和工作面采动应力叠加作用下而产生变形并在岩体单元内部积聚大量的弹性能量，处于高能级非稳定平衡状态。由极限平衡理论和能量守恒定律可知，随着爆孔周边粉碎区和裂隙区岩体内部结构单元的损伤破坏，积聚在其内部的弹性能量得以释放，主要用于顶板裂隙的扩展和岩体的震动，此时顶板岩层进入低能级的稳定平衡状态。顶板岩层积聚的弹性能量越高，爆破扰动岩体释放的能量越多，影响的范围越大，稳定后的顶板岩体结构越稳定。其次，随着裂隙区裂隙的扩展，相邻爆破之间的裂隙连通贯穿，进而在厚硬岩层内部人为制造了结构破断弱面，外部应力逐渐向此处集中，改变了岩体内部结构的应力分布状态。同时，随着工作面的推进，顶板厚硬岩层往往沿结构弱面处发生断裂，采场上覆岩层的破断结构和采场空间应力分布得以优化，顶板动压灾害得以控制。

煤岩冲击倾向性是冲击地压发生的内在因素，高应力集中是冲击地压发生的必备条件。因此，深孔顶板预裂爆破力构协同防冲原理是：以对采场矿山压力影响显著的难垮厚硬岩层为目标，通过对厚硬岩层中下部应力集中区进行钻孔装药，借助爆破产生的强力冲击动载破岩作用、高温高压高速爆轰气体的冲击气楔作用和热交换回弹拉伸作用对顶板进行损伤破坏，改变顶板岩体力学的介质属性，降低岩体内部结构单元的储能能力；爆破产生的强烈震动效应促使处于高能级非稳定动态平衡状态的弯曲厚硬顶板的能量释放，进入低能级的稳定平衡状态。此外，通过调整爆孔布置方式使得相邻爆孔之间裂隙的贯通形成岩层结构破断弱面，切断顶板连续传递应力和能量条件的同时，利用顶板岩层结构的力学效应，使其在矿山压力作用下沿预定位置弯曲破断，具有弱化顶板岩层介质力学属性和优化岩

层破断结构的双重作用。

根据采场上覆厚硬岩层、采掘工作面巷道布置及深孔顶板预裂爆破地点三者的时空相对关系，深孔顶板预裂爆破技术用于厚硬顶板冲击地压防治可以分为以下三种类型：

(1)末采阶段爆破。针对工作面初采阶段、末采阶段，厚硬顶板往往造成初次来压步距较长，工作面后形成较大的悬顶夹持挤压工作面煤体，造成工作面煤壁煤块弹射或顶板突然垮断而压死支架。因此，在工作面液压支架安装以前，利用切眼内的有利空间分别对工作面支架后以及上下顺槽端头附近的顶板厚硬岩层进行预裂爆破，人为制造裂隙以切断工作面顶板岩层与周边岩体的联系，促使其随着工作面的推进能够及时垮断，降低顶板初次来压的强度。在工作面进入末采阶段后，需在停采线与采区大巷之间开掘主(辅)回撤通道用于设备回收，一方面随着工作面的推进，采区大巷及工作面之间的煤体近似两面临空大煤柱且尺寸不断减小，整体应力水平较高；另一方面在工作面超前采动应力、辅运顺槽侧向应力以及上覆岩层自重应力的作用下，靠近停采线的主回撤通道所处应力环境进一步增大，若工作面后采空区形成大范围悬顶，则其突然垮断所形成的高动载荷与主回撤通道高静载荷相叠加，易诱发冲击地压显现，为此在主(辅)回撤通道内向工作面方向施工深孔顶板预裂爆破，改变停采线附近顶板结构力学效应，促使厚硬顶板在回撤通道外部及时断裂，降低回撤通道的围岩压力，保证设备顺利回收。此外，停采线大多位于采区大巷附近，在回撤通道附近切断采空区上方的悬露顶板，避免采场大范围覆岩空间结构压力拱脚作用于大巷，造成大巷变形破坏。末采阶段爆破如图 5.44(a)所示。

(2)超前预裂爆破。回采期间，根据工作面周期来压步距，在工作面超前支承压力影响范围内的两顺槽内，沿巷道走向朝工作面实体煤侧上方厚硬顶板施工爆

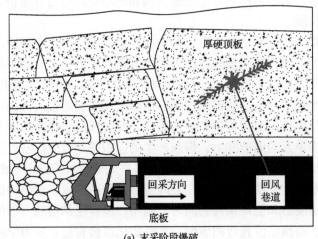

(a) 末采阶段爆破

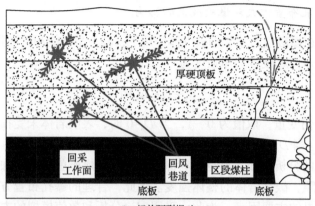

(b) 超前预裂爆破

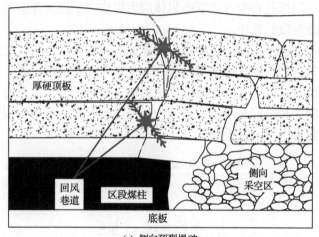

(c) 侧向预裂爆破

图 5.44　顶板深孔预裂爆破防冲类型划分

破孔，增加顶板裂隙发育，促使其在超前支承压力的作用下及时垮断，避免支架后形成长距离悬顶挤压工作面煤体，造成工作面冲击。在现场应用过程中，大多采用扇形布孔方式，利于空间爆破裂隙的竖向贯穿，同时开孔方向与工作面推进方向相对，以期形成斜切下行破裂断面，有利于顶板回转垮断。超前预裂爆破如图 5.44(b) 所示。

(3) 侧向预裂爆破。针对重复采动巷道或临采空区巷道，为了避免因侧向采空区悬露顶板回转挤压煤柱，造成煤柱应力集中而形成冲击，在巷道肩窝处向煤柱上方厚硬顶板进行预裂爆破，促使采空区侧向顶板在煤柱外侧或靠近采空区侧破断，减小侧向悬露顶板对煤柱的夹持挤压应力，降低煤柱应力集中程度，避免煤柱型冲击地压发生。侧向预裂爆破如图 5.44(c) 所示。

2. 不同爆孔布置方式对爆破效果的影响

顶板岩层在爆破应力波和爆破气体作用下，其力学性能和材料强度发生改变，由损伤力学可知，爆破后岩体强度为

$$\sigma_s = (1 - D_s)\sigma \tag{5.19}$$

式中，D_s 为损伤变量，取值为 0～1，当 D_s=0 时，表明岩体未受损伤，处于弹性区，强度为 σ；当 D_s=1 时，表明岩体完全破坏，强度为 0。

由第 4 章的分析可知，沿空煤巷深孔顶板预裂爆破就是要增加区段煤柱上方厚硬顶板的裂隙，破坏岩体的整体强度。因此，合理的爆孔布置方式和爆孔间距是影响爆破效果的主要因素。为此，采用理论分析和数值模拟的方式研究三花式和直线式两种不同爆孔布置方式下的岩体应力损伤和塑性发育情况，进而指导现场深孔顶板爆破参数的选择。

首先，深孔顶板预裂爆破过程是一个爆破应力波能量不断转化为新破碎岩体表面能的准静态过程，爆破后岩体内裂隙发生扩展并在局部积聚，新裂隙和岩体块度的分形维数具有时空特征，爆破形成的块体和裂隙分形维数越大，爆破应力波用于新表面能的耗散能量越多，岩体内的裂隙越发育，爆破预裂效果越好。分形维数与耗散能量之间的关系如下：

$$D_f = a + b\lg E \tag{5.20}$$

式中，

$$a = \frac{\lg E}{\lg r}, \quad b = 3 - \frac{\lg C}{\lg r}$$

式中，C 为材料相关常数；r 为爆孔间距。

对于三花式爆孔布置方式，假设爆孔排距为 $2d$，间距为 l，对于自相似性曲线，分形维数 D_f 可以表示为

$$D_f = \frac{\lg N}{\lg \dfrac{l}{\sqrt{l^2 + 4d^2}}} \tag{5.21}$$

式中，N 为等长折线段的条数。在相同的条件下，当采用三花式爆孔布置方式时，取 N=2，间距 l=10m，排距 $2d$=2.2m，其分形维数 D_f=1.15；当采用直线式爆孔布置方式时，N=1，间距 l=10m，排距 $2d$=0m，其分形维数 D_f=1.0。

由此得出，三花式爆孔布置方式明显优于直线式爆孔布置方式。

其次，为了进一步分析两种爆孔布置方式下，岩体的应力变化以及塑性区的

发育情况，利用有限元分析软件 ANSYS 软件中的 LS-DYNA 模块进行模拟计算。

1）模型建立及参数选择

受实际问题的复杂性和等效建模的简化性的限制，实际模拟过程中不可能将所有的炮眼都包含在有限元模型中。为了等效实际情况便于分析，对比不同爆孔布置方式的优劣以及兼顾倾斜爆孔在有限元建模时的难度，建立矩形模型进行模拟。将矩形模型旋转 45°等价于钻孔倾角变为 45°，将此时的爆孔模拟结果与未旋转前的爆孔模拟结果进行对比发现，模拟结果不受钻孔倾角的影响。采用PROE 软件进行初期三维模型建立，将建好的三维模型导入 Hypermesh 软件中，对其进行进一步的网格划分和参数赋予。深孔顶板预裂爆破数值模型如图 5.45所示。

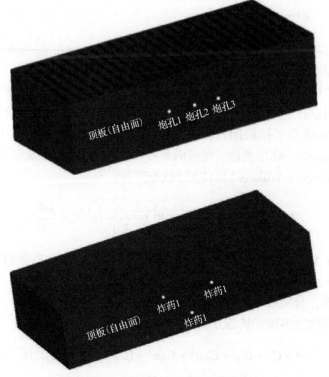

图 5.45　深孔顶板预裂爆破数值模型

设置网格划分采用自动划分方法，共生成网格 25 万个。该模型共六面，其中五面设置为无反射边界条件，一面顶板面设置为反射边界条件。当应力波传递至无反射边界面时，会继续向外传递直至耗散，当应力波传递至顶板面时，会发生反射，继续对岩体进行作用，模型尺寸为 80m×80m×30m。爆破使用的炸药类型为乳化炸药。爆破数值模型的力学参数如表 5.4 所示。

表 5.4　爆破数值模型的力学参数

参数	数值
模型密度/(kg/m^3)	2130.8
单轴抗压强度/MPa	43.94
单轴抗拉强度/MPa	2.85
弹性模量/GPa	11.11
内聚力/MPa	6.0
泊松比	0.225
不耦合系数	1.4
炸药密度/(kg/m^3)	1.3
炸药爆速/(m/s)	3600
空气密度/(kg/m^3)	1.29×10^{-3}
应变率系数	0.7

2) 本构模型及状态方程

针对爆破模拟，需要对岩石、炸药及空气的变形破坏设置一个固定算法，本次模拟使用的固定算法为：岩石参数算法采用经典拉格朗日算法；乳化炸药和空气的变形算法采用结合了拉格朗日算法和流变算法的任意拉格朗日-欧拉(arbitrary Lagrangian-Eulerian, ALE)算法，能够满足对大变形爆破应力波及空气进行模拟。

爆破采用 Jones-Wilkins-Lee(JWL)状态方程[214]：

$$P = A\left(1 - \frac{\omega}{R_1 V}\right)e^{-R_1 V} + B\left(1 - \frac{\omega}{R_2 V}\right)e^{-R_2 V} + \frac{\omega E_0}{V} \tag{5.22}$$

式中，A 和 B 为炸药属性参数，分别为 214GPa 和 1.82GPa；E_0 为初始比内能，取为 4.2GPa；e 为单位体积爆轰能，为 4.19GPa；P 为爆破压力；R_1、R_2 和 ω 为炸药无量纲参数，分别取 4.2、0.9 和 0.15；V 为初始相对体积。

空气采用线性多项式状态方程：

$$P = C_0 + C_1\mu + C_2\mu^2 + C_3\mu^3 + (C_4 + C_5\mu + C_6\mu^2)E \tag{5.23}$$

式中，多项式参数 C_0=0.1、C_4=0.4、C_5=0.4，单位体积初始内能 E=25MPa，其余参数均设置为 0。

3) 模拟方案

本次模拟重点对比直线式、三花式和深浅组合式三种不同爆孔布置方式下，爆孔间距和爆孔深度对顶板预裂爆破效果的影响。选取垂直于装药中点位置的剖面进行模拟分析。模拟是对炸药布置局部区域的简化模拟，因此设置了其中一个面为自由面，其余五个面为无反射边界面，自由面的方向和爆孔的方向是相交的。装药半径为 50mm，装药长度为 8m，三种爆孔布置方式的爆孔间距均为沿中线位置的投影距离。三种爆孔布置方式的三维模型如图 5.46 所示。不同爆孔布置方式下爆破效果模拟方案如表 5.5 所示。

爆破属于瞬态作用过程，对岩体的作用时间一般在 5ms 以内，因此本模拟分别记录了直线式、三花式、深浅组合式三种不同爆孔布置方式下，爆孔起爆后 5ms 内的应力、塑性破坏区等评价参量随时间的演化过程。为了便于分析，从 Mises

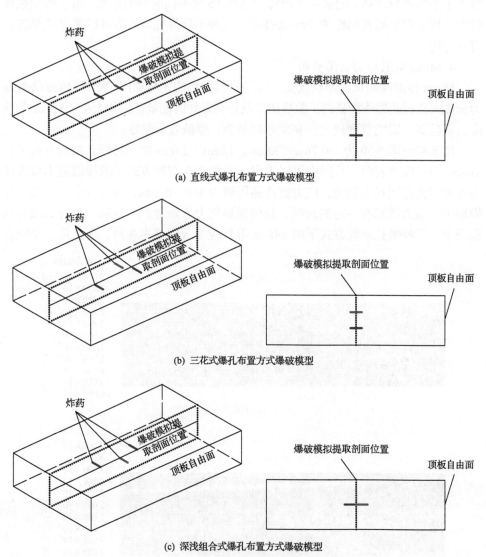

(a) 直线式爆孔布置方式爆破模型

(b) 三花式爆孔布置方式爆破模型

(c) 深浅组合式爆孔布置方式爆破模型

图 5.46 三种爆孔布置方式的三维模型

表 5.5 不同爆孔布置方式下爆破效果模拟方案

爆孔布置方式	爆孔间距/m	爆孔深度/m
直线式	8, 10, 12	45
三花式	8, 10, 12	45
深浅组合式	8, 10, 12	45+37

等效应力云图、剪应力云图、塑性破坏区以及典型质点的有效应力和位移变化趋势 5 个指标进行评估，记录并比较每个指标 15 个不同时刻的结果。由于模拟数量较大，所以仅对爆孔间距为 8m 条件下，三种不同爆孔布置方式的爆破效果进行对比分析。

4) Mises 等效应力云图分析

Mises 强度准则认为形状改变比能是材料破坏的主要原因。采用 Mises 等效应力云图可以反映爆炸能量的扩散规律以及炸药爆炸的能量范围和大小。Mises 等效应力值越高，影响范围越大，衰减速度越慢，爆破效果越好。

图 5.47～图 5.50 为 t=0.2ms、0.8ms、1.2ms、2.6ms 时三种爆孔布置方式下的 Mises 等效应力云图。从图中可以看出，三种爆孔布置方式下的爆破应力波传递速率和传递范围基本相同，应力波传递周期为 0.6～0.8ms，在每一个应力波传递周期中，应力波都有一定的衰减，拉伸破碎能力逐渐降低。在第一个应力波传递周期中，三种爆孔布置方式下的 Mises 等效应力云图基本相同。但从第二个应力

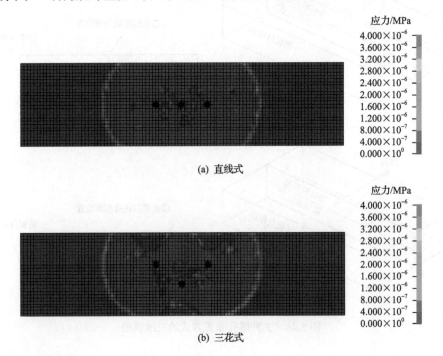

(a) 直线式

(b) 三花式

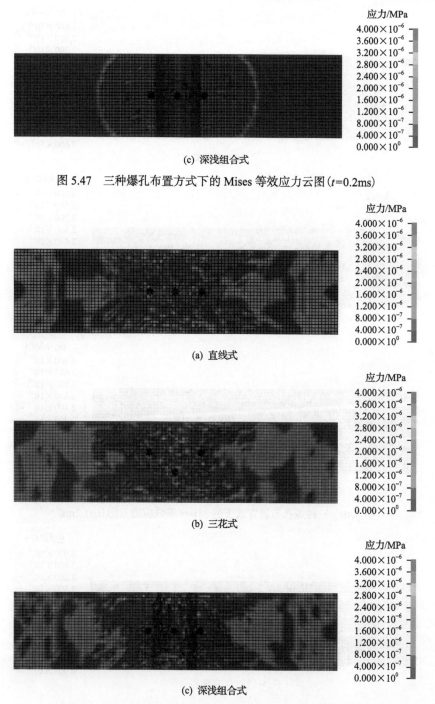

(c) 深浅组合式

图 5.47　三种爆孔布置方式下的 Mises 等效应力云图(t=0.2ms)

(a) 直线式

(b) 三花式

(c) 深浅组合式

图 5.48　三种爆孔布置方式下的 Mises 等效应力云图(t=0.8ms)

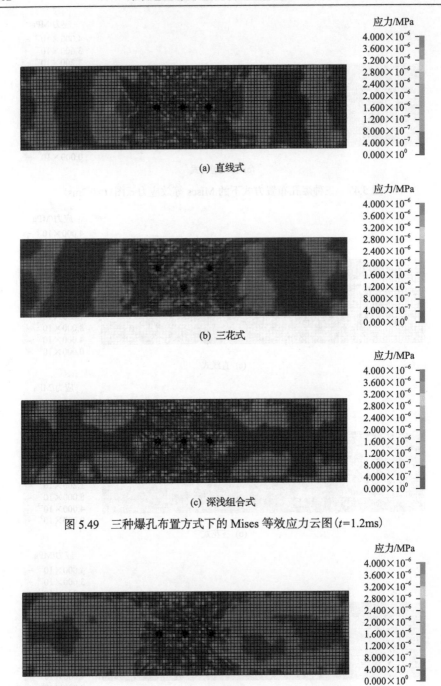

(a) 直线式

应力/MPa

(b) 三花式

应力/MPa

(c) 深浅组合式

图 5.49　三种爆孔布置方式下的 Mises 等效应力云图(t=1.2ms)

应力/MPa

(a) 直线式

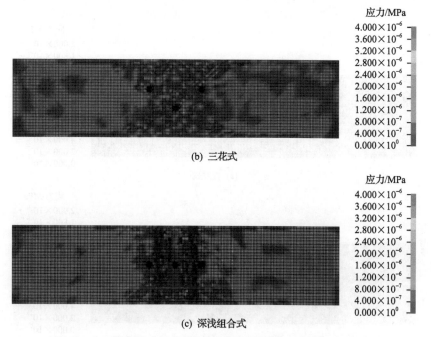

应力/MPa
4.000×10⁻⁶
3.600×10⁻⁶
3.200×10⁻⁶
2.800×10⁻⁶
2.400×10⁻⁶
2.000×10⁻⁶
1.600×10⁻⁶
1.200×10⁻⁶
8.000×10⁻⁷
4.000×10⁻⁷
0.000×10⁰

(b) 三花式

应力/MPa
4.000×10⁻⁶
3.600×10⁻⁶
3.200×10⁻⁶
2.800×10⁻⁶
2.400×10⁻⁶
2.000×10⁻⁶
1.600×10⁻⁶
1.200×10⁻⁶
8.000×10⁻⁷
4.000×10⁻⁷
0.000×10⁰

(c) 深浅组合式

图 5.50　三种爆孔布置方式下的 Mises 等效应力云图(t=2.6ms)

波传递周期开始，Mises 等效应力峰值和传递范围明显表现为深浅组合式＞三花式＞直线式。在随后的几个应力波传递周期中，三种爆孔布置方式的应力波均迅速衰减，但衰减速度呈深浅组合式＜三花式＜直线式。由此可见，在 Mises 应力峰值大小、作用范围以及作用时间上，深浅组合式爆孔布置方式优于三花式和直线式，分析原因在于深浅组合式爆孔布置方式提高了爆破的分形维数，增大了爆破裂隙及裂隙多向发展的可能性，这些裂隙有助于应力波的反射，降低能量衰减速度，延长了爆破衰减能量作用岩石的时间，同时高压爆轰气体进入裂隙进一步促进了裂隙的扩展和发育，从而使得爆破效果更好。

5）剪应力分布云图

图 5.51～图 5.54 为 t=0.2ms、1.2ms、2ms、3.2ms 时三种爆孔布置方式下的剪应力云图。从图中可以看出，不同爆孔布置方式下的剪应力云图与 Mises 等效应力云图扩展规律类似。爆炸初期前 5ms 剪应力传递过程大致相同。当爆炸波形成叠加和经过自由面的反射时，三种间距爆孔布置方式剪应力叠加。在前 2ms，三花式爆孔布置方式和深浅组合式爆孔布置方式的剪应力范围和峰值均高于直线式爆孔布置方式。当爆炸波叠加和经过自由面的多轮反射时，直线式爆孔布置方式和三花式爆孔布置方式的应力波衰减明显，深浅组合式爆孔布置方式的剪应力波衰减较前两种方式要弱一些。因此，深浅组合式的剪应力持续时间更长，对岩石的作用更显著，对顶板岩石及其上方岩石的破坏更严重，达到了更好的破岩效果。

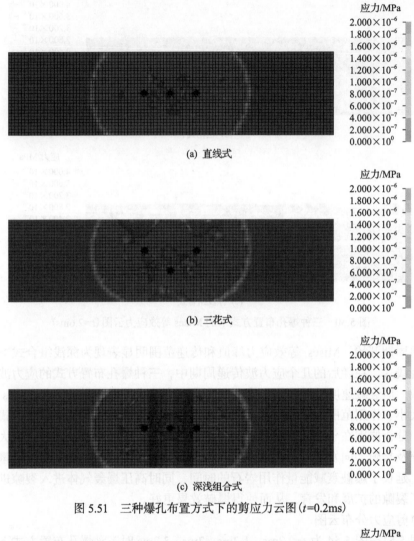

图 5.51　三种爆孔布置方式下的剪应力云图(*t*=0.2ms)

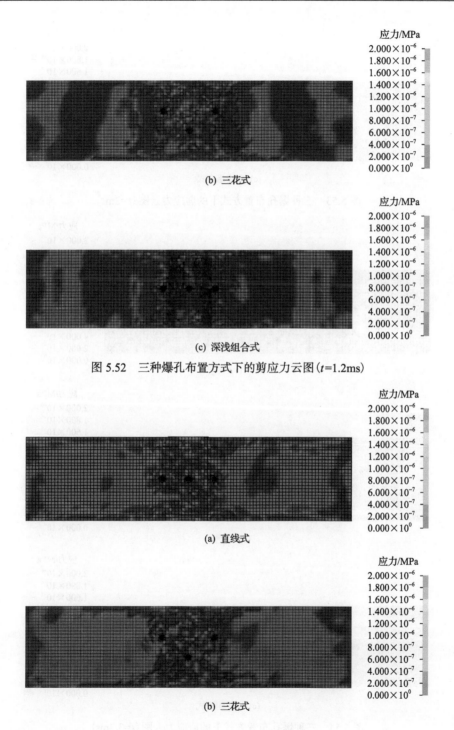

(b) 三花式

(c) 深浅组合式

图 5.52 三种爆孔布置方式下的剪应力云图(t=1.2ms)

(a) 直线式

(b) 三花式

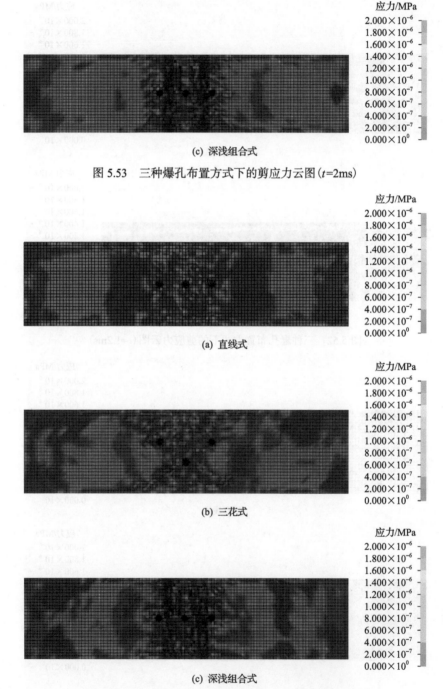

(c) 深浅组合式

图 5.53　三种爆孔布置方式下的剪应力云图(t=2ms)

(a) 直线式

(b) 三花式

(c) 深浅组合式

图 5.54　三种爆孔布置方式下的剪应力云图(t=3.2ms)

6) 塑性破坏区分析

对于岩石，一般认为当岩石应变达到 0.3%时，开始发生塑性变形，达到 0.5% 时即发生了破坏。在爆破冲击载荷作用下，其应力-应变过程更加复杂，塑性变形大于 0.3%时可能就会产生裂隙，局部甚至可能已经发生断裂。

图 5.55～图 5.58 为 $t=0.1ms$、0.4ms、2.5ms、4.5ms 时三种爆孔布置方式下的爆孔周围塑性破坏对比。从图中可以看出，在开始阶段，三种方案下的岩石塑性破坏区形态类似，形成圆形或类圆形的塑性破坏区。随着应力波的持续作用，塑性破坏区逐渐扩大并在 2.5ms 时达到最大，之后塑性破坏区范围变化不明显，但塑性破坏区的塑性变形持续增大，说明衰减后的爆破应力波对塑性破坏区或破碎区的作用仍然持续，图中深浅组合式的塑性破坏区变形明显大于三花式和直线式。同时，尽管三种方案在爆孔附近的损伤分布范围基本相同，但总体分布形态有很大不同。直线式爆孔布置方式爆破后整个破碎区近似连成一条直线，三花式和深浅组合式爆孔布置方式爆破后的破碎区呈锯齿状，岩体中的裂纹分叉更多，断面粗糙度更高。从分形几何和岩石爆破损伤模型来看，深浅组合式和三花式爆孔布置方式爆破后的分形维数要大于直线式，爆破能量利用更充分，爆破块度更碎裂均匀。

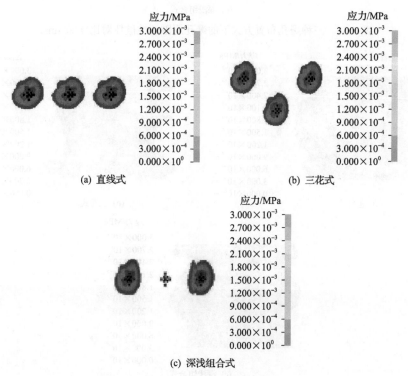

(a) 直线式　　　　　(b) 三花式

(c) 深浅组合式

图 5.55　三种爆孔布置方式下的爆孔周围塑性破坏对比($t=0.1ms$)

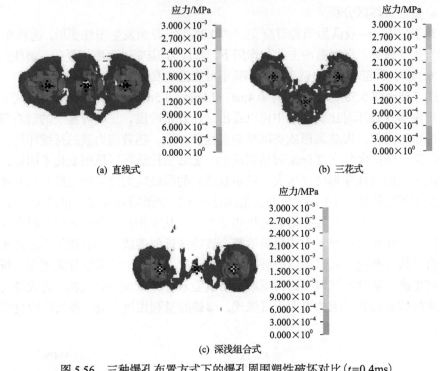

(a) 直线式 (b) 三花式

(c) 深浅组合式

图 5.56　三种爆孔布置方式下的爆孔周围塑性破坏对比(t=0.4ms)

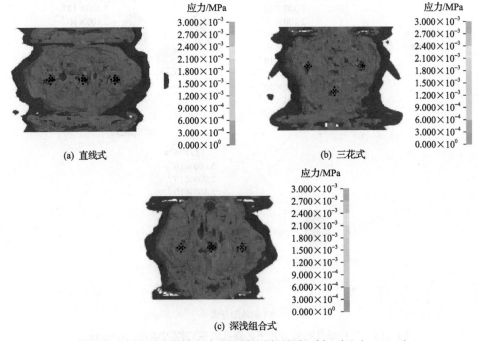

(a) 直线式 (b) 三花式

(c) 深浅组合式

图 5.57　三种爆孔布置方式下的爆孔周围塑性破坏对比(t=2.5ms)

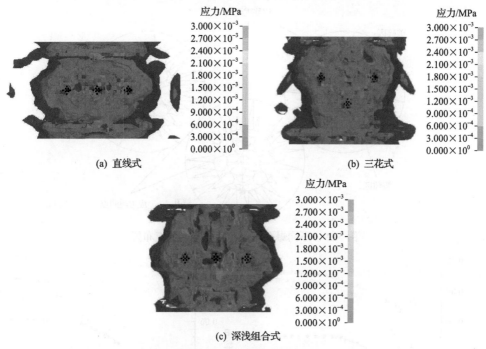

图 5.58　三种爆孔布置方式下的爆孔周围塑性破坏对比（t=4.5ms）

7）位移场及有效应力场分析

由于位移场和应力场后处理信息较大，这里只选取 3 个典型位置的位移场和 2 个关键点位的应力场变化进行观测。设置位移观测点的目的是观测爆破过程中发生塑性变形区域的效果。在三花式爆孔布置方式中，三个爆孔呈三角形分布，受三孔释放能量交叉的影响，在三孔横向中线的爆破效果最好。岩石爆破的破碎区直径为爆孔直径的 5～6 倍，裂隙或损伤区直径为 10～20 倍甚至更多。因此，在距离爆孔直径 20 倍距离的正上方边缘和正下方边缘处分别选取观测点进行位移观测。应力观测点的选取需要考虑相邻爆孔间的相互作用，观测应力波传递过程中，相邻爆孔之间相互影响，故应力观测点应选在相邻爆孔连线的中点上，这里应力变化最为复杂，也最能反映爆破前 5ms 内的应力变化情况。不同爆孔间距下位移-应力测点布置如图 5.59 所示。

图 5.60 为不同爆孔布置方式下的位移场及等效应力变化曲线。从图中可以看出，在爆破初始阶段，三种爆孔布置方式下观测点的位移随着时间的增加逐渐增大，大约在 2.5ms 处位移曲线变化斜率逐渐减小，这与前面 Mises 等效应力经过三个传递周期后大幅减弱以及塑性破坏区 2.5ms 后不再继续扩展相吻合。但通过分项对比发现，比较三种爆孔布置方式下位移场的变化速度及峰值大小的结果是：深浅组合式＞三花式＞直线式，其中深浅组合式和三花式的位移场的变

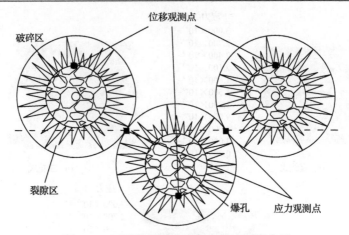

图 5.59　不同爆孔间距下位移-应力测点布置

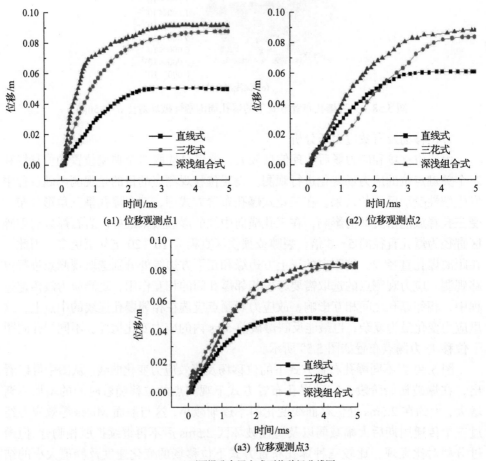

(a1) 位移观测点1

(a2) 位移观测点2

(a3) 位移观测点3

(a) 不同爆孔布置方式下位移场曲线图

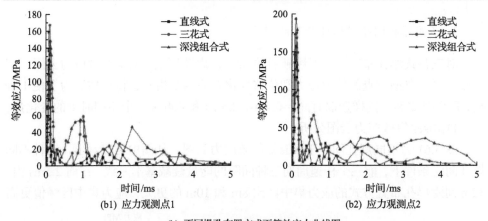

(b1) 应力观测点1　　　　　　　　(b2) 应力观测点2

(b) 不同爆孔布置方式下等效应力曲线图

图 5.60　不同爆孔布置方式下的位移场及等效应力变化曲线

化速度及峰值在传递后期几乎相同。这说明随着这两种爆孔布置方式分形维数的提高，应力叠加更加复杂，破岩碎石效果更好。

　　从图 5.60(b)可以看出，在爆炸开始后的第一个应力波传递周期，三种方式下的 Mises 等效应力均急剧增长至峰值后迅速降低，区分并不明显。但从第二个开始的后续几个应力波传递周期里，虽然三种方式的 Mises 等效应力均因对岩石产生反向拉伸破坏作用而明显衰减，但深浅组合式爆孔布置方式的 Mises 等效应力幅值整体高于三花式和直线式爆孔布置方式。由于 Mises 等效应力的大小决定了应力波对岩体拉伸作用产生裂隙的数量和大小，Mises 等效应力越大，应力波拉伸能量越强，产生的裂隙越多。同时，通过统计不同爆孔布置方式下 3 个位移观测点位移峰值点和 2 个等效应力峰值点与对应观测点的距离发现，深浅组合式爆孔布置方式的位移峰值点和有效应力峰值点距离观测点最远，其应力波对岩石拉伸破坏作用和能量衰减速率均优于其他两种爆孔布置方式，岩石破碎塑性区以及裂隙区扩展范围更大。不同爆孔布置方式下位移峰值与等效应力峰值对比如表 5.6 所示。

表 5.6　不同爆孔布置方式下位移峰值与等效应力峰值对比

爆孔布置方式	位移峰值/m									等效应力峰值/MPa					
	观测点 1			观测点 2			观测点 3			应力观测点 1			应力观测点 2		
	8m	10m	12m	8m	10m	12m	8m	10m	12m	8m	10m	12m	8m	10m	12m
直线式	5.01	4.46	3.72	6.11	4.22	3.56	4.91	4.25	4.00	137	136	110	156	131	111
三花式	8.74	6.41	6.15	8.39	7.39	9.84	8.23	7.83	5.69	168	149	110	175	136	119
深浅组合式	9.16	6.47	5.19	8.83	7.42	6.24	8.48	7.48	5.68	159	148	116	193	139	124

3. 不同爆孔间距对爆破效果的影响

对三花式爆孔布置方式下爆破后的 5ms 内爆孔周围 Mises 等效应力云图、塑性破坏区、典型质点的等效应力和位移变化趋势四个指标进行评估。为了便于分析，每个对比参量同样选取时间 t=0.4ms、2.5ms 和 4.4ms 三个不同时刻的变化量。

1）Mises 等效应力云图分析

图 5.61 为不同爆孔间距下 Mises 等效应力云图。从图中可以看出，三种不同爆孔间距条件下，前三个传递周期三种间距的能量衰减基本一致。在前 2.5ms 内，12m 间距爆孔布置方式的应力集中区比 8m 和 10m 的更大，应力集中区峰值更高

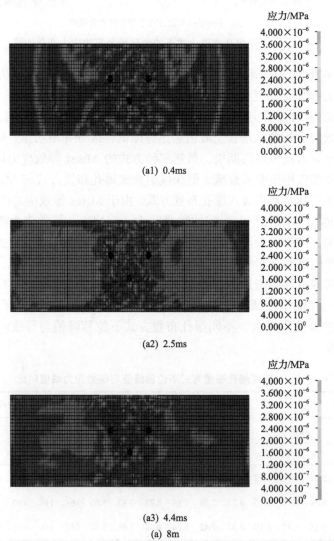

(a1) 0.4ms

(a2) 2.5ms

(a3) 4.4ms

(a) 8m

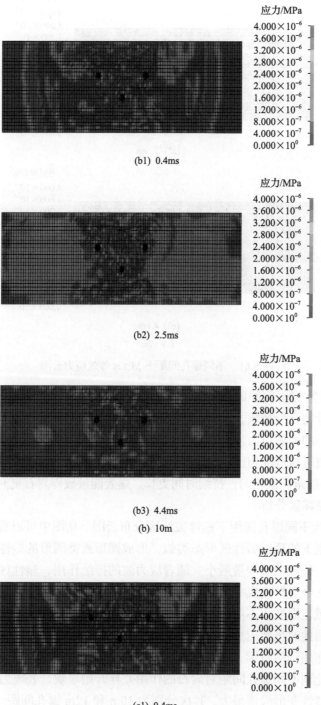

(b1) 0.4ms

(b2) 2.5ms

(b3) 4.4ms

(b) 10m

(c1) 0.4ms

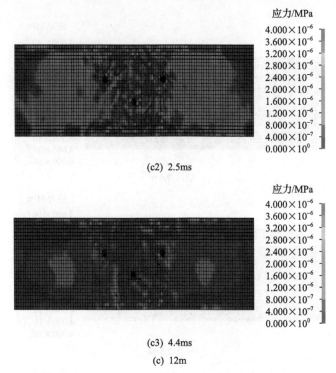

(c2) 2.5ms

(c3) 4.4ms

(c) 12m

图 5.61　不同爆孔间距下 Mises 等效应力云图

一些,这是因为 12m 间距的爆破应力波传递的波峰与波峰叠加,波谷与波谷叠加,从而达到能量的充分释放,使得应力也集中作用。但从第 3 个应力波传递周期开始, 12m 间距的爆破应力波衰减最快,其次是爆孔间距 10m 时,爆孔间距 8m 时的爆破应力波衰减程度相比更弱一些。因此,对于三角分形爆孔布置方式,爆孔间距 8m 时岩石能量释放均匀,持续时间更长,爆轰能量破碎岩石更充分。

2) 塑性破坏区分析

图 5.62 为不同爆孔间距下塑性破坏区分布云图。从图中可以看出,在开始阶段,三种间距下的顶板塑性区形态类似,形成圆形或类圆形的塑性区,中间位置应变量最大,外侧的应变量最小。随着应力波的持续作用,塑性区逐渐扩大,由三角分布的三个点扩大成一个三角面,到 2.5ms 时应变影响区域达到最大。随后应变影响区域范围变化不明显,但应变量依然持续增长,塑性变形区和塑性区持续增大,说明此时虽然应力波的能量降低,对整体岩石作用减弱,但其对塑性区或破碎区的作用仍然持续,导致塑性区或破碎区形成更多的裂纹,有助于断顶卸压。同时,此刻不同爆孔间距对岩石的作用差异开始显现,表现为 8m 爆孔间距的塑性区和塑性变形峰值最大,其次分别为 10m 和 12m 爆孔间距。因此,从塑性

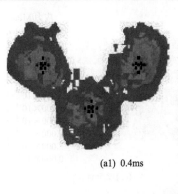

应力/MPa
3.000×10^{-3}
2.700×10^{-3}
2.400×10^{-3}
2.100×10^{-3}
1.800×10^{-3}
1.500×10^{-3}
1.200×10^{-3}
9.000×10^{-4}
6.000×10^{-4}
3.000×10^{-4}
0.000×10^{0}

(a1) 0.4ms

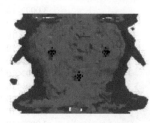

应力/MPa
3.000×10^{-3}
2.700×10^{-3}
2.400×10^{-3}
2.100×10^{-3}
1.800×10^{-3}
1.500×10^{-3}
1.200×10^{-3}
9.000×10^{-4}
6.000×10^{-4}
3.000×10^{-4}
0.000×10^{0}

(a2) 2.5ms

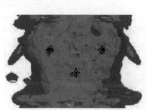

应力/MPa
3.000×10^{-3}
2.700×10^{-3}
2.400×10^{-3}
2.100×10^{-3}
1.800×10^{-3}
1.500×10^{-3}
1.200×10^{-3}
9.000×10^{-4}
6.000×10^{-4}
3.000×10^{-4}
0.000×10^{0}

(a3) 4.4ms

(a) 8m

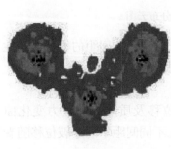

应力/MPa
3.000×10^{-3}
2.700×10^{-3}
2.400×10^{-3}
2.100×10^{-3}
1.800×10^{-3}
1.500×10^{-3}
1.200×10^{-3}
9.000×10^{-4}
6.000×10^{-4}
3.000×10^{-4}
0.000×10^{0}

(b1) 0.4ms

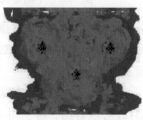

应力/MPa
3.000×10^{-3}
2.700×10^{-3}
2.400×10^{-3}
2.100×10^{-3}
1.800×10^{-3}
1.500×10^{-3}
1.200×10^{-3}
9.000×10^{-4}
6.000×10^{-4}
3.000×10^{-4}
0.000×10^{0}

(b2) 2.5ms

应力/MPa
3.000×10^{-3}
2.700×10^{-3}
2.400×10^{-3}
2.100×10^{-3}
1.800×10^{-3}
1.500×10^{-3}
1.200×10^{-3}
9.000×10^{-4}
6.000×10^{-4}
3.000×10^{-4}
0.000×10^{0}

(b3) 4.4ms

(b) 10m

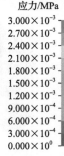

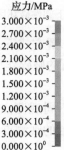

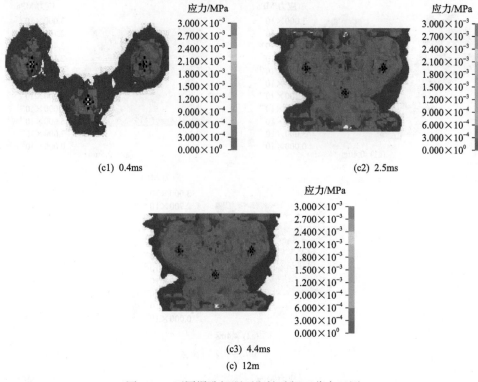

(c1) 0.4ms

(c2) 2.5ms

(c3) 4.4ms

(c) 12m

图 5.62　不同爆孔间距下塑性破坏区分布云图

破坏的角度分析也证明了在三花式爆孔布置方式下，随着爆孔间距的增大，塑性区范围和塑性变形峰值逐渐减小，对岩石的破碎作用更弱。

3) 位移场及等效应力场分析

图 5.63 为三花式爆孔布置方式下不同观测点位移及质点等效应力变化曲线。从图 5.63(a)可以看出，对于同一位置的观测点，不同间距下的爆破位移随着

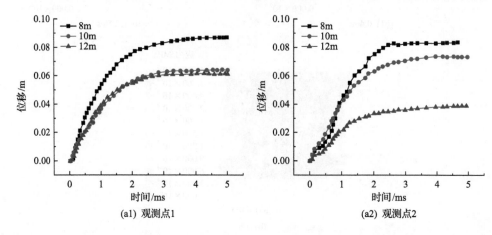

(a1) 观测点1

(a2) 观测点2

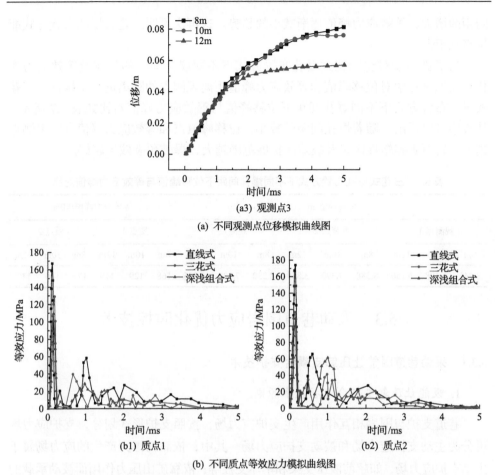

(a3) 观测点3

(a) 不同观测点位移模拟曲线图

(b1) 质点1　　　　　　　　　　　　(b2) 质点2

(b) 不同质点等效应力模拟曲线图

图 5.63　三花式爆孔布置方式下不同观测点位移及质点等效应力变化曲线

时间的增加均呈现出上升趋势，经过一段时间后（大约 2.6ms）逐渐趋于平缓。这表明炸药爆破能量对顶板岩石的塑性位移作用逐渐减弱，后续的爆破能量不足以提供使顶板岩石继续塑性变化的能量。通观对比三种不同间距下的不同观测点的位移可以得出，随着爆孔间距的增大，同一观测点的位移幅值逐渐降低，但降低效果不是十分明显。这也反映出三花式爆孔布置方式应力波叠加过程更加复杂，能量耗散更慢。

　　在不同爆孔间距下，三花式爆孔布置方式下两个质点的等效应力在爆破初期均表现为急剧增长达到峰值，随后迅速降低，完成第一个应力波传递周期。虽然应力波此时已经衰减，但在第二个应力波传递周期仍可产生较明显的回弹，其中间距 8m 的质点等效应力周期峰值明显大于间距 10m、12m 下的周期等效应力峰值，随后几个周期等效应力波幅值呈阶梯状下降，但整体上依然呈现出随着爆孔间距的增大，等效应力峰值逐渐减小的趋势。这再次说明三花式爆孔布置方式能量衰减很慢。

为了进一步对比三花式爆孔布置方式下不同爆孔间距的位移及等效应力变化，模拟过程中对位移峰值和等效应力峰值距离观测点的距离进行了统计。三花式爆孔布置方式下不同爆孔间距下位移峰值与等效应力峰值对比如表 5.7 所示。从表中可以看出，随着爆孔间距的减小，位移峰值点和等效应力峰值点距离测点越远，岩石破碎塑性区以及裂隙区扩展范围越大，爆破预裂效果越好。

表 5.7　三花式爆孔布置方式下不同爆孔间距下位移峰值与等效应力峰值对比

位移峰值/m									等效应力峰值/MPa					
观测点 1			观测点 2			观测点 3			质点 1			质点 2		
8m	10m	12m	8m	10m	12m	8m	10m	12m	8m	10m	12m	8m	10m	12m
8.741	6.408	6.150	8.388	7.390	3.869	8.230	7.828	5.685	168	129	110	175	146	119

5.3　采动巷道围岩应力优化防控技术

5.3.1　采动巷道吸能让压卸支耦合支护技术

1. 吸能让压卸支耦合支护技术原则

巷道支护与围岩相互作用产生支护应力场，按照支护形式划分，支护应力场可分为主动支护应力场和被动支护应力场。其中，依靠初撑力产生的应力场属于主动支护应力场，如超前液压支架和单体支柱等；依靠矿山压力作用而被动承载的支护形式所形成的应力场为被动支护应力场，如刚性金属抬棚、木垛支护等。

1) 锚杆(索)支护的作用

由于巷道开挖或支护滞后，巷道围岩由外向内依次发育形成破碎区、压缩区和松动区。破碎区的岩体整体进入峰后残余强度阶段，承载能力较差且一般难以自稳。压缩区是包括处于弹性压缩状态的弹性承载区和处于峰后塑性阶段的塑性承载区，二者构成了围岩载荷的承载主体。松动区的岩体处于峰值塑性应力下降区，与压缩区的塑性承载区一样，具有一定的塑性强度且对受载变形较敏感，在采动应力的影响下，松动区不断向深部发育，向塑性承载区转化。因此，通过锚杆(索)等支护手段控制松动区的范围和抑制塑性区的扩大是巷道支护的重点，其关键是控制松动区岩体的进一步劣化，提高塑性承载区的峰后强度，与弹性承载区共同支撑采场周边的载荷。采动巷道先后经历了两次采掘扰动，破碎区和松动区的发育范围显著大于普通巷道，因此在初期支护系统一定要形成较高的支护应力场，以控制破碎区和松动区的范围，保证巷道围岩的完整性。

2) 吸能让压支护的作用

在受到倒置梯形区域的侧向回转挤压以及高低位厚硬岩层的破断动载荷影响下，采动巷道的围岩支护系统必须具备足够的强度和刚度，以抵御动载荷的冲击。通过增加锚杆(索)的支护密度、延长其长度、调整间距以及选择更优材质等措施，可以显著提升支护系统的性能。然而，面对高位厚硬岩层破断产生的强烈动载荷扰动，这些措施仍难以完全抵抗。因此，多余的能量往往会释放到巷道空间中。

为了应对这种情况，巷道内需要配备一种能够迅速吸收并传递到巷道表面的剩余能量，同时保持一定刚性强度的支护系统。这样的系统能够确保当冲击能量传递到巷道时，大部分能量可以被有效吸收和耗散，从而保障巷道的安全稳定。

3) 以卸为主，以支为辅

分析煤矿 11 盘区三个工作面巷道变形与微震能量监测数据的关系得出，当巷道围岩近场岩层破断释放出 10kJ 以上的能量时，巷道会发生冲击破坏，破坏的程度紧密关联于能量释放的具体位置以及巷道支护系统的强度。其中，"8·26"动力灾害事故冲击所释放的能量为 3.9kJ，巷道采用锚网索支护，冲击造成 400m 巷道不同程度的破坏。由此可见，单纯依靠锚杆支护不足以抵抗大能量事件，在保证巷道围岩完整具有可承载性的同时，要将巷道围岩的应力转移释放，避免巷帮压缩区附近形成高应力集中，继而达到巷道围岩稳定的有效控制。

4) 各系统耦合支护

巷道围岩控制是一个系统工程，尤其是对于采动巷道动压的抵抗，必须是巷道围岩的吸能主承载与锚杆(索)、巷道刚性让压支护系统三者协同作用，单独发挥一个支护结构或者彼此之间不匹配，抵御动压的效果肯定大打折扣。

为此，针对采动巷道围岩外部结构和承担载荷特征，采动巷道动压防治的吸能让压卸支耦合支护技术原则如下：

(1) 采动巷道主要承担静载荷及抵御动载荷的结构是巷道围岩，尤其是松动区及压缩区，锚杆(索)支护的作用在于控制松动区岩体的进一步劣化，提高塑性承载区的峰后强度，与压缩区一体共同支撑采场周边的载荷。

(2) 锚杆(索)在满足及时、主动支护的基础上，一定要在巷道支护初期在帮部围岩形成较高的支护应力场，改变巷道帮部围岩的应力分布，控制破碎区和松动区的范围，保持巷道围岩的完整性。

(3) 锚杆(索)要有一定的抗冲击变形能力，冲击吸收功高，瞬时增阻抗压能力强，采用全断面支护。

(4) 对于冲击危险区域要增加具有瞬时让压变形、结构稳、刚度高等特征的巷道吸能抗压支护系统，用以抵抗传递到巷道表面的剩余冲击能量，保护巷道内的设备及作业人员安全。

(5) 巷道围岩稳定性控制不能单纯依靠提高巷道支护强度、加密锚杆(索)支护密度来实现，要坚持以卸为主、以支为辅的原则，在保证卸支措施不破坏或者少破坏支护系统的基础上，加大卸压力度，避免巷道围岩附近产生高应力集中是围岩稳定性控制的根本。

(6) 各种支护系统耦合匹配。

①锚杆(索)之间受载变形要"均压"：锚杆(索)的支护强度和变形能力要与围岩承载变形相耦合，锚杆(索)之间虽然在材料的力学性质、几何尺寸和支护长度方面有所区别，但是在冲击受载过程中要协调变形拉伸，均衡受载。

②吸能刚性支护与围岩之间要"让压"：一方面吸能刚性支护体与围岩之间存在一定的变形空间，允许巷道压力释放；另一方面刚性支护体自身要有快速变形、吸能稳构的能力，满足围岩瞬时来压和位移错动的变形抗震要求。

③卸压措施与巷道支护之间要"保压"：围岩卸压措施大多是以降低围岩力学性能或转移释放应力为主，这与巷道支护体强化岩体、护帮固岩的作用存在矛盾。因此，要做到卸压措施和支护手段在时间和空间上相匹配，保证有效释放转移巷帮高应力的同时，尽量保持支护体的保压控制强度。

2. 吸能让压卸支耦合参数确定

1) 锚杆预紧力的确定

根据采动巷道吸能让压卸支耦合支护原则，以 311103 工作面回风顺槽为背景，采用有限元分析模拟软件，借助 GAP 模块分析岩层之间的层理和 Truss 模块分析锚杆安装载荷，以岩层之间拉应力最小和锚固区域不出现离层为标准，确定了 311103 工作面锚杆的初始预紧力不能小于 40kN，现场施工的选择范围为 40～60kN。不同预紧力下围岩垂直应力场分布如图 5.64 所示。

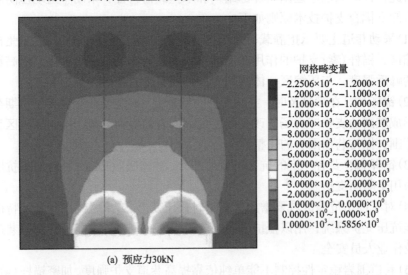

网格畸变量
- $-2.2506 \times 10^4 \sim -1.2000 \times 10^4$
- $-1.2000 \times 10^4 \sim -1.1000 \times 10^4$
- $-1.1000 \times 10^4 \sim -1.0000 \times 10^4$
- $-1.0000 \times 10^4 \sim -9.0000 \times 10^3$
- $-9.0000 \times 10^3 \sim -8.0000 \times 10^3$
- $-8.0000 \times 10^3 \sim -7.0000 \times 10^3$
- $-7.0000 \times 10^3 \sim -6.0000 \times 10^3$
- $-6.0000 \times 10^3 \sim -5.0000 \times 10^3$
- $-5.0000 \times 10^3 \sim -4.0000 \times 10^3$
- $-4.0000 \times 10^3 \sim -3.0000 \times 10^3$
- $-3.0000 \times 10^3 \sim -2.0000 \times 10^3$
- $-2.0000 \times 10^3 \sim -1.0000 \times 10^3$
- $-1.0000 \times 10^3 \sim 0.0000 \times 10^0$
- $0.0000 \times 10^0 \sim 1.0000 \times 10^3$
- $1.0000 \times 10^3 \sim 1.5856 \times 10^3$

(a) 预应力30kN

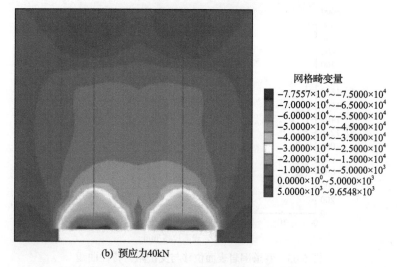

网格畸变量
- −7.7557×10⁴∼−7.5000×10⁴
- −7.0000×10⁴∼−6.5000×10⁴
- −6.0000×10⁴∼−5.5000×10⁴
- −5.0000×10⁴∼−4.5000×10⁴
- −4.0000×10⁴∼−3.5000×10⁴
- −3.0000×10⁴∼−2.5000×10⁴
- −2.0000×10⁴∼−1.5000×10⁴
- −1.0000×10⁴∼−5.0000×10³
- 0.0000×10⁰∼5.0000×10³
- 5.0000×10³∼9.6548×10³

(b) 预应力40kN

图 5.64　不同预紧力下围岩垂直应力场分布

2) 支护参数分析

为了寻求合理的支护阻力和允许围岩变形，根据弹塑性理论，围岩变形和应力关系为

$$P_{\mathrm{a}} = -c\cot\varphi + (1-\sin\varphi)(c\cot\varphi + \sigma_z)\left[\frac{(1+\mu)\sin\varphi}{E}(c\cot\varphi + \sigma_z)\frac{r_0}{u_{r_0}^{\mathrm{p}}}\right]^{\frac{\sin\varphi}{1-\sin\varphi}} \quad (5.24)$$

式中，c 为岩石内聚力；P_{a} 为围岩支护阻力；r_0 为巷道等效区半径；$u_{r_0}^{\mathrm{p}}$ 为围岩在塑性阶段发生不可逆形变的表面位移；σ_z 为垂直应力；φ 为岩石内摩擦角。

根据第 2 章煤岩力学参数测试结果，得到巷道围岩表面位移与支护阻力特征曲线，如图 5.65 所示。

遵循吸能让压卸支耦合的设计原则，采动巷道中锚杆(索)的长度、支护阻力以及支护系统的变形能力需要相互协调，以实现压力的均匀分布。这三者之间存在着密切的相互影响和相互制约关系。如果只单独调整其中一个因素，而不考虑其他因素，将无法达到预期的支护效果。在总结某煤矿 311103 工作面回风顺槽先后两次采掘扰动巷道围岩变形以及松散区发育范围的基础上，得到回风顺槽不同采动影响下锚杆(索)均压耦合支护设计曲线，如图 5.66 所示。

因此，在一次采掘扰动下，回风顺槽锚杆支护阻力为 800kN、有效长度为 2.1m；考虑到现场施工条件和安全系数，据此确定锚杆参数为：顶板采用直径为 20mm、Q500 号锚杆 6 根(屈服强度大于 150kN)，即锚杆间距为 950mm，排距为 1000mm，锚杆长度为 2800mm。在二次采动影响之前，锚杆与锚索支护阻力达到 1050kN，

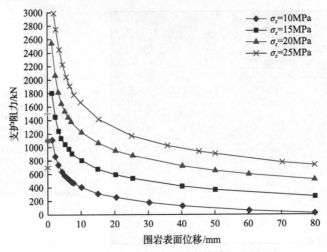

图 5.65　巷道围岩表面位移与支护阻力特性曲线

即每米巷道要增加 250kN 的支护阻力，顶板锚索长度为 7300mm，锚索直径为 21.8mm，锚索的主要作用是限制 311103 工作面回采期间的围岩变形，锚索间距为 2000mm，排距为 2000mm。

3）吸能让压支护参数设计

在深部开采条件下，巷道围岩的受损变形在所难免，在支护设计中应当允许巷道有适当的变形空间。在吸能支架-围岩组成的力学平衡系统中，围岩作为承担巷道动、静载荷的主体，吸能支架承担的只是释放于巷道表面的剩余弹性能量。支架支承力和围岩位移之间的关系如图 5.67 所示。从图中可以看出，随着围岩位移的增大，支架的支承力逐渐增加，当围岩由弹塑性破坏转入松动破碎状态前，支架

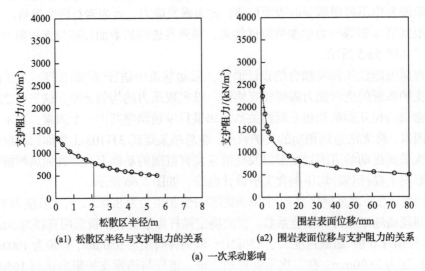

(a1) 松散区半径与支护阻力的关系　　(a2) 围岩表面位移与支护阻力的关系

(a) 一次采动影响

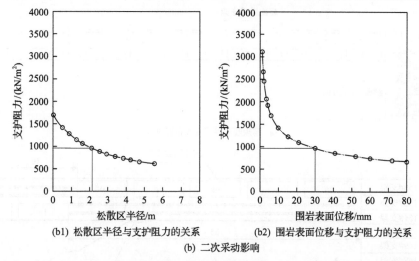

(b1) 松散区半径与支护阻力的关系　　　(b2) 围岩表面位移与支护阻力的关系

(b)　二次采动影响

图 5.66　311103 工作面回风顺槽不同采动影响下锚杆(索)均压耦合支护设计曲线

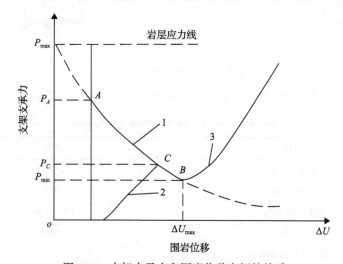

图 5.67　支架支承力和围岩位移之间的关系

1. 围岩位移曲线；2. 支架工作特性曲线；3. 围岩松动破坏后的位移曲线；A、B、C. 支架可能的工作点；
P_{max}. 支架承受的最大承载力；P_{min}. 支架承受的最小承载力；ΔU_{max}. 允许围岩最大位移

支承力存在最低支护载荷。因此，吸能让压支架的理想工作状态为图中 B 点的位置，即巷道围岩达到破裂点之前，吸能支架开始发挥护帮控顶作用，考虑实际操作环境，需要预留一段距离，可以选择图中 C 点的位置为吸能让压支架的工作状态。

基于采动巷道吸能让压卸支耦合原则，311103 工作面回风顺槽取消原来一排两组的木垛支护形式，改为具有吸能让压功能的超前垛式支架。超前垛式支架采用双排并列的布置方式，控制方式是液压电控。311103 工作面回风顺槽改进前后垛式支架布置如图 5.68 所示。311103 工作面超前垛式支架参数如表 5.8 所示。

(a) 常规超前垛式支架布置方式

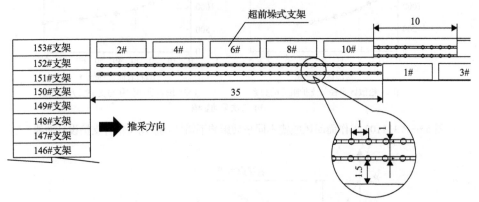

(b) 改进超前垛式支架布置方式(单位：m)

图 5.68　311103 工作面回风顺槽改进前后垛式支架布置

表 5.8　311103 工作面超前垛式支架参数

参数	数值
支撑高度/m	2.2～4.4
初撑力/MPa	31.5
支护强度/MPa	1.21～1.24
工作阻力/kN	20000
超前支护范围/m	70
支架质量/t	47
支撑宽度/m	1.9～26.45
底板比压/MPa	4.32～4.47
数量/架	20

　　回风顺槽在倒直梯形区挤压应力作用下，局部区域变形量较大，巷道底鼓严重，支架迁移困难，影响 311103 工作面正常推采。为此，在生产帮侧超前 35m、非生产帮 10#、11#垛式支架之间的 10m 范围内，搭设双排单体液压支柱，间距为 1m，排距为 1m，配合铰接顶梁进行支护，超前支护范围延长了 35m 的同时，有效改善了回风顺槽超前区段现场条件。其中，"8·26"动力灾害事故发生时，回

风顺槽超前 100～400m 范围出现瞬时巷道变形,而超前垛式支架支护区域仅出现了轻微鼓帮现象,未造成大的影响,这进一步验证了吸能让压卸支耦合支护防治采动巷道动压的有效性。

5.3.2 深孔断底爆破应力阻隔技术

从 11 盘区 311103 工作面回风顺槽动压显现现场的表现特征以及"8·26"动力灾害事故底板大范围冲击发现,该事故属于典型的易发生在"硬顶-硬煤-硬底"结构之中的底板型冲击。分析"三硬"条件下深井巷道底板的应力状态和结构特征是认识底板型冲击地压机理的前提,更是进行巷道冲击地压防治的基础。

1. 采动巷道"三硬"条件下底板受力特征分析

煤系沉积地层的层状结构赋存特性、层状结构的赋存特性和多期的地质构造运动的影响不仅使巷道围岩被大量裂隙和节理所分割,底板岩性的不同及厚度上的差异也使其在外力作用下发生不同程度的弯曲变形并积聚弹性能量[182]。层状岩层巷道开挖后受力示意图如图 5.69 所示。

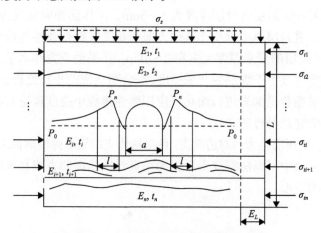

图 5.69　层状岩层巷道开挖后受力示意图

假设将工作面附近的近场层状岩层视为多个分层叠加、总厚度为 L 的整体结构。在煤层未开挖以前,各层状岩层之间在层间胶结物的作用下紧密黏合在一起。此时,在原岩应力 σ 的作用下,各岩层因其厚度不同而承载不同的应力,但各岩层的应变相同,即有

$$\begin{cases} \sigma L = \sigma_{t1}t_1 + \sigma_{t1}t_2 + \cdots + \sigma_{ti}t_i + \cdots + \sigma_{tn}t_n \\ \sigma_{t1} \neq \sigma_{t2} \neq \cdots \neq \sigma_{ti} \neq \sigma_{ti+1} \neq \sigma_{tn} \\ E_{t1} = E_{t2} = \cdots = E_{ti} = E_{ti+1} = E_{tn} \end{cases} \tag{5.25}$$

此时，层状底板岩层的抗弯刚度为

$$D = \sum_{i=1}^{n} \frac{E_i t_i L^2}{12(1-\mu^2)} \tag{5.26}$$

式中，σ_{ti} 为 i 岩层实际受到的应力；E_{ti} 为 i 岩层的弹性模量；t_i 为 i 岩层的厚度。

随着巷道的开挖，巷道空间四周岩体因承受上覆岩层的自重应力而产生高于原岩应力 P_0 数倍的侧向支承压力 P_n，其中侧向支承压力影响范围 l 与巷道的宽度 a 以及巷帮岩体的内摩擦角相关。巷道底板附近岩层在侧向支承压力和水平挤压应力的作用下发生屈曲变形，底板各岩层之间因抗弯系数的不同而产生离层，不再是一个整体结构。此时，单一岩层的抗弯刚度为 $D = \dfrac{E_i t_i^3}{12(1-\mu^2)}$，其值明显小于整体底板岩层的抗弯刚度。因此，在工作面采掘期间，在采动应力和原岩应力的作用下，底板更容易发生破坏，产生底鼓。

2. 采动巷道"三硬"条件下底板力学模型建立

由于采场附近煤岩层各分层厚度为 5～30m，工作面倾向宽度为 100～300m，即采空区底板巷道岩层厚度远小于其他方向的长度，符合弹性薄板理论的几何条件。同时，由于煤层的开采厚度大多在 2～10m，受采动应力和水平应力作用的底板岩层屈曲挠度明显小于煤层的开采厚度，符合薄板弯曲小挠度理论的前提条件。为此，通过对采场巷道围岩进行简化，应用弹性薄板小挠度理论对巷道底板弯曲破断机理进行研究是可行的。

将采场巷道底板简化为两对边简支、两对边固支的矩形弹性薄板结构，如图 5.70 所示。假设垂直板中平面法线变形后仍为垂直弹性曲面的直线且长度不变，同时板中平面无伸缩变形。

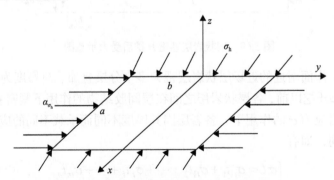

图 5.70 采场巷道底板力学模型

a. 巷道断面的宽；b. 巷道断面的长；σ_h. 巷道底板的水平构造应力；α_{σ_h}. 采动影响下工作面超前支承压力通过两帮传递到底板岩层的水平应力

由弹性薄板压曲微分方程：

$$D\nabla^4 w + \sigma_v\left(\frac{\partial^2 w}{\partial x^2} + \alpha\frac{\partial^2 w}{\partial y^2}\right) = 0 \qquad (5.27)$$

假设弹性薄板挠度的表达式为

$$w = \left[D\left(\frac{1}{a^2}+\frac{1}{b^2}\right)^2 - \frac{\sigma_v}{\pi^2}\left(\frac{1}{a^2}+\alpha\frac{1}{b^2}\right)^2\right]\sin\left(\frac{\pi x}{a}\right)\sin\left(\frac{\pi x}{b}\right) = 0 \qquad (5.28)$$

式中，α 为侧压系数；D 为抗弯刚度；w 为弹性薄板的挠度。

令 $a/b = \lambda$，则巷道底板的水平构造应力的表达式为

$$\sigma_v = \frac{\pi E t^2(1+\lambda^2)^2}{12a^2(1-\mu^2)(1+\alpha\lambda^2)} \qquad (5.29)$$

式中，E 为弹性模量；t 为弹性薄板的厚度。

由上述分析可知，底板岩层的挠曲变形的临界载荷主要与底板各分层岩层的厚度 t、弹性模量 E、泊松比 μ 及其长宽比 λ 有关。底板分层越厚，岩石越坚硬，其发生屈曲破坏的临界应力越大。

此外，由弹性力学可知，巷道底板的水平构造应力与其弯矩的关系式为

$$\sigma_v = \sigma_y = -z\frac{12M_v}{h^3} \qquad (5.30)$$

此时，弹性薄板固支端受采动影响前的正应力分布如图 5.69(a) 所示。随着工作面的开采，受采掘扰动影响而在巷道底板所引起的采动水平应力为

$$\sigma_h = K\gamma gH\left(\frac{v}{1-v}\right) \qquad (5.31)$$

式中，v 为巷道底板的孔隙率。

弹性薄板固支端在承受煤体水平构造应力和采动水平应力的情况下，薄板中垂直于走向方向的任意断面上的正应力 σ_v' 为

$$\sigma_v' = \alpha\sigma_v = \sigma_v + \sigma_h = -z\frac{12M_y}{h^3} + K\gamma gH\left(\frac{v}{1-v}\right) \qquad (5.32)$$

由式 (5.31) 得出弹性薄板固支端受采动影响前后的正应力分布，如图 5.71 所示。从图中可以看出，矩形弹性薄板所受最大正应力值位于薄板的固支端，且存在零

应力点。由弹塑性力学可知，当正应力 $\sigma_v' < 0$ 时，薄板主要受拉应力作用，且拉应力最大值位于固支端顶部。由于底板岩层为层状岩体，岩层的整体抗拉强度受内部原生裂隙和结构面影响，抗拉强度低，易发生以离层变形为主的拉破坏。此外，在超前支承压力的作用下，巷道底板两侧煤岩体存在较大的剪应力，两帮支护较差，巷帮围岩塑性区较发育，上覆岩层自重应力将通过巷帮深部围岩传递到底板，此时转化的采动水平应力增大，巷道底板发生拉破坏的深度随之增大，整体抗弯刚度降低，发生压破坏的破碎底板沿原生节理或破断面滑动而产生剪胀变形，巷道底鼓发生。当正应力 $\sigma_v' > 0$ 时，薄板受力以压应力为主，且其最大值发生在薄板底部。在水平构造应力和采动水平应力的叠加作用下，巷道向自由空间发生压曲变形。此时，如果底板岩层为致密厚质岩层，在压缩变形过程中内部积聚较高的弹性能量。当其断裂失稳时，会释放大量的能量而造成底板型冲击动力显现。

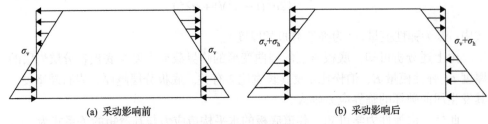

(a) 采动影响前　　　　　　　　　　　　　(b) 采动影响后

图 5.71　弹性薄板固支端受采动影响前后的正应力分布

　　巷道围岩作为一个由底板、顶板和两帮岩体构成，各部分之间相互作用、相互联系的有机整体，其中任何一部分的力学特性或应力状态发生改变均会影响到巷道底板的稳定性。因此，采动水平应力是造成巷道底鼓的主要原因，而顶底板的分层厚度、力学性质以及巷道两侧围岩的支护强度是巷道底鼓的主要影响因素。

3. 深孔断底爆破防冲机理及参数优化

　　深孔断底爆破主要是采用大孔径钻头对巷道底板弹性能积聚的厚硬持力层进行钻孔爆破，释放其积聚的高能量并在巷道两帮底脚处形成卸压破坏区，破坏底板的完整性，使其暂失连续传递水平应力及弹性能量的能力。同时，爆破的振动效应可将巷帮底脚的压力升高区向煤体深部转移，破坏冲击地压发生的应力条件。采用大孔径钻头不仅有利于底板的向上排粉，便于装药，也可以通过大钻孔周围的破坏区对巷道底板岩层进行卸压。因此，深孔断底爆破的实质为钻孔卸压法与振动爆破法防冲技术的有机结合。

　　作为一种爆破卸压防冲技术，深孔断底爆破的防冲效果不仅取决于底板水平应力的大小和方向、炸药的性能及装药工艺、爆孔设计等相关参数，还与巷道底板中主受力层的厚度、弹性模量有关。同时，巷道两帮侧向峰值应力的位置对巷道底鼓也有较大影响。巷帮围岩越稳定，侧向峰值应力距离巷道自由面越近，巷道围岩传递上覆岩层应力的能力越强，巷道底鼓越容易发生。在深孔断底爆破防冲过程中，降低底板主受力层强度的同时，还要注意控制巷帮煤体的应力，尤其是上覆岩层与采动应力经煤柱或煤体传递至巷帮底板处的高应力。煤层卸载爆破不但有利于巷帮煤体内积聚弹性能量的释放，爆破所形成的塑性区还可以阻隔上覆岩层的高应力向底板岩层的连续传递，并促使巷帮侧向峰值应力向煤体深部转移。因此，对于底板型冲击地压的防治，应将深孔断底爆破与煤层卸载爆破相结合，深孔断底爆破的位置靠近巷道底板，深入底板的主厚持力层内，煤层卸载爆破的位置主要在侧向峰值应力区内。

为了达到深孔断底爆破的防冲效果，采用 FLAC3D 软件对不同爆孔位置（底板中部、煤层帮部）和不同爆孔深度（8m、12m）下的深孔断底爆破以及与煤层卸载爆破耦合作用的卸压效果进行模拟。在模拟过程中，对巷道底板爆破影响范围内煤岩体的物理力学参数（密度、弹性模量、泊松比、抗拉强度、黏聚力、内摩擦角等）采用弱化措施，以模拟爆破对煤岩体的爆破影响，两种爆破方式的封孔长度均为 4m。模型四周为简支边界，前后左右不产生垂直位移，底板固定，上部为施加有均布载荷的自由边界，边界应力大小参照地应力实测结果进行施加。

图 5.72 为爆破夹角 45°下的不同爆破位置、爆孔深度下的深孔爆破最大主应力云图。方案一主要是针对巷道的右下底板进行爆破的，爆破后底脚处的应力集中程度明显降低，但由于是单侧爆破卸压，底板左侧岩层依然积聚应力，仍有冲击的危险，如图 5.72（a）所示。方案二分别在巷道底板中部和巷帮中部向底板进行断底爆破，爆破后巷道底板的应力集中程度得到下降，整体处于低应力区且巷帮侧向应力峰值向煤体深部转移，如图 5.72（b）所示。方案三主要是煤层卸载爆破与深孔断底爆破相结合，虽然巷帮左侧的应力峰值得到转移，但由于爆破动载荷作用，在巷道底脚处形成高应力集中，尤其是巷道右侧底脚，其应力集中程度和范围明显增大，冲击危险加强，如图 5.72（c）所示。

为进一步对比三种不同组合下深孔断底爆破卸压的效果，对不同组合下的深孔断底爆破卸压后的底板应力进行提取分析，并与未实施爆破前的底板应力进行对比。不同方案的巷道底板主应力分布如图 5.73 所示。

从图 5.73 中可以看出，未实施断底卸压爆破前，巷道底板的应力集中区主要位于巷道两底板处，集中应力值达到 42MPa 以上。方案一较好地降低了巷道底板尤其是右底板处的应力集中程度，但巷道底板左侧应力集中未得到有效降低；方案二不仅较好地降低了巷道底板尤其是左底板处的应力集中程度，巷道右侧的应力集中程

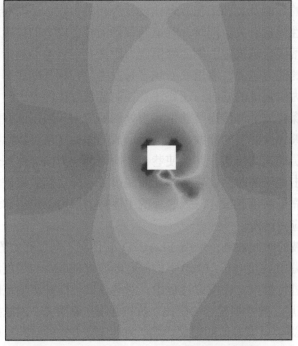

网格畸变量
- $-3.4145\times10^7 \sim -3.4000\times10^7$
- $-3.3000\times10^7 \sim -3.2750\times10^7$
- $-3.1750\times10^7 \sim -3.1500\times10^7$
- $-3.0500\times10^7 \sim -3.0250\times10^7$
- $-2.9250\times10^7 \sim -2.9000\times10^7$
- $-2.8000\times10^7 \sim -2.7750\times10^7$
- $-2.6750\times10^7 \sim -2.6500\times10^7$
- $-2.5500\times10^7 \sim -2.5250\times10^7$
- $-2.4250\times10^7 \sim -2.4000\times10^7$
- $-2.3000\times10^7 \sim -2.2750\times10^7$
- $-2.1750\times10^7 \sim -2.1500\times10^7$
- $-2.0500\times10^7 \sim -2.0250\times10^7$

(a) 右下底板，孔深8m

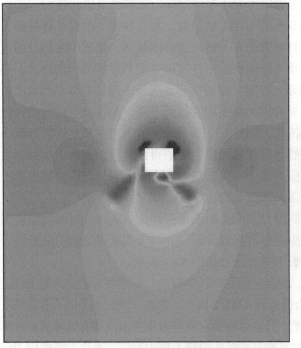

网格畸变量
- $-3.3354\times10^7 \sim -3.3200\times10^7$
- $-3.2200\times10^7 \sim -3.2000\times10^7$
- $-3.1000\times10^7 \sim -3.0800\times10^7$
- $-2.9800\times10^7 \sim -2.9600\times10^7$
- $-2.8600\times10^7 \sim -2.8400\times10^7$
- $-2.7400\times10^7 \sim -2.7200\times10^7$
- $-2.6200\times10^7 \sim -2.6000\times10^7$
- $-2.5000\times10^7 \sim -2.4800\times10^7$
- $-2.3800\times10^7 \sim -2.3600\times10^7$
- $-2.2600\times10^7 \sim -2.2400\times10^7$
- $-2.1400\times10^7 \sim -2.1200\times10^7$
- $-2.0200\times10^7 \sim -2.0000\times10^7$

(b) 底板中部和巷帮中部，孔深12m

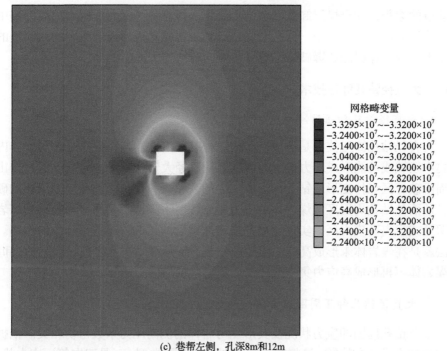

(c) 巷帮左侧，孔深8m和12m

图 5.72　爆破夹角 45°下的不同爆破位置、爆孔深度下的深孔爆破最大主应力云图

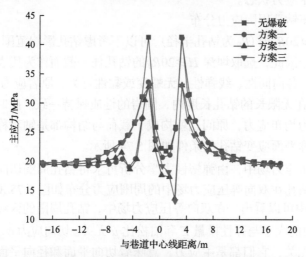

图 5.73　不同方案的巷道底板主应力分布

度也得到了有效降低，最大集中应力降低到 30MPa 左右，降低了 25%左右；方案三虽然对巷道底板两侧的集中应力也有很好的弱化作用，但相比于方案二，巷道右侧底板附近高应力值的分布范围和集中程度均较大。因此，方案二防冲效果较好。

　　深孔断底爆破破坏了巷道底板的整体性，切断了区段煤柱侧向连续传递应力和能量的途径，配合煤层卸载爆破结合使用，可有效降低巷道围岩的应力集中程度，降低冲击危险。其中，深孔断底爆破施工位置靠近巷道底板，深入底板的主厚持力层内，煤层卸载爆破的位置要在侧向峰值应力区内。

5.3.3 大直径钻孔卸压技术

1. 大直径钻孔卸压防冲机理

大直径钻孔卸压技术是防治矿压的一种有效方法。这种方法是在煤岩体内应力集中区域或可能形成应力集中的区域开挖直径大于 95mm 的钻孔，通过排出钻孔周围破坏区煤体变形或钻孔冲击所产生的大量煤粉，扩大钻孔周围煤体的破坏区，从而使钻孔周围区域煤岩体的应力集中程度下降或者使高应力转移到煤岩体的深处或远离高应力区，实现对局部煤岩体解危的目的，起到预卸压的作用。该方法就是在煤岩体未形成高应力集中或不具有矿压显现危险之前，实施钻孔卸压，使煤岩体不再形成高应力集中或冲击矿压危险区域。

2. 大直径钻孔卸压周围应力状态分析

单个钻孔周围的应力状况及其形变与岩体的侧向压力系数密切相关。依据钻孔周边的应力分布特征，可将应力状态划分为两种类型：一是双向等压应力状态，二是双向不等压应力状态。

1) 双向等压钻孔周围应力分布

当埋深 $H \geqslant 20R_0$ 时（R_0 为钻孔半径），可以不考虑钻孔影响范围（$3 \sim 5$ 倍的 R_0）内的岩石自重。因此，选取埋深 $H \geqslant 20R_0$ 的钻孔任一截面作为代表进行研究，假设围岩为均质、各向同性、线弹性、无蠕变或黏性行为，原岩应力为各向等压(静水压力)状态，在无限长的钻孔长度内，围岩的性质保持一致。此时，可以将水平围岩应力简化为均布应力，原问题就构成了载荷与结构都是轴对称的平面应变钻孔问题。轴对称平面应变钻孔的条件如图 5.74 所示。

在双向等压应力场中，由弹塑性力学分析可求得钻孔周围切向应力和径向应力的关系式。钻孔在双向等压应力场中的周围应力分布如图 5.75 所示。

从图 5.75 中可以看出，在双向等压应力场中，钻孔周围的区域完全处于压缩应力状态。应力的大小与弹性模量 E 和泊松比 μ 无关。切向应力 σ_t 和径向应力 σ_r 的分布与角度无关，它们都是主应力，意味着切向平面和径向平面均为主应力平面。钻孔周边的切向应力是最大的应力，其最大应力集中系数 $K=2$，并且这个系数与孔径的大小无关。当 $\sigma_t = 2\gamma H$ 超过钻孔周边围岩的弹性极限时，围岩将进入塑性状态。此外，在双向等压应力场中，钻孔周围任意点的切向应力 σ_t 与径向应力 σ_r 之和是一个常数，且 $\sigma_t + \sigma_r = 2\sigma_1$。

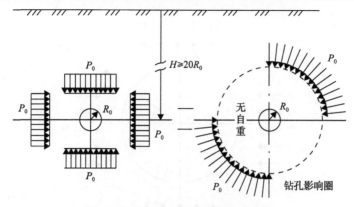

图 5.74 轴对称平面应变钻孔的条件

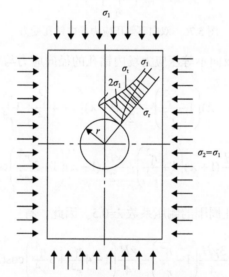

图 5.75 钻孔在双向等压应力场中的周围应力分布($\lambda=1$)

若将钻孔切向应力 $\sigma_t > 1.05\sigma_1$ 或径向应力 $\sigma_r < 0.95\sigma_1$ 定义为钻孔影响圈的边界，则切向应力 σ_t 的影响半径 R_i 为

$$R_i = \sqrt{20}r_1 \approx 5r_1 \tag{5.33}$$

2)双向不等压钻孔周围应力分布

根据煤岩层巷道的实际情况可知，巷道周围的钻孔卸压基本处于双向不等压状态。因此，针对双向不等压应力场内的钻孔周围应力进行分析。双向不等压应力场内钻孔受力如图 5.76 所示。

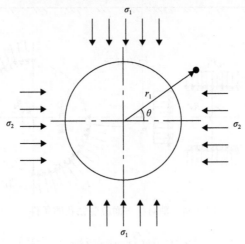

图 5.76　双向不等压应力场内钻孔受力

根据弹性理论，双向不等压应力场内钻孔的径向应力与切向应力为

$$\sigma_r = \frac{\gamma H}{2}(1+\lambda)\left(1-\frac{r_1^2}{r^2}\right) - \frac{\gamma H}{2}(1-\lambda)\left(1-4\frac{r_1^2}{r^2}+3\frac{r_1^4}{r^4}\right)\cos(2\theta) \tag{5.34}$$

$$\sigma_t = \frac{\gamma H}{2}(1+\lambda)\left(1+\frac{r_1^2}{r^2}\right) + \frac{\gamma H}{2}(1-\lambda)\left(1+3\frac{r_1^4}{r^4}\right)\cos(2\theta) \tag{5.35}$$

一般情况下，钻孔周围的侧压系数 $\lambda=0.5$。因此，有

$$\sigma_r = \frac{3\gamma H}{4}\left(1-\frac{r_1^2}{r^2}\right) - \frac{\gamma H}{4}\left(1-4\frac{r_1^2}{r^2}+3\frac{r_1^4}{r^4}\right)\cos(2\theta) \tag{5.36}$$

$$\sigma_t = \frac{3\gamma H}{4}\left(1+\frac{r_1^2}{r^2}\right) + \frac{\gamma H}{4}\left(1+3\frac{r_1^4}{r^4}\right)\cos(2\theta) \tag{5.37}$$

由此可得 $\theta=0°$、$90°$、$180°$ 及 $270°$轴线上的径向应力与切向应力的分布。钻孔应力分布 ($\lambda=0.5$) 如图 5.77 所示。

当侧压系数 $\lambda=0.5$ 时，钻孔的顶部和底部区域会出现拉应力区。在钻孔两侧，最大主应力集中系数 $K=(\sigma_t)_{max}/\sigma_1=2.5$。特别是当 $\theta=90°$时，拉应力达到峰值。通常情况下，开挖钻孔后，钻孔的顶部和底部会出现应力集中现象。一旦周围的应力超过钻孔围岩的应力极限，钻孔便可能发生破坏。这种破坏为围岩应力的释放提供了空间，从而发挥了卸压的作用。

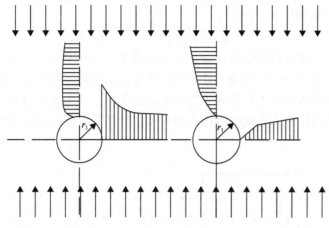

图 5.77　钻孔应力分布($\lambda=0.5$)

3)两个卸压钻孔的应力分布

从单个钻孔周围的切向应力分布衰减情况可以得知,切向应力在钻孔周围有一个显著影响区域,通常以超过原始岩体应力 5%的区域为界限,即 $R_i=20r_i$,其中, R_i 表示影响半径。以处于双向等压应力场中的钻孔为例,如果相邻两个钻孔的间距超过两倍的影响半径,那么这两个钻孔之间就不会相互影响,巷道周围的应力分布与单个钻孔的情况大致相同。在这种条件下,即使存在多个钻孔,它们之间也不会相互影响。相反,如果两个钻孔的间距小于两倍的影响半径,它们之间就会相互影响。

图 5.78 为等直径相邻两钻孔 $B=D$ 时的切向应力分布情况。从图中可以看出,当钻孔直径 D 等于钻孔间距 B,且原岩应力场的侧压系数 $\lambda=0.5$ 时,两个钻孔之间周边上产生的切向应力集中系数为 $K=3.26$,比单个钻孔时的 $K=2.5$ 增加了 30.4%,如图中虚线所示。在间距的中点 $r/r_0=2$ 处,切向应力 $\sigma_t=1.7\sigma_1$,比单个钻孔时的切向应力 $\sigma_t=1.22\sigma_1$ 增长了 41.7%。然而,在钻孔的顶底部,拉应力从 $-\sigma_1$ 降至 $-0.7\sigma_1$。在两个钻孔的情况下,钻孔周围的应力集中系数比单个钻孔时要大,特别是在两个钻孔中间点处,钻孔的应力比单个钻孔时有了显著的增加,导致钻孔的破裂程度更大,卸压效果更佳。因此,可以得出两个钻孔的卸压效果优于单个钻孔的结论。

4)同水平多钻孔卸压的应力分布

在实际的煤层大钻孔卸压过程中,由于冲击危险位置多以区域性范围出现,所以大钻孔卸压往往需要对同一区域甚至同一水平布置多个钻孔进行施工卸压。为了探究同一水平多钻孔卸压的应力分布情况,本模拟研究在侧压系数 $\lambda=0.5$ 和双向等压的条件下,对同一水平多钻孔的应力分布进行了分析。多钻孔对应力集中系数的影响如图 5.79 所示。

　　由图 5.79(b)可以看出，随着钻孔直径 D 与钻孔间距 B 比值的增大，钻孔周边的应力集中系数也随之增大；钻孔的数目越多，钻孔周边的应力集中系数也越大。同一水平的多个钻孔周围都处于弹性状态，钻孔周围因单孔应力分布的叠加效果，在钻孔的两帮中点和顶底中部发生应力集中，应力集中值与钻孔直径的大小、钻孔间距及原岩应力场的侧压系数有关，且钻孔形成的卸压范围与钻孔断面大小有关。

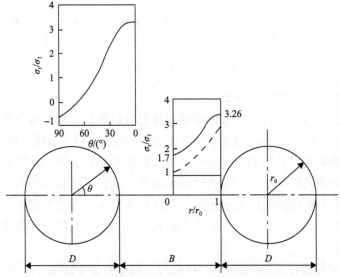

图 5.78　等直径相邻两钻孔 $B=D$ 时的切向应力分布

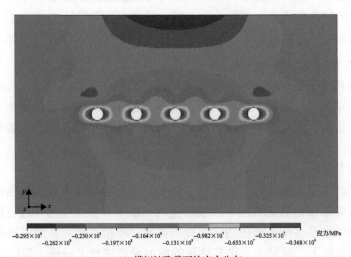

(a) 模拟钻孔截面的应力分布

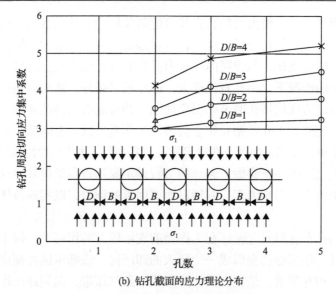

(b) 钻孔截面的应力理论分布

图 5.79 多钻孔对应力集中系数的影响

3. 大直径钻孔卸压影响因素

钻孔卸压效果的影响因素包括地质因素和技术因素。地质因素主要是指卸压煤层的埋深、原岩应力状态、卸压处应力集中程度、煤体内弱面发育状态、煤体强度等。对于卸压煤层的埋深，钻孔间煤体的应力集中系数会随着深度的增加呈线性减小；钻孔周围煤体塑性区和卸压区的半径随着深度的增加而呈线性增大。当煤体内聚力或内摩擦角增加时，煤体强度提高，钻孔周边承压能力增强，钻孔产生的应力叠加减弱；钻孔周围煤体塑性区和卸压区的半径会随着内聚力或内摩擦角的增加而减小，呈指数关系。技术因素主要是指钻孔直径、钻杆长度、钻孔排间距、施工质量、作业顺序等。钻孔直径越大，钻孔间煤体产生的应力峰值越大，应力集中系数越大，应力叠加越明显；钻孔周围煤体塑性区和卸压区的半径随着钻孔直径的增加呈线性增大。钻孔间距初时对应力峰值和应力集中系数影响较大，随着钻孔间距的加大，钻孔间引起的应力叠加效应减弱，钻孔周围煤体塑性区和卸压区的半径减小；而当钻孔间距达到一定距离时，应力叠加效应的影响会减弱至甚微。

对于特定煤层而言，地质条件的变化通常不大，因此钻孔卸压防治冲击地压技术的关键参数主要包括钻孔深度、钻孔直径和钻孔排间距。理想的钻孔深度应当与煤体应力集中区及其峰值位置相匹配，以达到最佳卸压效果，即让应力峰值区域明显远离巷道。相比之下，钻孔直径和钻孔排间距的确定较为复杂，它们是影响钻孔卸压效果最关键的因素。为了实现有效的卸压，钻孔直径和钻孔排间距之间存在负相关关系：较大的钻孔直径可能需要较少的钻孔数量，而较小的钻孔直径则需要更密集的钻孔布局，这两种方案都会增加施工难度。钻孔卸压的有效半径与煤体强度成反比，与煤层的压应力及钻孔直径成正比。通常，在煤层强度和地应力一定的情况下，钻孔直径越大，卸压效果越好。然而，钻孔直径的增加可能会导致高应力区域钻孔时卡钻现象加剧，并可能引发钻孔冲击等强烈且危险的卸压现象。此外，大孔径钻孔作业会增加工作量导致效率降低，并对钻机和钻杆的性能提出更高要求。因此，在确定钻孔直径和钻孔排间距时，需要综合考虑，而不是单纯优化其中一个参数。合理的参数设定原则是在尽量减少现场施工难度的基础上，调整主要影响因素，并辅以次要因素的调整，以实现整体卸压效果的显著提升。

合理的钻孔布置形式应保证在工作面前支承压力的作用下，每个钻孔周围形成一个卸压区，相邻钻孔会形成一个更大的卸压区。该卸压区在高应力作用下将向四周扩展，相互贯通，最终在煤体内形成一条卸压带，起到卸压作用，卸压带煤体变形模量及承压能力得到不同程度的降低，并使应力峰值向岩体深部转移，同时释放煤体内积聚的大量弹性能，降低其再次聚能的能力，从而减小冲击危险。另外，除了卸压效果方面，设定钻孔的布置形式时还应考虑现场巷道支护参数，如锚杆排间距、U 形棚间距等，由于外部支护构件的间隔是一定的，钻孔排间距不得与之冲突。

以某煤矿 311103 工作面回风顺槽为背景，模型层位选择为煤层，模型长×宽×高=7m×3m×3.6m，44960 个网格，39900 个单元，四周各留 1～1.5m 边界，左右边界只约束 x 方向上的位移，前后边界只约束 y 方向上的位移，下部边界为全约束边界，上部边界不约束。同时，对模型施加应力边界条件，垂直方向施加均布载荷 20MPa，水平方向施加均布载荷 10MPa（$\lambda=0.5$），煤岩体的本构模型选取莫尔-库仑破坏准则。数值模拟所采用的煤岩体模型的力学参数如表 5.9 所示。

表 5.9　煤岩体模型的力学参数

参数	数值
模型密度/(kg/m³)	1400
黏聚力	0.85
内摩擦角/(°)	20
体积模量/GPa	1.65
剪切模量/GPa	0.43
抗拉强度/MPa	0.7

为了分析钻孔布置方式对巷道围岩体高应力区的卸压效果，模拟主要针对目

前常用的水平眼和三花眼布置方式进行分析。同时，考虑到试验矿井工作面下巷的实际情况，分别模拟研究了钻孔直径为 130mm，扩孔系数为 1.5，间距为 0.6m、0.8m 和 1.0m 三种情况下的水平眼和三花眼钻孔卸压效果。大钻孔卸压布置方式如图 5.80 所示。

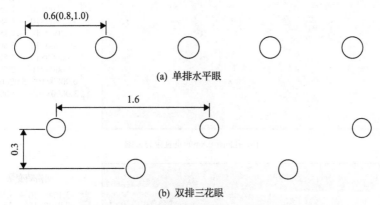

图 5.80　大钻孔卸压布置方式（单位：m）

图 5.81 为单排水平眼钻孔布置方式下不同钻孔间距卸压应力云图。从图中可以看出，在相同的初始应力场下，钻孔间距的变化会对卸压效果产生明显的影响。由单钻孔和等间距双钻孔周围应力分布及影响因数可知，钻孔直径 D 与钻孔间距 B 的比值对钻孔周围的应力分布影响显著。在钻孔直径 $D=195$mm 固定的前提下，当钻孔间距 $B=0.6$m 时，钻孔两侧形成的侧向应力相叠加，相邻钻孔之间形成高应力区，达到 27MPa；当钻孔间距 $B=0.8$m 时，相邻钻孔之间应力叠加作用减弱，

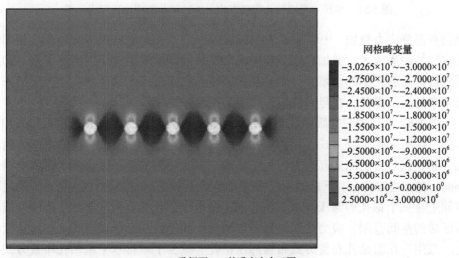

(a) 孔间距0.6m的垂直应力云图

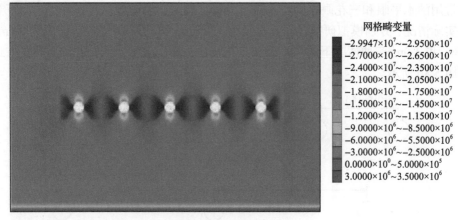

网格畸变量
$-2.9947 \times 10^7 \sim -2.9500 \times 10^7$
$-2.7000 \times 10^7 \sim -2.6500 \times 10^7$
$-2.4000 \times 10^7 \sim -2.3500 \times 10^7$
$-2.1000 \times 10^7 \sim -2.0500 \times 10^7$
$-1.8000 \times 10^7 \sim -1.7500 \times 10^7$
$-1.5000 \times 10^7 \sim -1.4500 \times 10^7$
$-1.2000 \times 10^7 \sim -1.1500 \times 10^7$
$-9.0000 \times 10^6 \sim -8.5000 \times 10^6$
$-6.0000 \times 10^6 \sim -5.5000 \times 10^6$
$-3.0000 \times 10^6 \sim -2.5000 \times 10^6$
$0.0000 \times 10^0 \sim 5.0000 \times 10^5$
$3.0000 \times 10^6 \sim 3.5000 \times 10^6$

(b) 孔间距0.8m的垂直应力云图

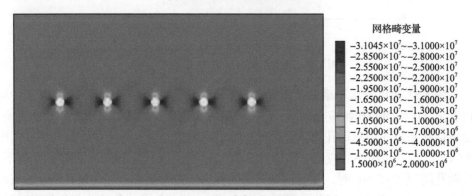

网格畸变量
$-3.1045 \times 10^7 \sim -3.1000 \times 10^7$
$-2.8500 \times 10^7 \sim -2.8000 \times 10^7$
$-2.5500 \times 10^7 \sim -2.5000 \times 10^7$
$-2.2500 \times 10^7 \sim -2.2000 \times 10^7$
$-1.9500 \times 10^7 \sim -1.9000 \times 10^7$
$-1.6500 \times 10^7 \sim -1.6000 \times 10^7$
$-1.3500 \times 10^7 \sim -1.3000 \times 10^7$
$-1.0500 \times 10^7 \sim -1.0000 \times 10^7$
$-7.5000 \times 10^6 \sim -7.0000 \times 10^6$
$-4.5000 \times 10^6 \sim -4.0000 \times 10^6$
$-1.5000 \times 10^6 \sim -1.0000 \times 10^6$
$1.5000 \times 10^6 \sim 2.0000 \times 10^6$

(c) 孔间距1.0m的垂直应力云图

图 5.81　单排水平眼钻孔布置方式下不同钻孔间距卸压应力云图

但仍有部分应力叠加，中部形成 24MPa 的应力区；当钻孔间距 $B=1\text{m}$ 时，相邻钻孔之间的距离较大，叠加作用减弱，两个钻孔周围形成的卸压区刚好连接，卸压效果最好。若间距继续增大，则会在相邻钻孔之间形成未卸压区，相当于工作面开采中的区段煤柱，在竖向高应力作用下积聚弹性能量。

图 5.82 为双排三花眼钻孔布置方式下钻孔卸压应力云图。从图中可以看出，采用三花眼钻孔布置方式，相邻钻孔之间的高应力区得到有效控制。水平方向的相邻钻孔在各自的侧向高应力区无法叠加，钻孔周边的卸压区得到了最大发展。同时，在竖直方向上，下部卸压区不仅缓解了自身周边的高应力区，更重要的是在空间上将三个钻孔的卸压效果联系起来，由单个钻孔的有限局部卸压范围变成卸压区域的空间范围，应力控制效果更加明显。此外，从卸压成本和工程量角度考虑，采用三花眼钻孔布置方式布置卸压钻孔，减少了单排水平眼钻孔布置方式下随着工作面推进循环卸压产生的工程量，降低了工作人员的劳动量和施工成本。

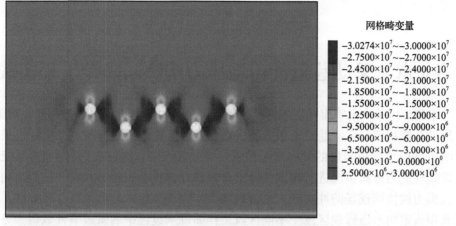

网格畸变量

- $-3.0274\times10^{7} \sim -3.0000\times10^{7}$
- $-2.7500\times10^{7} \sim -2.7000\times10^{7}$
- $-2.4500\times10^{7} \sim -2.4000\times10^{7}$
- $-2.1500\times10^{7} \sim -2.1000\times10^{7}$
- $-1.8500\times10^{7} \sim -1.8000\times10^{7}$
- $-1.5500\times10^{7} \sim -1.5000\times10^{7}$
- $-1.2500\times10^{7} \sim -1.2000\times10^{7}$
- $-9.5000\times10^{6} \sim -9.0000\times10^{6}$
- $-6.5000\times10^{6} \sim -6.0000\times10^{6}$
- $-3.5000\times10^{6} \sim -3.0000\times10^{6}$
- $-5.0000\times10^{5} \sim 0.0000\times10^{0}$
- $2.5000\times10^{6} \sim 3.0000\times10^{6}$

图 5.82　双排三花眼钻孔布置方式下钻孔卸压应力云图

第 6 章　采动巷道冲击地压力构协同防控工程实践

本章以内蒙古乌审旗呼吉尔特矿区某煤矿311103工作面回风顺槽为研究对象，采用钻孔窥视仪对采动巷道顶板上覆多厚硬岩层裂隙情况进行探测，推断出采动影响下高低位顶板岩层的侧向垮断位置，结合 PASAT-M 便携式微震监测系统对区段煤柱应力分布情况进行测试，分别开展深孔顶板预裂爆破和深孔顶板定向水压致裂力构协同现场防冲实践，通过对比工作面在顶板未处理区、深孔爆破预裂区及顶板定向水压致裂区三个不同区段工作面推采过程中的微震事件数量、分布特征以及矿压显现情况，验证沿空煤巷力构协同防冲技术的有效性。同时，通过在顶板控制效果、现场施工效率、工程量、限制条件以及施工安全性等方面开展对比，得出深孔顶板水压致裂技术优于深孔顶板预裂爆破技术。但深孔顶板预裂爆破技术具有组织时间短、防冲效果见效快的特点，尤其在原生裂隙发育的顶板岩层，其应急解危和适用性较强。

6.1　采动巷道围岩应力特征及侧向厚硬岩层破断位置实测

6.1.1　311103 工作面概况

311103 工作面是 11 盘区的第 3 个回采工作面，东部为超前回采的 311102 工作面及已回采结束的 1101 工作面。311103 工作面倾向长度260m，走向长度3500m，区段煤柱 30m，工作面回采过程中未揭露明显断层，地质构造对工作面回采的影响较小。311103 工作面采用走向长壁综合机械化一次采全高采煤法并采用全部垮落法管理顶板，实施后退式回采作业。自 2015 年 11 月 26 日开始推采，2017 年 9 月 17 日全部推采结束，历时 660 天，平均推采速度为 5.42m 天。311103 工作面平面布置如图 6.1 所示。

3-1 煤层属侏罗系中下统延安组，埋藏深度平均为 600m。煤层内生裂隙较发育，断口呈阶梯状，褐黑色条痕。3-1 煤层厚度为 4.70～6.21m，平均为 5.56m，煤层倾角为 0°～3°，平均为 1.5°，煤层倾向为 300°～320°，煤层结构简单、稳定。3-1 煤层直接顶为 12.2m 的砂质泥岩，老顶为 13.45m 的中粒砂岩，老顶上方为 3.5m 的砂质泥岩与中粒砂岩互层，以及 13.45m 厚的中粒砂岩；煤层直接底为 5.38m 的砂质泥岩，老底为 7.45m 的中粒砂岩，煤层和顶底板具有弱冲击倾向性。311103 工作面煤层及顶底板结构特征如表 6.1 所示。3-1 煤层及顶底板的物理力学参数如表 6.2 所示。

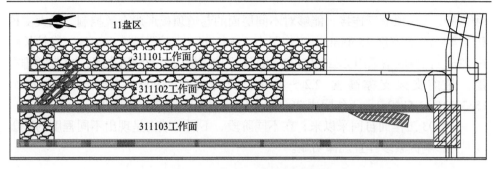

图 6.1　311103 工作面平面布置

表 6.1　311103 工作面煤层及顶底板结构特征

层位	岩石名称	厚度/m	岩性描述
老顶	中粒砂岩	12.96~28.27 / 13.45	灰白色，厚层状，中粒长石、石英砂岩，分选较好，次圆状，钙泥质胶结，下部粒度较粗，具斜层理
直接顶	砂质泥岩	4.25~16.20 / 12.20	深灰色砂质泥岩，局部为灰黑色，厚层状，富含植物化石片及少量炭屑，平坦状断口，水平纹理
直接底	砂质泥岩	3.76~7.30 / 5.38	灰白色及深灰色，薄层状，局部为灰黑色，厚层状，富含植物化石片及少量炭屑，平坦状断口，水平纹理
老底	中粒砂岩	4.25~8.78 / 7.45	灰白色，厚层状，中粒长石、石英砂岩，分选较好，次圆状，钙泥质胶结，含煤屑、煤纹，中部夹灰色泥质粉砂岩薄层，具斜层理

表 6.2　3-1 煤层及顶底板的物理力学参数

岩层	块体密度 /(kg/m³)	单轴抗压强度/MPa	弹性模量/GPa	泊松比	抗拉强度/MPa	内摩擦角/(°)	内聚力/MPa	干燥软化系数	自然软化系数
3-1 煤$_{上}$	1325.40	38.762	3.474	0.282	2.493	18.52	13.894	0.59	0.77
3-1 煤$_{下}$	1275.90	37.401	2.216	0.279	1.158	19.74	13.750	0.61	0.70
3-1 煤顶$_1$	2519.50	33.354	5.470	0.230	4.943	43.1	10.656	0.34	0.61
3-1 煤顶$_2$	2214.47	34.908	7.603	0.279	3.803	39.42	13.577	0.24	0.56
3-1 煤顶$_3$	2111.98	40.434	7.395	0.222	2.839	35.6	15.525	0.29	0.67
3-1 煤底	2473.99	40.434	9.977	0.206	4.851	22.83	15.506	0.41	0.47

6.1.2　311103 工作面矿压显现情况

311103 工作面端头选用 ZYT12000/25/50D 型端头液压支架 7 架，其中溜尾 4 架、溜头 3 架；选用 ZYG12000/26/55D 型过渡支架 6 架，其中溜头、溜尾各 3 架；中间支架选用 ZY12000/28/63D 型支撑掩护式支架 140 架。311103 工作面主运顺槽采用 ZCZ31880/26/45D 型支架进行超前支护，1 组两架，架间用拉移千斤顶相连，前端支架通过推移座与转载机连接，每架支架由左右支撑部组成，中间通过两组液压千斤顶上下连接，能够对不同层面的巷道顶板形成有效控制，最大支护高度4.5m，总宽度3560mm，工作阻力31880kN，支护强度0.40MPa，支护长度约23m。回风顺槽采用ZZ20000/22/44D型支撑掩护式超前液压支架，20架并排布置，超前支架支撑高度2.2～4.4m，支撑宽度1900～2645mm，初撑力15832kN(31.5MPa)，工作阻力20000kN(39.8MPa)，支护长度80m。

311103工作面自回采以来，在不同阶段、不同区域内呈现出不同程度的矿压显现，影响因素多样且规律明显。

1. 初次来压

2015年12月8日13:50左右，311103工作面后老顶开始垮落，现场工人感觉到采空区有风吹出，40#～90#支架出现卸压阀喷液现象，50#～80#支架段顶板出现下沉，平均下沉量200mm，工作面开始初次来压。由于工作面推采速度较慢，12月8～10日，工作面处于持续来压状态，30#～100#支架均出现了卸压阀开启现象。12月10日12:00左右，工作面初次来压结束。

通过矿压监测分析，工作面初次来压期间，支架平均工作阻力整体呈上升趋势；初次来压结束后，支架平均工作阻力开始逐渐下降，回落至正常状态。311103工作面初次来压期间支架工作阻力历史曲线如图6.2所示。图中横坐标表示日期和时刻。

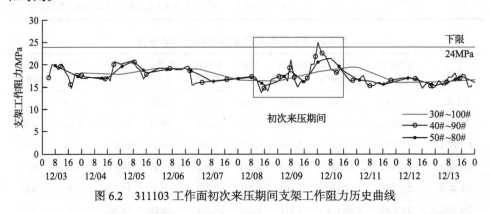

图6.2　311103工作面初次来压期间支架工作阻力历史曲线

311103工作面初次来压步距为53m，与邻近311102工作面相比(初次来压步距为69m)有所提前，分析其原因：一是311103工作面单班生产，推采速度较慢；二是受311102工作面采空区侧向支承压力的影响，311103工作面顶板受力较大，促进了老顶的垮落。

2. 周期来压

工作面初次来压结束后，顶板由简支梁结构转变为悬臂梁结构，采空区顶板出现周期性垮落，即周期来压。2015 年 12 月 13 日，311103 工作面出现首次周期来压。在首次周期来压期间，80#～120#支架压力较大，部分支架卸压阀开启。周期来压步距与工作面推采速度、顶板岩性、地质构造、周围采动影响等因素有关，通过对 2017 年 6～8 月周期来压情况进行统计，得出平均来压步距为18.4m，平均来压周期为 3.9 天。311103 工作面 2017 年 6～8 月周期来压统计如表 6.3 所示。

表 6.3　311103 工作面 2017 年 6～8 月周期来压统计

来压日期	来压周期/d	来压步距/m	来压日期	来压周期/d	来压步距/m
6 月 2 日	4	20.5	7 月 22 日	2	16
6 月 7 日	5	26.4	7 月 26 日	4	20.1
6 月 12 日	5	21.6	7 月 30 日	4	18.5
6 月 17 日	5	18	7 月平均	4.3	17.8
6 月 20 日	3	184	8 月 2 日	3	28
6 月 24 日	4	18.4	8 月 4 日	2	12.8
6 月 27 日	3	14.8	8 月 7 日	3	7.6
6 月 30 日	3	18.7	8 月 11 日	4	18.5
6 月平均	4	19.6	8 月 15 日	4	19.6
7 月 4 日	4	19.2	8 月 21 日	6	24.5
7 月 9 日	5	21.4	8 月 23 日	2	13.4
7 月 15 日	6	18.4	8 月 27 日	4	18.9
7 月 20 日	5	10.8	8 月平均	3.5	17.9

在工作面"见方"期间，随着煤层的开采，采场上方顶板大多呈"O-X"型破断，并自下而上逐渐发展。根据大量的现场观测表明，在 311103 工作面"见方"期间易发生大能量震动，诱发动力灾害。当工作面与切眼的距离等于工作面长度时，即为"一次见方"，往往会发生较大的动压显现；当工作面与切眼的距离等于邻近已采工作面与开采工作面长度总和时，即为"二次见方"，以此类推。

1）"一次见方"期间矿压显现规律

2016 年 1 月 7 日，当 311103 工作面推采 228m 时，"一次见方"影响开始显现，距离"见方"位置相差 32m；1 月 9 日，当工作面推采 253.2m 时，"一次见方"影响最大；1 月 14 日，当工作面推采 290.6m 时，"一次见方"影响开始减弱；1 月 19 日，当工作面推采 311.4m 时，"一次见方"影响已不明显。311103工作面"一次见方"期间矿压显现统计如表 6.4 所示。

表 6.4　311103 工作面"一次见方"期间矿压显现统计表

时间	推采距离/m	动压显现	微震频次/个	微震能量/kJ
1月7日	228	现场煤炮增多，回风顺槽超前区域顶板压力增大	66	43
1月9日	253	现场煤炮更加频繁，生产过程中出现连续煤炮、大煤炮，微震频次和能量达到峰值	109	125
1月14日	290	现场煤炮开始逐渐减少	52	93
1月16日	297	监测到4起能级为 10^3J 的微震事件，回风顺槽超前20m范围出现明显底鼓	50	44
1月19日	311	微震频次和能量逐渐减弱，"一次见方"影响已不明显	43	25

　　为了进一步分析工作面"一次见方"期间覆岩运动特征及工作面矿压显现规律，对"一次见方"区域推采期间的微震事件活动趋势及能量释放特征进行统计分析。311103 工作面"一次见方"期间前后的微震活动趋势如图 6.3 所示。

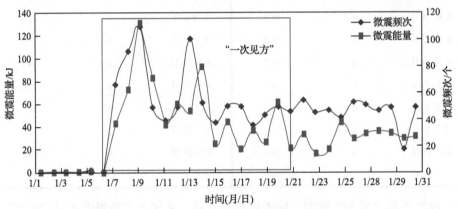

图 6.3　311103 工作面"一次见方"期间前后微震活动趋势

　　从图 6.3 中可以看出，311103 工作面在"一次见方"区域推采期间的微震频次和能量均明显较高，累计监测微震事件 1348 起，总释放能量为 8.3×10^5J，虽然微震频次较多，但多为能级在 10^3J 以下的小能量微震事件，表明该区域在超前采取了深孔爆破断顶、大直径钻孔卸压、垛式支架超前支护等综合措施后，顶板及时垮断，未形成较大范围的悬顶，虽然出现了微震活动加剧、轻微底鼓等现象，但总体矿压显现较为平稳，未对 311103 工作面造成冲击威胁。微震事件的平面分布如图 6.4 所示。将 311103 工作面"一次见方"影响区域微震事件进行平面投影发现，回风顺槽侧微震事件比较集中，大能量微震事件多发生在工作面区段煤柱及回风顺槽以西160m 范围内，分析原因是受到工作面超前支承压力和邻近工作面采空区侧向支承压力叠加作用的影响。同时，微震事件主要分布在距切眼 158～388m

范围的椭圆形区域内，椭圆中心区域距切眼约 270m，正位于"一次见方"区域附近，表明"一次见方"位置顶板裂隙持续向上发育，顶板活动依次向前后两侧辐射并逐渐递减。

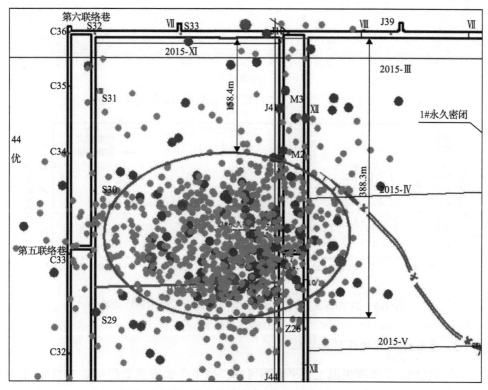

图 6.4　微震事件的平面分布

2) 311103 工作面"二次见方""三次见方"期间矿压显现情况

由于受火工品供应问题的影响，未提前对 311103 工作面"二次见方"区域顶板进行处理。311103 工作面在"二次见方"区域推采期间，顶板压力积聚、巷道底鼓及两帮收敛变形速度加快、产生溜尾及回风顺槽超前区域漏顶、压架等"蠕变"现象。这期间虽然微震活动有所减弱，但矿压显现强度明显增强。分析原因：主要是该区域顶板未处理导致上覆厚硬顶板悬顶过长并积聚了较高弹性能量，当其达到临界状态时，受外载的扰动影响而发生断裂，进而导致顶板动压现象的发生。图 6.5 为 311103 工作面在"二次见方"期间前后的微震活动趋势。

随着顶板预裂措施的开展，当 311103 工作面进入"三次见方"区域时，顶板煤炮现象增多，然而微震事件显现的频次和释放的能量整体下降，现场也没有出现动压显现现象。311103 工作面"三次见方"期间前后的微震活动趋势如图 6.6 所示。

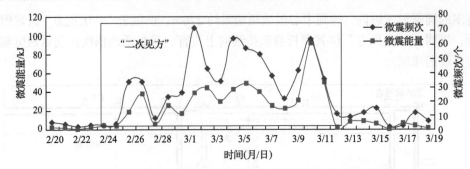

图 6.5 311103 工作面"二次见方"期间前后的微震活动趋势

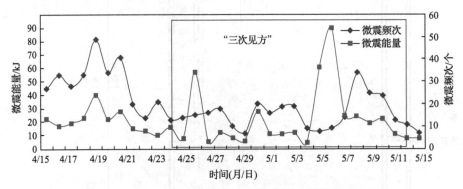

图 6.6 311103 工作面"三次见方"期间前后的微震活动趋势

3. 停采线附近矿压显现特征

由 311103 工作面采掘工程平面图可知,当工作面推进至首采面 311101 工作面停采附近时,采场大范围区域内形成"刀把"形异形煤柱。311103 工作面推进至 311101 工作面停采线前后异型煤柱示意如图 6.7 所示。

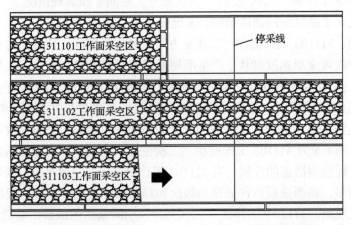

图 6.7 311103 工作面推进至 311101 工作面停采线前后异型煤柱示意图

由于此区域煤层顶板覆岩空间结构发生变化，加之煤层变薄、回采扰动等因素的叠加影响，动压显现的危险性明显增强。

表 6.5 为 311101 工作面停采线前后约 100m 范围内推采期间的矿压显现情况，主要表现为回风顺槽超前段顶板下沉、底鼓。同时，这期间 311103 工作面共监测到 10^3J 及以上微震事件 28 起，总释放能量为 2.7×10^5J，其中能级为 10^4J 微震事件 6 起，大能量微震事件发生的频次明显升高。这是由于 311103 工作面接近并推过 311101 工作面停采线，采场大区域内逐渐由侧向双采空区向单采空区过渡，顶板覆岩结构发生变化，顶板不规则运动导致动载荷显现增强。同时，由于 311103 工作面在煤层变薄，平均厚度由 5.6m 降低至 3.2m，工作面中部 50#～90#支架段煤层平均厚度约为 2.6m，煤层厚度发生区域积聚一定的构造应力。此外，自 3 月 11 日以来，311103 工作面推采速度开始加快，平均推采速度为 7.51m/d，最大推采速度为 10m/d，最小推采速度为 4m/d，推采速度快且不均匀，回采扰动对工作面的影响加大。

表 6.5　311101 工作面停采线前后约 100m 范围内推采期间的矿压显现情况

时间	显现情况	距 311101 工作面停采线位置/m
2 月 11 日	回风顺槽超前 10m 范围内顶板破碎、下沉明显	106.4
2 月 22 日	溜尾及回风顺槽超前 15m 范围内，顶板压力较大，底鼓、顶板下沉现象明显	68.8～76.8
3 月 11 日	溜尾，顶板下沉，有明显的溜矸现象	−13.6～−24
3 月 22 日	回风顺槽超前 10m 范围内顶板压力较大，有明显的下沉现象	−94.4

4. 311103 工作面回采期间冲击地压显现

1）"8·26"冲击地压事故

2016 年 8 月 26 日，8:21 分监测到 1 起 3.9×10^4J 微震事件，9:42 监测到 1 起 7.5×10^5J 微震事件，定位于面前 208m、煤层上方 65m 处。事故造成 311103 工作面超前 400m 范围内巷道瞬间严重变形，最大底鼓量达到 1.5m，区段煤柱侧帮鼓严重，煤体冲出，肩窝处冒顶范围长×宽×高最大达 3m×2m×1.5m，因巷道瞬间变形压缩空气所产生的冲击气浪将多名工人冲倒，地面震感明显，9:43 微站系统再次监测到 1 起 1.2×10^4J 微震事件，发生位置均在回风顺槽超前 200m、上覆岩层 50～60m 范围内。经论证，该事故的主要原因是煤层及顶底板具有冲击倾向性，所处的开采水平较深且煤柱留设宽度较大，此时 311103 工作面正推采至大采空区"二次见方"区域内，一方面侧向采空区上覆岩层未充分稳沉，悬顶面积较大；另一方面该工作面顶板未采取预裂措施，工作面后存在一定长度的悬顶，形成了孤岛应力区。加之 311103 工作面推采速度较快，推采强度偏大，动、静载荷应力相互叠加。311103 工作面回风顺槽动压显现现场及微震定位情况如图 6.8 所示。

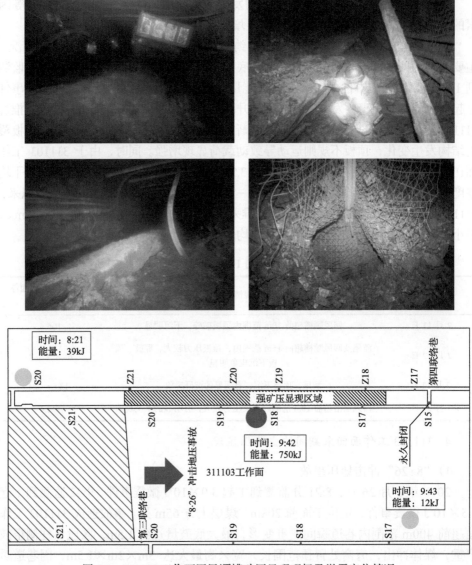

图 6.8　311103 工作面回风顺槽动压显现现场及微震定位情况

2) "10·28" 冲击地压事故

2016 年 10 月 28 日中班生产期间，3 名工人在回风顺槽超前 190m 位置进行帮部支护。19:24，回风顺槽突然来压，出现强烈震动，回风顺槽超前 100～180m 范围内出现不同程度的底鼓，最大底鼓量为 0.8m；超前 165～180m 范围内顶板冒落，冒顶高度 1.5m。冲击地压显现伴随着空气冲击波现象，将附近巷修作业的 3 名工人冲倒。微震系统监测到能量为 8.2×10^5J 的微震事件。"10·28" 冲击地压事故原因是：一方面 311103 工作面推采速度过快，导致采空区顶板不能充分垮落，应力得不到及时释放，10 月 21～28 日，工作面平均推采速度达到 9.1m/d，其中 10 月 24 日最大推采速度达到 12.2m/d；另一方面是回风顺槽未对生产帮侧顶板进行预裂措施。"8·26"冲击地压事故之后，对爆破断顶施工参数进行了修改，非生产帮侧施加预先断顶，而生产帮侧不再增加断顶孔。当 311103 工作面推采进入生产帮侧未断顶区域前后时，周期来压的强度明显增大，事故发生时工作面推采进入生产帮侧未断顶区域 15.6m。

6.1.3　煤矿 11 盘区地应力实测

地应力是区域构造应力和上覆岩层自重应力的整体显现，是煤矿动压灾害初始孕育应力环境的基础。为此，在分析 311103 工作面动压显现机理之前，需要对其所在的 11 盘区地应力状态进行实测。

1. 测量设备及系统性能

地应力测量设备由矿山压力数据记录仪、改进型空心包体应力计、定向仪和率定仪组成。地应力测量设备如图 6.9 所示。此设备可测量岩石和混凝土中的三向应力，适用于短期或长期监测三轴应力，一次测量就可以得到全部三维应力张量，同时具有温度漂移量小、自动记录应变数据等特点。

(a) 矿山压力数据记录仪

(b) 改进型空心包体应力计

(c) 定向仪

(d) 率定仪

图 6.9　地应力测量设备

地应力测量设备应变计探头为改进型空心包体应变计，其主体是一个用环氧树脂制成的空心圆筒，在其中间部位沿同一圆周等间距（120°）嵌埋着三个电阻应变花。每个电阻应变花由四支应变片组成，相互间隔45°，共计12支应变片，分别为周向三支（A90，B90，C90）、轴向三支（A0，B0，C0）、与轴线成+45°方向三支（A45，B45，C45）以及与轴线成−45°方向三支（A135，B135，C135）。其中，A0、B0、C0是在钻孔周围互成120°的三个位置独立测量轴向应变，A90、B90、C90是在孔周互成120°的三个位置独立测量周向应变，A45、B45、C45是在钻孔周围互成120°的三个位置独立测量与轴线成+45°方向的应变，A135、B135、C135是在钻孔周围互成120°的三个位置独立测量与轴线成−45°方向的应变。改进型空心包体应变计结构如图6.10所示。改进型空心包体应变计电阻应变片排列如图6.11所示。

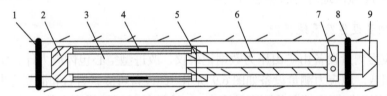

图6.10　改进型空心包体应变计结构图

1.封闭圈；2.环氧树脂壳体；3.空腔(内装胶结剂)；4.电阻应变片；5.固定销；
6.活塞；7.胶结剂流出孔；8.封闭圈；9.导向头

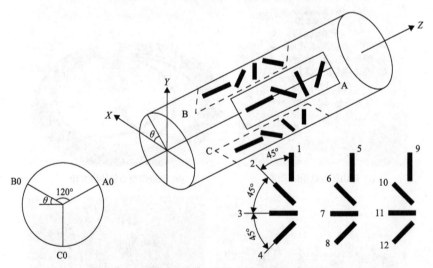

图6.11　改进型空心包体应变计电阻应变片排列

2. 测点布置方案

为了能够从空间上较为准确地反映出11盘区的地应力分布特征，在现场考察该区地质构造、煤层赋存、巷道布置等相关影响因素的基础上，先后选取4个不同标高的地应力测点，采用套孔应力解除法对 11 盘区地应力进行实测。11 盘区地应力测点相关参数如表 6.6 所示。11 盘区地应力测点布置如图 6.12 所示。

表 6.6　11 盘区地应力测点相关参数

测点号	位置	深度/m	孔深/m
1	3-1 煤层回风大巷 HF6 导点	620	8
2	311103 工作面主运顺槽 S4 导点	620	8
3	311102 工作面辅运顺槽 J42 导点	636	8
4	311103 工作面开切眼与辅运巷相交处	645	8

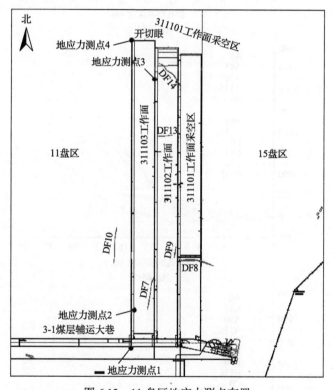

图 6.12　11 盘区地应力测点布置

3. 测试结果分析

11 盘区地应力各测点曲线如图 6.13 所示。从图中可以看出，因受套孔解除应力转移的影响，4 个测点的地应力测点曲线在测量初期某些应变片出现负值，但随着测量深度的增加，应变数值逐渐增大并在通过测量断面后达到峰值且趋于稳定，说明测点数据有效。

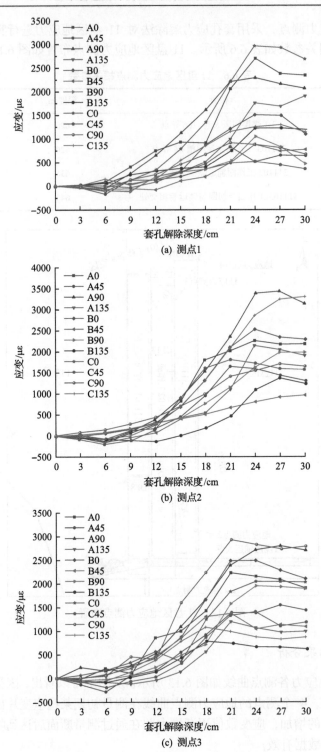

(a) 测点1

(b) 测点2

(c) 测点3

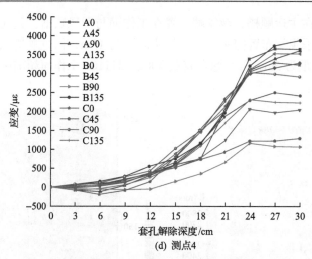

图 6.13　11 盘区地应力各测点曲线

根据上述实测的应变数据并结合岩石力学参数及钻孔的几何参数，即可分析计算得出四个测点的地应力分量及主应力的大小和方向。11 盘区各测点主应力计算结果如表 6.7 所示。

表 6.7　11 盘区各测点主应力计算结果

测点号	深度 /m	最大主应力			中间主应力			最小主应力		
		σ_{max}/MPa	方向/(°)	倾角/(°)	σ_{mid}/MPa	方向/(°)	倾角/(°)	σ_{min}/MPa	方向/(°)	倾角/(°)
1	620	22.95	112.58	17.76	19.84	19.11	10.68	15.98	100.48	69.08
2	620	29.45	102.65	−13.41	18.05	−10.15	−10.34	15.53	116.32	−72.94
3	636	24.87	90.30	−2.80	16.41	0.31	−12.11	15.71	166.89	77.56
4	645	27.86	97.34	3.78	17.38	−8.45	−6.22	15.87	136.19	−88.94

从测试结果可以发现，11 盘区地应力场是以水平构造应力为主导的，最大主应力为近水平方向，平均为 100.72°，总体近似于东西向，恰好与 311103 工作面顺槽走向垂直，巷道围岩受区域挤压应力最大，巷道顶底板易于向巷道空间发生屈曲变形并积聚弹性能量。同时，最大水平主应力值与自重应力比值范围为 1.44～1.90，平均为 1.67 倍，高侧压系数进一步验证了区段煤柱下底板滑移冲出的原因。

6.1.4　311103 工作面应力状态实测

为了进一步掌握 311103 工作面的应力状态，分析工作面超前支承应力的影响范围及峰值位置，采用 PASAT-M 便携式微震仪对工作面前三个不同区域进行探测，探测位置分别为工作面超前 300～420m、超前 130～250m 和超前 30～150m。为确保探测数据具有对比性，每次探测的有效距离均为 120m，探测时均将采集端布置在主运顺槽，激发端布置在工作面与回风顺槽，其间通过两芯信号线连接，其中采集端布置探头 9 个，探头间距为 15m，回风顺槽激发端布置炮点 25 个，炮点间距为 5m，每个炮点装药 300g。311103 工作面超前区域波速场分布如图 6.14 所示。

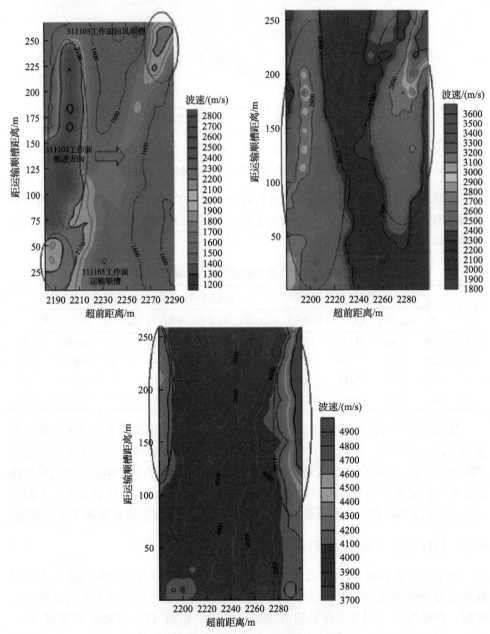

图 6.14　311103 工作面超前区域波速场分布

图 6.14 中不同颜色代表震动波在煤岩体中传播的速度，颜色由浅到深代表波速依次升高，波速越高代表煤体应力值越大。从图中可以看出，在 311103 工作面超前 300～420m 范围内，存在 3 个高波速区，分别位于：

（1）工作面在倾向 0～60m 范围内，该区波速异常指数 V_n=29.4，属中等应力集中等级，波速最高区在主运顺槽，波速梯度指数属中等应力集中等级。

（2）工作面在倾向 60～245m 范围内，平均波速为 2500m/s，相邻区域的平均波速为 1700m/s，波速异常指数 V_n=53，属强应力集中等级；最高波速区距离回风顺槽 15m，波速梯度指数 G_v=53.3，属中等应力集中等级。

（3）工作面在倾向 230～260m 范围为第三个异常区，波速异常指数 V_n=17.6，属弱应力集中等级；最高波速区距离回风顺槽 5m，波速梯度指数 G_v=60，属中等应力集中等级，经综合判定该区具有强冲击危险。

同理，依次分析得出 311103 工作面超前 130～250m 和超前 30～150m 的应力异常区域，经综合判断三个区域均属高应力集中区，具有强冲击危险。其中，311103 工作面超前区域波速场探测数据结果如表 6.8 所示。

表 6.8　311103 工作面超前区域波速场探测数据结果

探测区域	高波速区平均波速/(m/s)	相邻区域平均波速/(m/s)	波速异常指数 V_n	波速梯度指数 G_v	距离回风顺槽巷道/m	综合评判结果
超前 300～420m	2500	1700	53	53.3	15	
	2200	1700	29.4	—	—	强冲击危险区域
	2000	1700	17.6	60	5	
超前 130～250m	2800	2300	21.7	11.6	60	
	2800	2300	21.7	—		强冲击危险区域
超前 30～150m	4300	4000	7.5	6	50	
	4800	4400	9	—		强冲击危险区域

此外，通过对比 311103 工作面超前不同范围的波速场探测结果可知，第一次探测区域整体的波速值在 1200～2900m/s，第二次探测区域整体的波速值在 1800～3600m/s，第三次探测区域整体的波速值在 3700～5100m/s。表明随着 311103 工作面的推进，探测区域内的波速值在不断增加，相对于第一次探测波速结果，第二次的波速集中系数为 1.2～1.5，第三次的波速集中系数为 1.7～3，波速与应力呈正相关关系，由此可推断当应力值超过围岩巷道承载极限值时，回风顺槽侧将发生强矿压显现。此外，由相邻两次波速值的变化可推断，311103 工作面的超前影响范围大于 250m。

6.1.5　采动巷道侧向厚硬岩层破断位置实测

从先后连续三次微震事件显现、微震事件的定位高度以及沿空侧巷道顶板冒顶位置推断，此次动压显现与上覆岩层的厚硬顶板运动相关，明确厚硬顶板的运动垮断方式以及断裂位置，是下一步冲击地压机理分析、监测预警以及防治技术制定的首要工作。

1. 断裂位置观测方案设计

为了验证理论分析推断的顶板垮断位置，掌握一次采动影响下回风顺槽上覆厚硬岩层侧向顶板的裂隙发育状态，对后续侧向多厚硬顶板预裂位置的选择和结构优化设计具有指导意义。因此，采用 4D 超高清全智能孔内电视(GD3Q-GA)对采动巷道侧向上覆岩层的垮断位置开展了现场实测工作。合理的观测位置选择和观测方案是保证钻孔有效记录顶板内部结构信息和推断顶板上覆厚硬岩层破断位置的关键。为此，考虑到回风巷道超前支架的影响，在兼顾二次采动超前应力影响范围以及钻孔施工难度的基础上，测站选择在 311103 工作面回风巷道超前 100m 处，巷道观测空间充足，方便钻机施工以及安装观测钻杆。

为了全面系统掌握上覆厚硬岩层各个岩层的裂隙发育情况，在同一巷道断面布置 5 个观测孔，呈扇形布置，以与回风顺槽上方直接顶板水平夹角为 30° 的观测孔为初始观测孔，相邻观测孔之间夹角为 25°，顺时针布置，每个钻孔深度分别为 15m、42m、38m、35m、30m，观测孔径为 42mm。在钻孔施工到预定深度后，立即采用高压水冲洗钻孔，待返浆液中无大粒煤岩碎屑后，将高压风管一次推入钻孔底端，自上向下倒退拖出，用高压气体将钻孔内岩壁水冲出，以防水珠滴落到探头上，影响成像清晰度。在观测过程中，将观测杆匀速推进至钻孔底端，每隔 2s 采集一次图像。图 6.15 为 3 个典型观测钻孔的顶板裂隙发育情况。

从图 6.15 中可以看出，2#观测孔位于 1 号观测孔上方且靠近采空区侧，0～

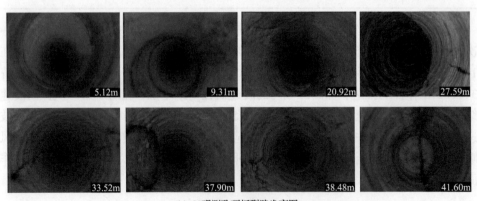

(a) 2#观测孔顶板裂隙发育图

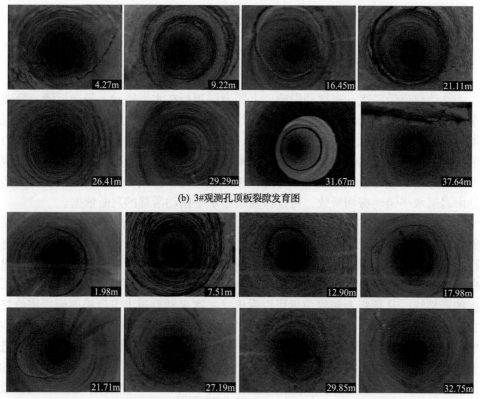

(b) 3#观测孔顶板裂隙发育图

(c) 4#观测孔顶板裂隙发育图

图 6.15　典型观测钻孔顶板裂隙发育情况

5.12m 孔壁裂隙较少，顶板相对完整，9.31m 处为进入中粒砂岩层，直至 20.92m 处，孔内未见大裂隙，但小裂隙比较发育，孔壁局部有离层破裂现象，27.59m 处发现明显层间错动，推断位于细粒砂岩与砂质泥岩交接处附近，说明下位砂质泥岩向采动区侧发生水平错动，在 33.52～41.60m，孔内清晰可见对称发育一条纵向长裂隙，靠近采空区侧的裂隙发育较明显且局部位置裂隙分叉，对应位置已进入高位中粒砂岩层，说明在上覆自重应力和侧向支承应力的作用下，悬露于采空区上方的高低位厚硬岩层已然破断。

　　3#观测孔位于区段煤柱靠近巷道侧边缘，0～4.27m 受采动应力和顶板离层影响，裂隙较发育，进入中粒砂岩后，16.45m 处发育一条环形裂隙，对应位置大约在低位中厚硬岩层上部，说明低位岩层已然破断，从 21.11m 处开始，靠近采空区侧发育一条纵向长裂隙，裂隙宽度较小，31.67m 处的细粒砂岩和中粒砂岩层间交界处发生明显的岩层错动，说明下位岩层已经偏转垮断，上部 37.64m 处再次出现岩壁离层破裂现象，可能是由局部存在原生裂隙所致。

　　4#观测孔位于回风顺槽顶板上方偏实体煤侧，0～7.51m 孔内未见较大裂隙，

12.90～17.98m 中粒砂岩内局部发育多条环形裂隙，21.71m 以上裂隙发育不明显，说明高位岩层受采动应力不严重，顶板未发生离层显现。

2. 断裂位置实测结果分析

采动巷道受二次开采扰动影响，上覆岩层顶板在水平错动、竖向沉降、弯曲变形以及多岩层之间摩擦等多重应力的作用下，由下至上破碎带、断裂带、离层带、层间径向错位以及长距离纵深裂隙，各种横纵向裂隙发育。从裂隙形成的力学机理和扩展方向推断，纵向裂隙主要是由顶板竖向沉降运动所产生的垂直切应力或者弯曲拉应力造成的，可以作为顶板断裂位置的推断依据，而横向裂隙大多是由岩层水平错动剪切所致，可以作为岩层水平错动滑移的判断依据。

按照以上分析方法，通过对五个观测孔窥视到的二次采动巷道上覆厚硬岩层的孔内裂隙发育情况，按照发育位置、裂隙大小、裂隙产状以及发育严重程度进行统计，将回风顺槽顶板分为破碎区、纵向裂隙区和高位横纵裂隙区，并结合纵向裂隙发育位置以及岩层错动位置，推断得出 311103 工作面回风巷道上方厚硬顶板的断裂线。从顶板断裂线位置可以看出，二次采动巷道上方顶板厚硬岩层恰好在区段煤柱靠近巷道自由面上方断裂，整个上覆岩层的自重应力和悬露于采空区侧的高低位顶板因破断弯曲而对煤柱形成的侧向挤压应力共同作用在区段煤柱上，进而造成区段煤柱侧冲击地压显现。此外，二次采动巷道靠近区段煤柱侧上方顶板的大面积冒顶以及区段煤柱下方底板的整体滑移压出，进一步验证了推断得出的顶板断裂线的合理性。二次采动巷道顶板裂隙分布及断裂线位置如图 6.16 所示。

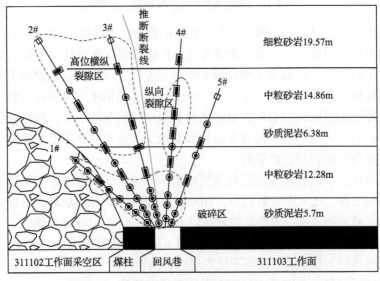

图 6.16　二次采动巷道顶板裂隙分布及断裂线位置

□ 微裂隙；　◉ 破碎带；　▬ 横向裂隙；　■ 纵向裂隙；　／ 观测孔

6.2　深孔顶板预裂爆破防冲技术实践

6.2.1　深孔顶板预裂爆破参数设计

鉴于 311103 工作面回风顺槽回采期间多次发生动压显现，对其冲击地压影响因素进行系统理论分析、现场实测以及微震定位分析，研究结果表明采动巷道区段煤柱上方厚硬顶板的联合运动以及不合理破断是造成动压显现的主要原因。为此，自 2015 年 12 月开始，采用冲击地压力构协同防控技术，通过开展顶板深孔预裂爆破控制采动巷道区段煤柱上方厚硬顶板的垮断位置，避免侧向长距离悬露顶板的形成，降低其变形破断的来压强度，进而实现防冲解危的目的。在实际现场施工过程中，由于内蒙古地区矿用火工品的使用管理规程规定不能进行连续爆破，断顶爆破主要集中在 311103 工作面"一次见方"区域及回风顺槽 6#联络巷以外开展，所以人为造成了局部顶板未处理区域。

1. 爆孔深度设计

由理论垮落高度计算公式以及老顶岩层进入裂隙带的判别公式可得

$$\begin{cases} h'_k = \dfrac{M'C}{K_k - 1} \\ H_i \geqslant M' - \left[\displaystyle\sum_{i=0}^{n-1} H'_i(K_i - 1) + h(K_z - 1) \right] + 2 \end{cases} \tag{6.1}$$

式中，C 为采放总回收率；h 为直接顶厚度；h'_k 为理论垮落带岩层高度；H_i 为由下而上第 i 层老顶岩层（基础岩层）的厚度；H'_i 为由下而上第 i 层老顶分层的厚度；K_i 为第 i 层老顶及其附加岩层的岩石碎胀系数；K_k 为垮落带岩层平均碎胀系数；K_z 为直接顶岩层的岩石碎胀系数；M' 为采放有效高度。

根据 311103 工作面作业规程以及工作面后采空区顶板垮断情况观测得出，3-1 煤层的采放有效高度为 5.56m，总回收率为 93%，得出其理论垮落高度约为 17m。假定砂质泥岩全部冒落垮断，其余煤层的累积碎胀高度仅为 2.52m，仍无法充分回填采空区空间，说明上部中粒砂岩和细粒砂岩均参加了岩层运动。同时，由关键层理论可知，上覆岩层中 12.96m 厚的中粒砂岩属低位厚硬岩层，13.45m 后的中粒砂岩属高位厚硬岩层，这两层对回风顺槽受力影响显著，需爆破处理这两个层位。其中，回风顺槽顶板理论垮落高度及覆岩关键层计算数值统计如表 6.9 所示。

表 6.9　回风顺槽顶板理论垮落高度及覆岩关键层计算数值统计

序号	岩性	分层厚度 h_i/m	碎胀系数	碎胀高度 /m	体积力 /(kN/m³)	弹性模量 /GPa	$(q_n)_1$			分析结果
							下层	中层	上层	
1	中粒砂岩	13.45	1.5	6.48	23	23	—	326.16	309.35	高位厚硬岩层
2	细粒砂岩	3.5	1.5	1.75	24	21	—	380.69	—	—
3	中粒砂岩	12.96	1.5	6.48	23	23	212.49	298.08	—	低位厚硬岩层
4	砂质泥岩	12.2	1.2	2.44	25	15	305.00	—	—	—
5	3-1 煤层	5.56	1.2	0.08	—	—	—	—	—	—

　　同时，在现场打钻过程中发现，煤层上方的低位中粒砂岩、3.5m 厚细粒砂岩和高位中粒砂岩在部分区域是交互存在的，针对这种情况制定了以下两种爆破方案。

　　1)方案一：独立分层

　　破断 12.96m 厚中粒砂岩层，结合现场施工条件确定超前深孔爆破钻孔卸压施工角度为 45°，钻孔终点位于 12.96m 厚中粒砂岩层上边缘，计算得到爆破断顶钻孔深度 L_z=35m。

　　2)方案二：联合运动

　　破断上覆坚硬砂岩顶板，12.96m 中粒砂岩、3.5m 厚细粒砂岩与 13.45m 厚中粒砂岩累计厚 29.91m，为了能得到最好的爆破效果，同时考虑现场施工条件，确定钻孔终点位置需进入坚硬岩层 20m 左右，即钻孔终点的垂直高度为 20+12.2=32.2m，施工角度为 45°，计算得到爆破断顶钻孔深度 L_z=45m。

　　2. 爆孔间排距优化设计

　　顶板深孔预裂爆破的关键在于对厚硬顶板进行预裂，并非将爆破岩体炸开破碎，因此只要保证深孔爆破后所形成的破坏区(压碎区和破裂区)能够贯通，形成卸压带或贯穿裂隙带，即可满足要求。爆破钻孔间距优化设计如图 6.17 所示。

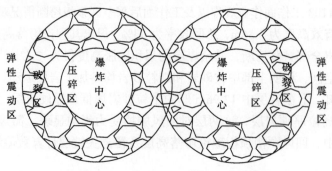

图 6.17　爆破钻孔间距优化设计

根据爆破学理论，在非耦合装药的情况下，爆破作用会形成破碎区、裂隙区和弹性区，同时还需计算每米装药量。

破碎区又称压缩粉碎区，爆破源附近煤岩体受超强高压冲击波的作用，颗粒间产生滑移，结构遭到严重破坏，最终粉碎成细微颗粒。该区域半径较小，但对炸药能量消耗很大，因此要采取措施减少破碎区。破碎区估算公式为

$$\begin{cases} R_{c}' = \left(\dfrac{\sqrt{2}\rho_0 D^2 n K^{-2\gamma} l_{e} B}{16\sigma_{cd}} \right)^{\frac{1}{\alpha}} r_{b} \\ B = \sqrt{(1+b)^2 + (1+b^2) - 2\mu_{d}(1-\mu_{d})(1-b)^2} \\ \alpha = \dfrac{2-\mu_{d}}{1-\mu_{d}} \end{cases} \tag{6.2}$$

式中，α 为载荷传播衰减指数；b 为侧向应力系数，取为 1.2；D 为岩石中的炸药爆速；K 为不耦合装药径向不耦合系数，$K = r_{b}/r_{c}$，其中 r_{b}、r_{c} 分别为炮孔半径与药包半径；l_{e} 为装药轴向系数；n 为爆轰产物膨胀碰撞孔壁时的压力增大系数，一般取 10；R_{c}' 为破碎区半径；μ_{d} 为岩石的动泊松比，在工程爆破加载率范围内，取 $\mu_{d}=0.8\mu$；ρ_0 为炸药密度，岩体变形前后的密度；σ_{cd} 为岩石单轴动态抗压强度；γ 为爆轰产物的膨胀绝热指数，一般取 3。

因此，依据破碎区估算公式、裂隙区计算公式和单米装药量计算公式，计算得出不耦合装药条件下，顶板中粒砂岩层爆破破碎区半径 R_{c}'=440.19mm，裂隙区半径 R_{p}'=2250.93mm，单米装药量 L_{c}=0.51kg。回风顺槽深孔顶板爆破钻孔排距计算相关参数如表 6.10 所示。因此，顶板深孔预裂爆破钻孔排距 S=2×（0.0325+0.44019+2.25093）≈5.45m。但考虑现场实际施工条件，在设计爆破钻孔排距时，需大于 5.45m。总结 311102 工作面冲击地压监测结果：相邻两次冲击地压显现距

表 6.10　回风顺槽深孔顶板爆破钻孔排距计算相关参数

岩石参数	数值	装药参数	数值
中粒砂岩密度/(kg/m³)	2111.98	药包半径/mm	25
岩石声速/(m/s)	3300	炸药密度/(kg/m³)	1107.73
泊松比	0.222	炸药爆速/(m/s)	3600
单轴抗压强度/MPa	40.434	爆孔半径/mm	32.5
单轴抗拉强度/MPa	2.839	装药轴向系数	1.0

离小于 60m 的共 16 次，平均距离为 36m，推断高位厚硬岩层破断步距为 36m。同时，结合 311103 工作面大小周期来压步距（13.5～54m）分析确定，每间隔 10m 做一次断顶爆破，即爆破钻孔排距定为 10m。同时，针对上面两种不同的爆破方案，确定了相应的钻孔深度和装药量。

（1）方案一：钻孔深度 35m，装药量 $L=35×L_e=35×0.51=17.85$kg，为确保施工安全，可对装药进行适当调整，建议装药量为 15kg。

（2）方案二：钻孔深度 45m，装药量 $L=45×L_e=45×0.51=22.95$kg，为确保施工安全，可对装药进行适当调整，建议装药量为 18kg。

3. 装药不耦合系数分析

根据理论分析及矿井爆破经验，一般坚硬煤层爆破装药不耦合系数控制在 1.20～1.45 最为合适。本次爆破采用爆孔直径为 65mm，炸药直径为 50mm，不耦合系数为 1.3。

4. 起爆方式

根据《爆破安全规程》（GB 6722—2014）[215] 规定，如果已知药量和爆心距，地面振动速度值可按如下经验公式计算：

$$V = \left(\frac{Q^{1/3}}{R} \right)^{\frac{3}{\varphi}} K_c \tag{6.3}$$

式中，V 为安全振动速度，取 20cm/s；φ 为衰减系数，取 309.5；K_c 为岩性系数，取 45。

计算得出一次起爆最大药量 Q=655kg。结合现场实际情况，确定 311103 工作面实施爆破时，采用毫秒雷管分组爆破，单孔起爆。

5. 施工方案

按照"准备钻机→施工钻孔→装药定炮→爆破孔封孔→爆破"的工艺顺序施工，施工采用 ZDY1200L 履带式钻机打孔，采用 φ65mm 钻头及配套钻杆 40 根，爆破孔准备完毕并确定无塌孔堵塞后，以 3～5 支乳化炸药药卷（规格为 φ50mm×460mm×1000g）作为一个起爆单元，每个起爆单元使用双雷管，并用引线引出，外部用 PVC 软管进行包裹送至爆孔底端，采用专用封孔水泥药卷进行封孔，在做好起爆准备工作后，警戒起爆。其中，311103 工作面回风顺槽"一次见方"附近及 6# 联络巷以外断顶爆破设计如图 6.18 所示，回风顺槽炮眼施工爆破参数如表 6.11 所示。

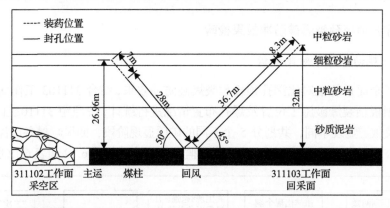

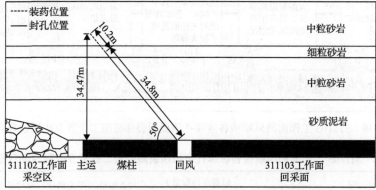

图 6.18　311103 工作面回风顺槽 "一次见方" 位置及 6# 联络巷以外断顶爆破设计

表 6.11　311103 工作面回风顺槽炮眼施工爆破参数

参数	"一次见方" 位置	6# 联络巷以外
炮眼长度/m	35	40
装药长度/m	7	9.3
垂直角度/(°)	50	50
水平夹度/(°)	0	90
封孔长度/m	20	20.7
封孔长度/孔深/%	57.14	51.7
装药量/kg	15	20
炸药卷数/卷	15	33
装药方式	连续装药	连续装药
爆破方式	单孔起爆	单孔起爆

6.2.2 深孔顶板预裂爆破防冲效果检验

1. 宏观动压显现对比分析

为了全面系统地对比深孔顶板预裂爆破防冲效果，结合 311103 工作面回风顺槽深孔顶板预裂爆破施工位置及爆孔布置情况进行统计，按照距 311103 工作面切眼距离及微震显现不同，共划分 5 个不同的矿压显现阶段，回风顺槽各区深孔顶板预裂爆破施工位置及矿压显现对比和微震监测数据统计如图 6.19 和表 6.12 所示。

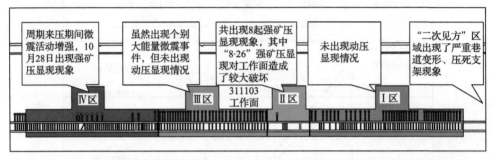

图 6.19　311103 工作面回风顺槽各区深孔顶板预裂爆破施工位置及矿压显现对比

表 6.12　311103 工作面回风顺槽各区深孔顶板预裂爆破施工位置及微震监测数据统计

区域	距切眼长度/m	爆破位置及个数	微震事件数量/J					总能量/J	平均能量/(J/m)	单位长度释放能量/(J/m)
			10^1	10^2	10^3	10^4	10^5			
未断顶区	368	未爆破	2383	2052	383	13	1	2.6×10^6	538.1	7065.2
I 区	68 (582)	两侧 (生 42+煤 55)	480	453	150	5	0	8.5×10^5	781.3	1460.5
II 区	126 (180)	两侧 (生 1+煤 3)	480	134	39	5	0	4.5×10^5	683.9	2500.0
III 区	144 (413)	两侧 (生 34+煤 34)	437	942	336	20	2	2.8×10^6	493.3	6779.7
IV 区	1858 (554)	单侧为主 (生 4+煤 62)	770	219	48	3	1	1.2×10^6	1152.7	2166.1

从表 6.12 可以看出，在未断顶区域回采期间，井下煤炮事件不断，累计发生了 13 起能级为 10^4J 微震事件，1 起能级为 10^5J 微震事件，单米释放能量达到 7065.2J，进入 311103 工作面"二次见方"区域后，巷道底鼓和两帮变形量明显增大，超前支架泄压阀打开及区域漏顶现象不断，影响了 311103 工作面的正常推采；在 I 区回采期间，由于两侧施工深孔顶板预裂爆破措施，微震事件及巷道矿压显现明显好转，累计仅发生 5 起小能量微震事件，即便在"三次见方"位置，

巷道变形及底鼓量明显小于"二次见方"期间,说明深孔顶板预裂爆破有效控制了侧向顶板的垮断结构,降低了巷道的整体应力;在Ⅱ区回采期间,由于受炸药供应的影响,该区域仅施工 4 个爆孔,大约有 180m 的顶板未处理,造成了顶板周期性结构破断失衡,能量及应力传递不连续,先后 6 次发生动压显现,其中包括累计造成巷道破坏达 300m 长的"8·26"强矿压动力显现事件;在Ⅲ区回采期间,由于炸药恢复供应,深孔顶板预裂爆破正常施工,未发生较大的矿压显现,其中 9 月 22 日在 311103 工作面中部发生了一起能量为 1.1×10^5J 微震事件,因距离巷道较远未造成破坏。此次微震事件也从侧面证明:深孔顶板预裂爆破通过对上覆岩层垮断结构的控制,将作用于巷道围岩上的应力向 311103 工作面深部转移,避免了顶板弹性能量释放而造成巷道受损破坏;在Ⅳ区回采期间,由于深孔顶板预裂爆破方案的调整,微震事件和矿压显现强度较Ⅲ区明显增加,推进该区 22m 时发生了一次强矿压显现,造成 311103 工作面超前 100~180m 范围内巷道严重底鼓,部分区域顶板冒落高度达 1.5m。后期将爆破方案调整为两帮对称卸压后,微震数量和矿压显现得到明显好转。

通过对 311103 工作面回风顺槽 5 个不同深孔顶板预裂爆破区域微震应力云图和能量直方图统计发现,在工作面由未断顶区域进入Ⅰ区过程中,微震以岩体裂隙扩展的小能量事件为主,大能量事件较少,顶板积聚大量弹性能量;Ⅰ区后半段至Ⅱ区前半段之间,因顶板预裂爆破不连续,微震活动明显减弱,局部出现"缺震"现象,说明该区域顶板结构垮断不连续,高低位岩层运动不协调,侧向形成了悬顶结构,进而导致"8·26"强矿压显现的发生;进入Ⅲ区以后,高应力区整体向 311103 工作面中部转移,在 9 月 20 日前后出现 2~3 天的"缺震"现象,之后发生了一起 10^5J 微震事件,推测由高位岩层运动破断所致;由Ⅲ区进入Ⅳ区期间,因生产帮侧未实施顶板预裂爆破,上覆高低位岩层破断结构再次受到影响,造成侧向顶板因悬露过长而发生能量积聚,导致"10·28"强矿压显现发生。

通过对比 2016 年 3 月~2016 年 6 月深孔顶板预裂爆破位置与微震监测数据情况发现,这段时间内生产帮和非生产帮累计爆破 57 次,微震系统对应监测到 28 起爆破事件,微震能量范围为 6~4000J。当断顶爆破位置距 311103 工作面 172~262m 时,微震系统监测到 73%的爆破事件;当断顶爆破位置距 311103 工作面 262~422m 时,微震系统监测到 55%的爆破事件;当断顶爆破位置距 311103 工作面大于 422m 时,微震系统无法监测到爆破事件。在统计炸药恢复供应后Ⅲ区的 55 次顶板预裂爆破过程中,发现当断顶爆破位置距 311103 工作面 125~345m 时,微震系统监测到 39 起微震事件,占爆破断顶次数的 71%,随着爆破断顶位置与工作面距离逐渐增大,微震系统监测到的爆破微震事件逐渐减少。因此,煤巷顶板深孔预裂爆破位置距 311103 工作面不宜超过 400m。微震事件数量与工作面相对位置的关系如图 6.20 所示。此外，对微震事件与 311103 工作面相对位置进行统计分析发现，在 311103 工作面前后 300m 范围内微震事件比较密集，占总事件的 88%，且微震事件数量与工作面相对位置的关系为

$$y=2788.2\mathrm{e}^{-0.374x}, \quad R^2=0.9636 \tag{6.4}$$

式中，y 为微震事件数量；x 为相对位置的绝对值。

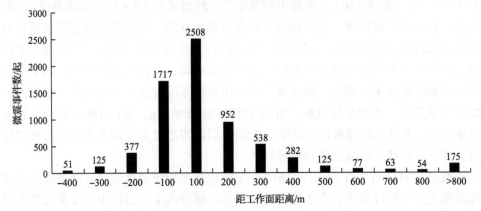

图 6.20 微震事件数量与工作面相对位置的关系

微震事件数量与工作面相对位置拟合曲线如图 6.21 所示。通过得出震源相对位置的拟合公式，可以很好地预测微震活动的发展趋势，预测预报冲击矿压显现危险。

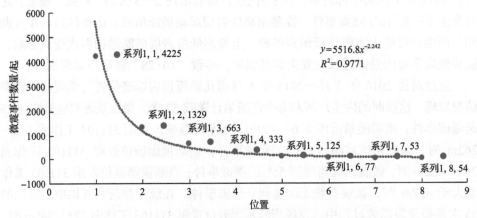

图 6.21 微震事件数量与工作面相对位置拟合曲线

由上述分析可知，当 311103 工作面由未断顶区域进入断顶区域或者进出相邻不同断顶预裂设计施工区域时，因人为因素造成上覆顶板岩层结构运动不协调，

应力与能量传递不连续，积聚在上覆厚硬岩层内的弹性能量释放不均匀或不充分而局部区域形成高应力集中，当能量积聚到一定程度时，在外在扰动应力的作用下易发生强矿压显现，诱发冲击地压。同时，当在这些区域微震系统监测出"缺震"现象时，可将其作为冲击地压发生的典型预测前兆。311103 工作面回风顺槽各区域微震应力及微震能量对比如图 6.22 所示。

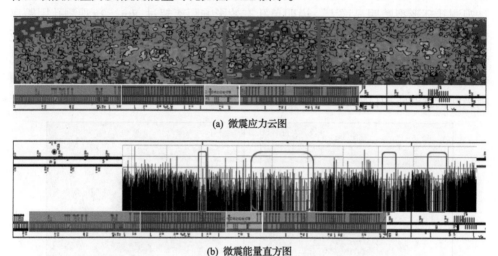

(a) 微震应力云图

(b) 微震能量直方图

图 6.22　311103 工作面回风顺槽各区域微震应力及微震能量对比

2. 钻孔窥视观测情况

为了对比检验深孔顶板预裂爆破的防冲效果，采用 4D 超高清全智能孔内电视对顶板预裂爆破前后的裂隙发育及扩展情况进行窥视。本次观测位于 311103 工作面回风顺槽区段煤柱侧 6#联络巷超前 70m 的 60#～61#爆破孔。首先，沿 311103 工作面回采方向，在分别距离 60#爆破孔 6m 和 8m 的地方打两个观测孔，用高压水冲孔之后进行观测，记录爆破前孔内不同位置的裂隙发育情况。待 60#爆破孔爆破结束之后，再次观测两个观测孔，记录孔内裂隙发育的情况。最后对比爆破前后两个观测孔的裂隙发育情况，断顶爆破观测孔布置方案如图 6.23 所示。其

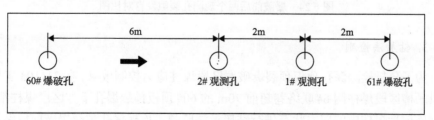

图 6.23　断顶爆破观测孔布置方案

中，为了便于对比，两个观测孔选择的观测深度距孔口均为 32m，垂直高度为 22.4m，位于中粒砂岩内。

图 6.24 为爆破前后两个观测孔裂隙发育对比。从图中可以看出，在未进行爆破前，两个观测孔所探测位置岩石比较完整，未发现明显裂隙，其中 1#观测孔局部发现一条环形裂隙，2#观测孔岩石相对完整，未见明显裂隙。60#孔爆破后，1#观测孔环形裂隙明显增大，说明单孔有效影响距离超过 8m。2#观测孔因距离爆孔较近，孔内裂隙呈环形分布，以竖向张拉裂隙为主，且距离观测点大约 1m(距孔口 33m 左右)位置发生了塌孔，说明该位置受爆破冲击最为严重，裂隙得到充分扩展贯通，顶板完整性得到破坏，达到了控制顶板破断结构，有效控制侧向顶板破断位置的防冲目的。

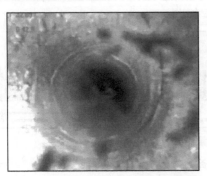 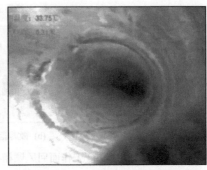

(a) 1#观测孔爆破前后裂隙对比

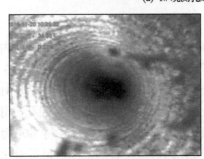 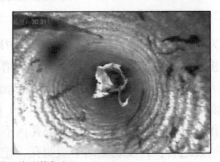

(b) 2#观测孔爆破前后裂隙对比

图 6.24　爆破前后两个观测孔裂隙发育对比图

3. 钻屑法检测

为了分析检测深孔顶板预裂爆破对区段煤柱应力控制效果，在 311103 工作面回风顺槽区段煤柱侧 6#联络巷超前 70m 的 60#顶板预裂爆孔下方区段煤柱帮部，在爆破前后煤柱内的应力状态进行钻屑量法监测。顶板深孔预裂爆破前后钻屑量变化如图 6.25 所示。

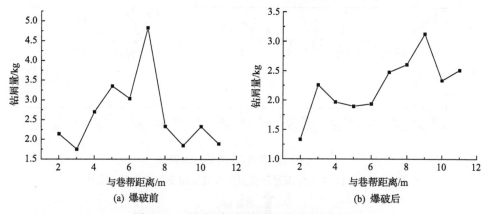

(a) 爆破前　　　　　　　　(b) 爆破后

图 6.25　顶板深孔预裂爆破前后钻屑量变化

从图 6.25 中可以看出，深孔顶板预裂爆破卸压前，钻屑量峰值为 4.84kg，峰值位置距离巷帮 7m；爆破卸压后，钻屑量峰值降低为 3.13kg，峰值位置进一步向煤体深部转移，距离巷帮 9m，说明顶板预裂爆破促进了区段煤柱上方侧向悬露顶板的垮断，释放了高低位厚硬岩层因回转变形而积聚的弯曲弹性能量，应力向采空区侧转移。

4. 支架工作阻力情况分析

为了评估深孔顶板预裂爆破的控制效果，选取工作面下端头靠近回风顺槽侧下部的 10 架液压支架作为观测对象，记录 311103 工作面分别在"一次见方"期间和过 6#联络巷期间支架工作阻力的情况，进而评估顶板预裂爆破的效果。311103 工作面过顶板预裂爆破区域支架工作阻力曲线如图 6.26 所示。

根据 11 盘区已采两个工作面的经验，工作面见方区域的矿压均比较显著。但从图 6.26 中可以看出，由于回风顺槽两侧预先施工了顶板深孔爆破措施，增大了顶板内裂隙的发育，促进了顶板的破断，所以整个回采期间矿压相对稳定，周期来压不明显。同理，当通过面过 6#联络巷期间，先后出现 8 次周期来压，平均

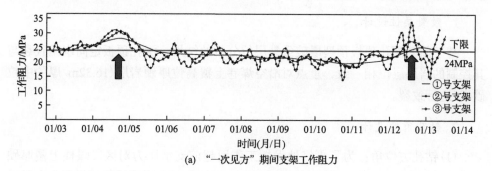

(a) "一次见方"期间支架工作阻力

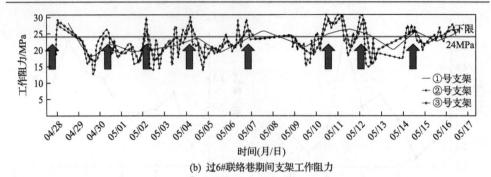

(b) 过6#联络巷期间支架工作阻力

图 6.26　311103 工作面过顶板预裂爆破区域支架工作阻力曲线

 周期来压

2d/次，来压步距为 14.5m，较未采取断顶爆破来压步距减小了 10m，来压周期较小，为 1.5 天，来压能量也大幅度减弱。分析原因在于回风顺槽两侧预先施工了顶板深孔爆破措施，分别在低位、高位厚硬岩层中人为制造了断裂弱面，当 311103 工作面进入该区域回采时，在超前支承压力和侧向支承压力的作用下，回风顺槽上方顶板沿断裂弱面垮断，悬露于区段煤柱上的挤压应力得以释放，进而当工作面此间推过时，来压周期和来压强度明显降低。

6.3　深孔顶板定向水压致裂防冲技术实践

6.3.1　深孔顶板定向水压致裂参数设计

2016 年 12 月，受陕西榆林"10·24"炸药事故的影响，当地炸药供应中断，深孔顶板预裂爆破防冲技术被迫中断，为了确保顶板预裂工作的连续性，自 2017 年 1 月开始，对 311103 工作面回风顺槽距停采线 960m 段的上覆厚硬顶板，采用深孔顶板定向水压致裂技术控制高低位厚硬岩层垮断，防治沿空煤巷冲击地压的发生。

1. 致裂层位设计

基于前面深孔顶板预裂爆破致裂层位分析的结果，深孔顶板定向水压致裂与其控制的岩层层位相一致，重点对沿空煤巷上覆高位厚硬岩层(16.32m 厚的中粒砂岩)进行致裂。

2. 钻孔角度设计

(1)钻孔方位角：为了更好地发挥工作面超前支承压力对区段煤柱上覆厚硬岩层的破断作用，311103 工作面回风顺槽生产帮水压致裂孔平行于煤层走向并逆向于工作面推采方向布置，区段煤柱侧钻孔垂直于采空区方向。

（2）钻孔倾角：在采用钻孔窥视仪对压裂岩层完整性进行评估分析的基础上，根据沿空煤巷附近最大主应力方向及采空区与待压裂岩层之间的距离，起裂位置应满足如下关系式：

$$Rsin\theta + hcos\theta \leqslant L \tag{6.5}$$

式中，R 为裂缝扩展半径（通过目标区域现场试验测定，根据前期 11 盘区试验结果，取 5～8m）；θ 为压裂钻孔倾角；h 为起裂位置垂直高度（取 30.45m）；L 为辅回撤通道距采空区的距离（取 30m）。

计算得出 $\theta \geqslant 46°(R=5m)$、$\theta \geqslant 51°(R=8m)$，综合考虑安全系数及现场施工方便，最终选定钻孔倾角为 60°。

3. 压裂钻孔间距

为了确定合理的钻孔间距，在理论分析、数值模拟和总结 311103 工作面深孔顶板预裂爆破经验的基础上，通过在回风顺槽开展观测孔返浆试验来确定合理间距。通过现场试验最终确定，单孔定向预制裂缝后单次压裂的有效扩展半径大于 7m，因此确定 311103 工作面回风顺槽钻孔间距为 14m 进行施工。现场顶板观测孔返浆试验如图 6.27 所示。

图 6.27　现场顶板观测孔返浆试验

4. 水压力

根据对煤矿顶板抗拉强度和岩体断裂韧度的测试分析，结合岩石断裂力学相关理论，确定顶板定向裂缝扩展所需压力应满足如下条件：

$$P = 1.3(P_z^* + R_r) \tag{6.6}$$

式中，P_z^* 为岩体应力，受深度、所处煤层及邻近煤层的开采历史、开采地质条件等的影响，一般以自重应力计算；R_r 为岩石极限抗拉强度。

根据现场试验得到岩体应力 P_z^*=15.5MPa，岩体极限抗拉强度 R_r=4.943MPa，顶板定向裂缝扩展所需压力为 26.58MPa。311103 工作面配备的乳化液泵站型号为 BRW315/31.5，其额定工作压力为 31.5MPa，完全符合压裂作业的要求。此外，为了在压裂过程中保持流量的稳定和快速响应，应确保泵站的流量至少为 80L/min，以满足保压的需求。

5. 施工工艺及配套工具

具体的深孔顶板定向水压致裂施工工序如图 6.28 所示。

(1)打孔。利用 ZQJC～1000/11.0S 气动钻机在设计钻孔位置施工直径 φ48mm 的致裂钻孔。

(2)定向切槽割缝。切割初始裂缝：利用波兰进口 φ38mm 定向切槽刀具进行切槽。当连接钻杆时，必须将钻杆与钻杆之间拧紧。控制致裂孔的切槽速度，一定要以较慢的速度钻进，同时观测回流水中岩粉的性质。切槽完成后，停钻进行冲水洗孔，直至水流变清，然后利用钻孔窥视仪，观测初始裂缝的形状是否符合要求。

(3)封孔器封孔。将长度 1.1m、直径 $\varPhi$41mm 的封孔器与高压管(无缝钢管)通过连接器进行紧密连接，并确保推送到钻孔的底部。然后将封孔器退回 3～5cm，并将其固定。将压力表与流量计安装在控制阀的两侧，将控制阀的前后接口分别

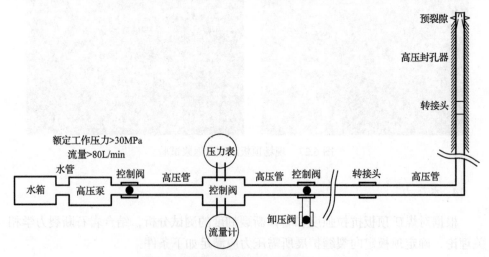

图 6.28　深孔顶板定向水压致裂施工工序

连接高压管进水端与出水端，并关闭出水端的控制阀。

(4)注水压裂。开动高压泵，当压力上升到 30MPa 左右时，开启出水端的控制阀，保证在 30MPa 左右的高压水作用下，封孔器不被抛出。利用封孔器两侧喷嘴的冲击压力进行切割顶板岩层，同时监测控制阀上压力表的压力变化，当压力出现明显降低时，说明高压水已经进入致裂岩层。

6. 施工参数

基于以上分析，确定 311103 工作面回风顺槽区段煤柱侧深孔定向水压致裂施工参数。深孔顶板定向水压致裂施工参数如表 6.13 所示。311103 工作面回风顺槽深孔顶板定向水压致裂钻孔的设计如图 6.29 所示。

表 6.13　深孔顶板定向水压致裂施工参数

参数	数值	参数	数值
钻孔方位角/(°)	90	压裂高度/m	30.45
钻孔倾角/(°)	60	临界水压力/MPa	25~32
钻孔深度/m	35	压裂时间/min	≥30
钻孔间距/m	14	压裂次数	1
钻孔直径/m	0.048	割缝半径/m	0.035
封孔器长度/m	1.1	封孔器半径/m	0.019

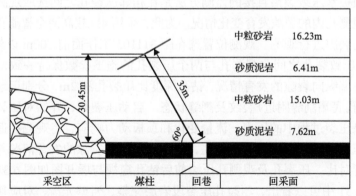

图 6.29　311103 工作面回风顺槽深孔顶板定向水压致裂钻孔设计

该区域自 2017 年 1 月施工以来，截至 311103 工作面停采线，累计施工顶板定向水压致裂钻孔 66 个，累计钻尺 2310m，先后压裂 78 次(局部区域有单孔多次压裂)。311103 工作面回风顺槽顶板水压致裂钻孔的位置如图 6.30 所示。

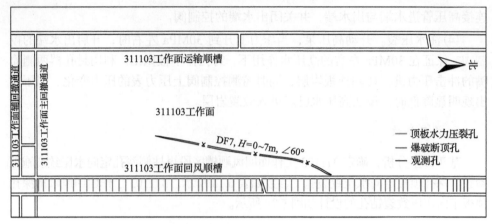

图 6.30　311103 工作面回风顺槽顶板水压致裂钻孔的位置

6.3.2　深孔顶板定向水压致裂防冲效果检验

由于顶板定向水压致裂为深部岩体隐蔽性工程，施工后很难立即判断其裂纹扩展后的防冲效果。因此，通过对比压裂前后孔内裂纹的裂隙发育及位置、压裂过程中顶板的煤炮强度和频次以及压裂前后辅回撤通道附近的微震、应力变化，来评价其参数优选的合理性和压裂防冲效果的可靠性。

1. 压裂前后窥视对比法

深孔顶板水压致裂最直接的监测方法是在相邻压裂孔之间选取观测孔，对比压裂前后观测孔内的裂隙发育变化情况。为此，采用 4D 超高清全智能孔内电视对观测孔内的裂隙进行观测。观测位置选在距 311103 工作面前 100m 以外的 12#～13# 定向水压致裂孔之间。观测孔与两个压裂孔的施工参数保持一致，仅是为了确定钻孔底端纵向裂隙的发育情况，钻孔深度比压裂孔深 2m，分别记录压裂孔和观测孔(钻孔底端割缝附近)裂纹及割缝状态。启动压裂泵，开始对压裂孔注水、压裂并记录压裂过程中的压力、流量变化和顶板动力响应，待观测孔返白色乳化液后停止压裂，冲洗压裂孔和观测孔，再次窥视孔内裂隙的发育情况并与初始记录情况进行对比。压裂孔及观测孔压裂前后钻孔窥视与展开图如图 6.31 所示。

从图 6.31 中可以看出，压裂孔压裂段岩层完整，岩壁光滑，对应切槽位置的环状割缝清晰可见，切槽效果良好，观测孔内的钻孔底端及对应切槽位置均无较明显的裂隙，顶板岩石完整性较好。压裂后，压裂钻孔底端裂隙明显增多，主裂纹沿钻孔底端切槽方向发育且裂隙发育明显，预割裂缝开口增大，横向、纵向裂隙扩展明显，观测孔内经岩层裂纹扩展传递，压裂后裂隙明显增多，其中钻孔底端处靠近压裂孔方向出现倾斜产状的环形裂纹，同时观测孔下部 29m 处亦出现大

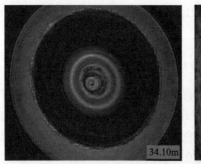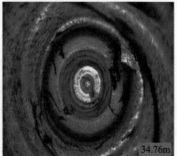

(a) 压裂孔压裂前后钻孔窥视

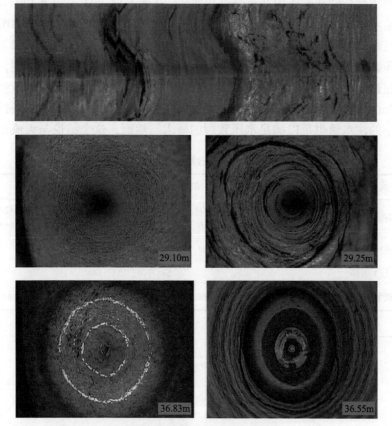

(b) 观测孔压裂前后钻孔窥视及展开图

图 6.31　压裂孔及观测孔压裂前后钻孔窥视与展开图

量环状裂纹，对应层位大约在砂质泥岩和中粒砂岩交界处附近，说明顶板深孔水压致裂破坏高位厚硬岩层完整性的同时，高压水的渗透作用改变了下部砂质泥岩的物理力学性能，促进了下部岩层的离层变形。对比压裂前后观测孔的裂隙情况，得出在此压裂参数下，深孔顶板定向水压致裂横向裂隙发育范围超过 7m，纵向裂隙发育范围超过 9m。

2. 深孔顶板定向水压致裂过程数据分析

对 311103 工作面回风顺槽沿空煤巷区段煤柱侧高位厚硬顶板定向水压致裂过程中的乳化液泵站压力、注水量、相邻钻孔渗水、顶板响动以及压力变化等情况进行监测。水压致裂过程中，当平均注水量为 0.21～0.33m³ 时，钻孔的平均压力为 30～34MPa；当平均注水量为 0.201～0.332m³ 时，钻孔的平均压力为 25～32MPa。顶板水压致裂过程钻孔现象统计如表 6.14 所示。图 6.32 为 311103 工作面回风顺槽部分钻孔水压力及流量变化曲线。从表 6.14 和图 6.32 可以看出，在乳化液泵站水压力 30～33MPa、钻孔间距 14m 的前提下，压裂过程中能够听到顶板劈裂声且相邻钻孔有水渗出现象的压裂钻孔分别占总压裂钻孔的 14% 和 35%，该压力下压裂钻孔间的裂隙已贯通，上覆高位厚硬岩层中粒砂岩已经压裂，水压致裂半径超过了 7.5m，钻孔之间有效压裂范围超过了 15m。同时，注水流量一般不超过 0.7m³。这表明在水压力超过 25MPa 且压裂时间不少于 30min 的条件下，即使是较小的注水量也足以满足水压致裂的需求。然而，这个结论与大流量可以提

表 6.14　顶板水压致裂过程钻孔现象统计

观测内容	311103 工作面回风顺槽深孔顶板水压致裂
邻孔有水流出	4#、7#、9#、10#、12#、13#、14#、16#、34#、39#、41#、42#、44#、46#、47#、48#、49#、50#、51#、52#、53#、55#、56#
顶板有响动	9#、10#、17#、30#、43#、44#、45#、57#、59#
压力突降	5#、10#、13#、14#
现象不明显	6#、19#、29#、58#、60#、61#、62#、63#、64#、65#、66#

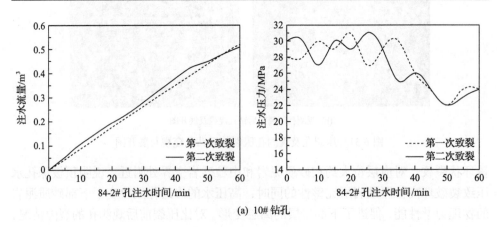

(a) 10# 钻孔

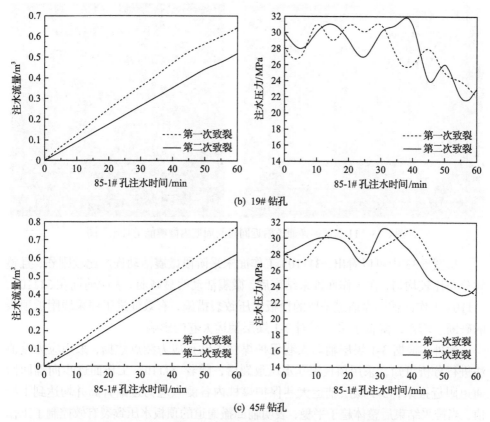

(b) 19# 钻孔

(c) 45# 钻孔

图 6.32　311103 工作面回风顺槽部分钻孔水压力及流量变化曲线

升水压致裂的效果不一致。实际上，定向水压致裂的关键在于人为地对完整性顶板进行造缝预裂，而非压碎整个岩层。至于压力值的突降，其原因在于压力作用下上覆高位厚硬岩层中的粒砂岩与下部砂质泥岩交界处发生离层扩展，导致压裂液迅速扩散，进而引起压力降低。

3. 压裂前后微震能量及矿压对比分析

311102 工作面停采线距离 3-1 煤层辅运大巷相距较近，导致 311103 工作面向停采线推进过程中，辅运大巷围岩出现不同程度的变形，局部呈现底鼓、帮部喷浆层开裂的现象。因此，在 311103 工作面回风顺槽施工侧向顶板深孔定向水压致裂过程中，在 311102 工作面和 311103 工作面辅回撤通道内，向停采线方向施工深浅组合式顶板定向水压致裂钻孔，切断采空区侧顶板对辅运大巷的影响。记录 311103 工作面推采结束前后同时间周期内（8 月 10 日～9 月 30 日和 10 月 10 日～11 月 30 日）的微震事件。11 盘区回撤通道附近同时间周期内微震能量对比云图如图 6.33 所示。

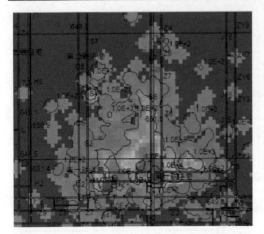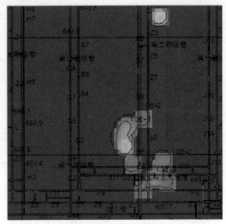

图 6.33　11 盘区回撤通道附近同时间周期内微震能量对比云图

　　从图 6.33 中可以看出，311103 工作面末采阶段微震活动程度比较剧烈，且整体分布比较均匀；在工作面推采结束后，微震活动明显减弱。表明前期在 311102、311103 工作面辅回撤通道采取的顶板水压致裂措施，有效促进了停采线附近顶板的破断、垮落，降低了采空区对 3-1 煤层辅运大巷的影响。

　　此外，根据 3-1 煤层辅运大巷保护煤柱内钻孔应力测点数据，采用应力差值法进行分析可知，采用顶板深孔水压致裂后，随着 311103 工作面逐步向辅回撤通道附近推采，3-1 煤层辅运大巷保护煤柱内各测点应力逐渐升高并均达到了峰值，当推采结束后整体趋于平稳，表明辅回撤通道的顶板水压致裂有效控制了工作面后悬露顶板对大巷煤柱的影响，回撤通道上方的裂隙有效起到了断链增耗的应力阻隔作用。3-1 煤层辅运大巷(对应 311103 工作面)部分测点应力曲线如图 6.34所示。

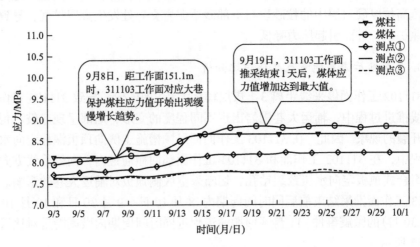

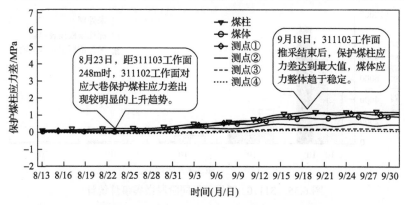

图 6.34 3-1 煤层辅运大巷(对应 311103 工作面)部分测点应力曲线

6.4 深孔顶板预裂爆破与定向水压致裂对比分析

311103 工作面于 2015 年 11 月开始回采,2017 年 12 月结束。期间,针对回风顺槽沿空煤巷上覆多厚硬岩层顶板先后经历了未处理、深孔顶板预裂爆破、深孔顶板定向水压致裂三个阶段。为了系统对比这三个阶段的沿空煤巷上覆多厚硬岩层的运动特征,对 311103 工作面回风顺槽整个回采期间不同阶段的微震事件数量、应力云图及其与推进度的对应关系进行统计,统计结果如下。

1. 微震数据统计分析

对 311103 工作面回风顺槽侧向高位顶板在未处理、深孔顶板预裂爆破以及深孔顶板定向水压致裂三个不同阶段回采期间微震事件及分布进行统计。311103 工作面不同阶段微震事件统计如表 6.15 和图 6.35 所示。从表 6.15 的统计结果可知,311103 工作面未处理阶段的微震事件总数为 8711 起,微震事件的平均能量为 180J;预裂爆破阶段的微震事件总数为 10770 起,微震事件的平均能量为 12.9J;水力压裂阶段的微震事件总数为 12154 起,微震事件的平均能量为 4.1J。

表 6.15 311103 工作面不同阶段微震事件统计

微震事件能量/J	未处理			深孔顶板预裂爆破			深孔顶板定向水压致裂		
	数量/起	比例/%	能量总和/kJ	数量	比例/%	能量总和/kJ	数量	比例/%	能量总和/kJ
$10^0 \sim 10^1$	4880	56.0		7929	73.6		10993	90.4	
10^2	3171	36.4		2141	19.9		967	8.0	
10^3	618	7.1	157	671	6.2	139	176	1.4	51
10^4	39	0.4		27	0.3		17	0.1	
10^5	3	0.0		2	0.0		1	0.0	

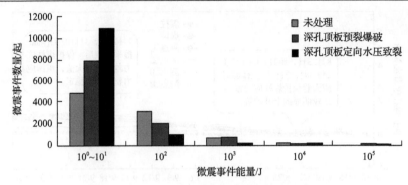

图 6.35　311103 工作面不同阶段微震事件统计

从图 6.35 可以看出，在 311103 工作面整个回采期间，微震事件的能量主要集中在 $10^0 \sim 10^1$J 范围内，而大能量微震事件的数量出现了异常的减少。进一步对比不同阶段(未处理、深孔顶板预裂爆破、深孔顶板定向水压致裂)的微震事件能量区间，除了 $10^0 \sim 10^1$J 区间的小能量微震事件数量依次增加外，其他区间的事件数量均呈现递减趋势，尤其是 10^2J 以上的微震事件数量显著降低。特别是对于引起巷道动压现象的大能量微震事件($10^4 \sim 10^5$J)，分别发生了 42 起、29 起和 18 起。这表明，在对上覆高低位厚硬岩层进行处理后，顶板内积聚的弹性能量主要以小能量微震事件的形式释放，主要表现为上覆岩层的裂隙扩展和轻微错动破坏，并未出现侧向悬露的多厚硬顶板大结构失稳现象，从而显著降低了 311103 工作面的危险程度。

此外，从微震事件的总能量释放量和平均事件能量来看，经过二次采动巷道上覆多厚硬岩层的处理，这两项指标均明显下降。而且，在一定程度上，水压致裂顶板处理的效果优于深孔顶板预裂爆破技术。

2. 微震应力云图分析

通过对 311103 工作面在不同断顶区域发生的微震事件进行反演得出三个不同阶段微震应力云图。311103 工作面回风顺槽不同阶段微震应力云图如图 6.36 所示。

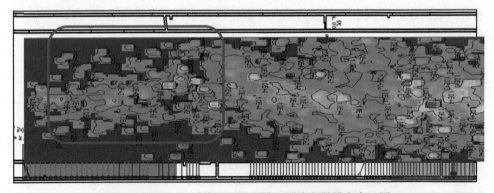

图 6.36　311103 工作面回风顺槽不同阶段微震应力云图

从图 6.36 中深孔顶板预裂爆破和深孔顶板定向水压致裂两个阶段对比发现，相比于深孔顶板预裂爆破，311103 工作面在顶板定向水压治理区域推采期间，微震事件活动明显减弱，以小能量微震事件为主，事件的发生明显向工作面中部转移，远离回风顺槽侧，回风顺槽围岩应力显著降低，巷道变形量也明显减小，进一步说明了深孔顶板定向水压致裂起到了更好的控顶稳构的防冲效果。

3. 工程施工实用性对比

为了进一步对比深孔顶板预裂爆破和顶板定向水压致裂在沿空煤巷上覆多厚硬岩层结构控制中的适用性和实用性，基于现场实际情况，从顶板控制效果、现场施工效率、工程量、限制条件以及施工安全性几个方面进行对比。

(1)顶板控制效果。深孔顶板预裂爆破是以瞬间爆破产生岩石破碎带为主，裂隙带为辅，影响半径为 4~6m，见效快、岩层破裂程度高、适用于煤岩层应力积聚区域的快速卸压；深孔顶板定向水压致裂是以高压水促进顶板岩层裂隙沿着预制割槽裂缝进行扩展的，以裂隙缓慢扩展和扩散发育为主，影响半径超过 7m，且水在裂隙中长时间浸润，进一步弱化了顶板，促进了顶板的垮落。

(2)现场施工效率。深孔顶板预裂爆破由于爆破断顶的装药、封孔，爆破耗时较长，现场只能人工打孔，作业环境差且并排作业施工危险程度高，利用检修班集中放炮，正常施工条件下 1 部钻机每天最多完成 2 个钻孔；深孔顶板定向水压致裂可以实现当班打孔当班压裂，工序相对简单，正常情况下 1 部钻机每天可完成 3 个压裂孔，施工效率提高了 50%。

(3)工程量。深孔顶板预裂爆破采用两帮对称布孔放炮，钻孔间距为 10m，100m 范围内需要施工 20 个钻孔；深孔顶板定向水压致裂采用钻孔单帮布孔压裂，钻孔间距为 14m，100m 范围内只需要施工 7 个钻孔，工程量比深孔顶板预裂爆破减少了 65%，降低了现场防冲成本。

(4)限制条件。深孔顶板预裂爆破必须使用矿用乳化炸药，受供应不连续的影响，无法保证正常施工；在装药、爆破过程中，原则上爆破地点 300m 范围内必须撤人，影响生产；深孔顶板定向水压致裂原则上可与生产平行作业，不会对正常生产造成影响。但在小煤柱沿空顺槽内，顶板裂隙已充分发育，不适合采用水压致裂措施。

(5)施工安全性。深孔顶板预裂爆破在雷管、炸药运输、装药以及起爆放炮整个过程中，各个环节均存在一定的安全隐患；深孔顶板定向水压致裂采用的是高压液体，在顶板致裂过程中，存在一定的高压液喷溅伤人隐患。

综上所述，对于上覆存在厚硬顶板岩层的采动巷道，深孔顶板水压致裂在顶板控制效果、现场施工效率、工程量、限制条件以及施工安全性等方面，均优于深孔顶板预裂爆破技术，但深孔顶板预裂爆破技术具有组织时间短、防冲效果见效快的特点，适用于冲击危险区域的应急解危。同时，对于原生裂隙发育的顶板岩层，深孔顶板预裂爆破技术更加适用。

6.5　大直径钻孔卸压防冲技术实践

6.5.1　大直径钻孔卸压参数设计

为了探究不同钻孔深度、钻孔直径及钻孔间距下的大钻孔卸压防冲效果，以311103 工作面回风顺槽为背景，采用 FLAC 3D 软件模拟开展孔深(20m、30m、40m)、钻孔直径(90mm、110mm、130mm)、钻孔间距(0.6m、1.2m、1.8m)三因素三水平的正交试验。卸压效果可以从卸压程度、卸压范围及卸压均匀度等多个方面进行考量，由于篇幅所限，仅从超前集中应力峰值的降低来量化卸压程度。用 S_A、S_B 和 S_C 分别代表因素 A、B 和 C 的变差平方和，f_A、f_B 和 f_C 代表自由度，$\overline{S_A}$、$\overline{S_B}$ 和 $\overline{S_C}$ 代表方差，令

$$\begin{cases} K_{Ai} = \sum_{i=1}^{t} x_{Ai} \\ k_{Ai} = \dfrac{1}{t} K_{Ai}^2 \\ Q_A = \sum_{i=1}^{p} k_{Ai} \end{cases} \tag{6.7}$$

式中，p 为水平数；t 为水平重复试验次数。

因此，变差平方和、自由度和方差为

$$S_A = Q_A - CT \tag{6.8}$$

$$f_A = f_B = f_C \tag{6.9}$$

$$\overline{S_A} = \frac{S_A}{f_A} \tag{6.10}$$

式中，

$$T = \sum_{i=1}^{n} x_i , \quad CT = \frac{T^2}{n}$$

式中，n 为钻孔岩层层数。

根据式 (6.7)~式 (6.10) 对正交试验进行方差分析。模拟钻孔参数统计如表 6.16 所示。正交试验分析结果如表 6.17 所示。

表 6.16　模拟钻孔参数统计

序号	A 钻孔深度/m	B 钻孔直径/mm	C 钻孔间距/m	应力峰值降低程度/%
1	1(20)	1(90)	1(0.6)	17.87
2	1(20)	2(110)	2(1.2)	22.13
3	1(20)	3(130)	3(1.8)	21.79
4	2(30)	2(110)	3(1.8)	15.48
5	2(30)	3(130)	1(0.6)	25.69
6	2(30)	1(90)	2(1.2)	25.69
7	3(40)	3(130)	2(1.2)	16.97
8	3(40)	1(90)	3(1.8)	13.31
9	3(40)	2(110)	1(0.6)	7.73

表 6.17　正交试验分析结果

计算方法	A 钻孔深度/m	B 钻孔直径/mm	C 钻孔间距/m	应力峰值降低程度/%
K_1	0.61793	0.56867	0.51297	—
K_2	0.66858	0.45346	0.64794	—
K_3	0.38011	0.6445	0.50579	—
k_1	0.12728	0.10779	0.08769	—
k_2	0.14900	0.06854	0.13994	—
k_3	0.04816	0.13846	0.08527	—
Q	0.3244	0.31475	0.31290	—
S	0.01581	0.00617	0.00428	—
$\overline{S}$	0.00791	0.00308	0.00214	—

从表 6.16 可以看出，$\overline{S_A} > \overline{S_B} > \overline{S_C}$，因此钻孔深度为主要因素，其次为钻孔直径、钻孔间距。

每一个因素（钻孔深度、钻孔直径、钻孔间距）变化时，指标（应力峰值降低程度）也会随之变化。因素水平变化趋势如图 6.37 所示。从图中可以看出，最佳水平组合为 A2B3C2（即钻孔深度 30m，钻孔直径 130mm，钻孔间距 1.2m）。采用最佳水平组合进行钻孔卸压，通过数值模拟分析，超前集中应力峰值为 32MPa，降低了 59.44%。

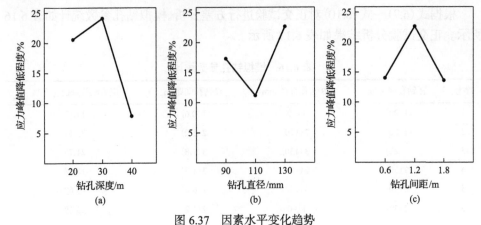

图 6.37   因素水平变化趋势

6.5.2   大直径钻孔卸压防冲效果检验

为了对比大直径钻孔卸压的防冲有效性,施工地点为 311103 工作面回风顺槽生产帮与非生产帮,具体位置在工作面"一次见方"位置到 6# 联络巷区域。由于非生产帮煤柱侧应力较高,钻孔采用三花眼式布置,钻孔直径为 150mm,钻孔深度为 18m,钻孔间距为 1.5m,排距为 0.6m,随巷道底板起伏而变化;311103 工作面生产帮侧采用单排水平眼布置方式,钻孔直径为 150mm,钻孔深度为 18m,钻孔间距为 2m,随巷道底板起伏而变化。回风顺槽巷帮两侧大直径钻孔卸压施工布置方案如图 6.38 所示。

钻孔施工期间,要求施工人员认真填写原始记录单。每钻进 1m,即对钻孔内出现的塌孔、煤炮等动力异常情况进行详细记录。对卸压孔的观察情况进行统计分析发现,大直径钻孔施工期间,一般在 10~20m 范围内出现不同程度的塌孔、煤粉颗粒变大、卡钻等异常情况,说明煤体的侧向高应力区分布在该范围内;钻孔施工完成,间隔一段时间后,大多数钻孔距孔口 2m 以内钻孔内壁均

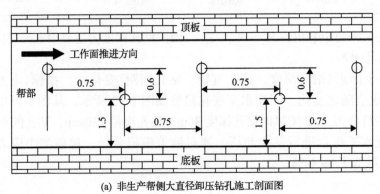

(a) 非生产帮侧大直径卸压钻孔施工剖面图

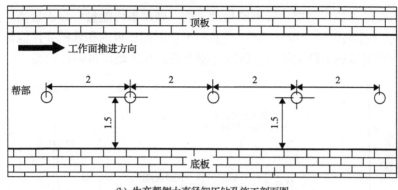

(b) 生产帮侧大直径卸压钻孔施工剖面图

图 6.38 回风顺槽巷帮两侧大直径钻孔卸压施工布置方案(单位：m)

有不同程度的脱落、塌孔等现象，表明帮部附近煤体应力释放，大直径钻孔卸压的卸压有效。

1. 微震监测结果分析

为了分析大直径卸压防冲效果，对 311103 工作面在"一次见方"位置至 6#联络巷区域推进期间回风顺槽附近采场微震事件能量、频次变化统计发现，微震事件集中分布于工作面回风顺槽两侧，以 10^3J 级别微震事件为主，10^4J 级别微震事件分布较为分散，311102 工作面、311103 工作面联合"见方"区域较为集中，10^5J 级别微震事件亦有发生；受现场施工条件的制约，当 311103 工作面推过生产帮侧未施工大直径卸压钻孔区域期间，微震事件能量、频次明显高于其他区域，尤其是 2 月 4 日～16 日期间工作面停产，2 月 17 日工作面恢复生产后，微震事件能量、频次明显上升，小能量释放事件不断且长时间处于较高水平；在 2016 年 3 月 3 日～31 日期间，由于 311103 工作面间歇性停产且推进速度 ≤4m/d，微震事件的能量、频次明显较低；2016 年 4 月 1 日开始，311103 工作面推采进入工作面"见方"区域，微震的频次急剧上升，能量亦发生较大波动，发生过能量超过 10^5J 的微震事件。311103 工作面推过"一次见方"位置至 6#联络巷区域微震事件能量、频次变化如图 6.39 所示。

同时，为了深入探究大直径钻孔卸压在防冲方面的效能，将 311103 工作面在"一次见方"位置至 6#联络巷区域推采期间的微震事件进行水平投影。311103 工作面在"一次见方"位置至 6#联络巷区域推采期间微震分布如图 6.40 所示。从图中可以看出，相比于单侧施工，巷道两侧施工大直径钻孔卸压起到了一定的卸压效果，降低了微震的能量与频次，尤其是当 311103 工作面日推进度较低时，卸压效果明显。但同时发现，由于该区域的上覆厚硬顶板未采取结构控制措施，受采空区悬露顶板所引起的侧向支承压力影响，区段煤柱侧应力依旧较高，临空侧上覆高低位厚硬顶板岩层回转破断运动显著，微震事件能量、频次较高。此外，在 311103 工作面停采一段时间后，突然回采会引起顶板内积聚的弹性能量集中释放，从而引起微震事件的能量、频次急剧上升，冲击地压危险性较高。

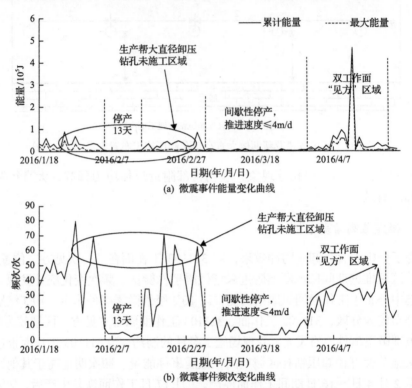

图 6.39　311103 工作面推过"一次见方"位置至 6#联络巷区域微震事件能量、频次变化

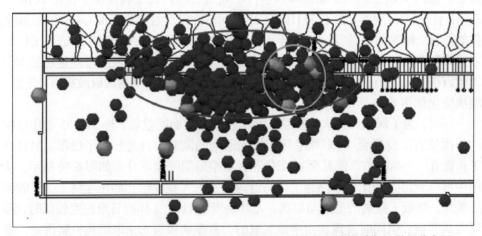

图 6.40　311103 工作面在"一次见方"位置至 6#联络巷区域推采期间微震分布图
（最大球代表微震能量大于等于 10^3J）

2. 回采巷道围岩变形量分析

采用十字布点法对"一次见方"位置至 6# 联络巷区域中生产帮单侧卸压区域和双侧卸压区域进行布点对比监测，对各测站的观测数据进行统计分析。回风顺槽巷道围岩随 311103 工作面推进的变化曲线如图 6.41 所示。

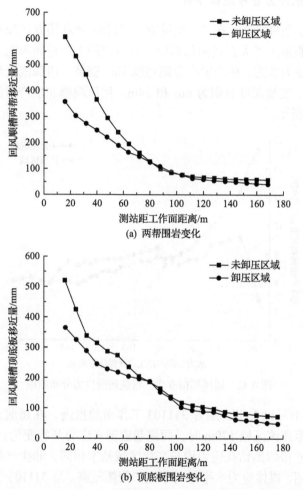

(a) 两帮围岩变化

(b) 顶底板围岩变化

图 6.41　回风顺槽巷道围岩随 311103 工作面推进的变化曲线

随着 311103 工作面的推进，在超前支承压力的作用下，当监测点距工作面 170m 时，巷道围岩变形量开始变化。随着 311103 工作面的推进，围岩变形量开始增加，当监测点距工作面 70m 时，围岩变形量开始明显增加。受现场观测条件的制约，当监测点距 311103 工作面前 15m 时，未卸压区域和卸压区域的两帮移近量分别为 606mm 和 357mm，两侧大直径卸压相比单侧卸压使得两帮移近量减小 41.1%；回风顺槽顶底板移近量分别为 520mm 和 365mm，两侧大直径卸压相比单侧卸压使得顶底板移近量减小 29.8%，说明大直径钻孔卸压在帮部煤体内所形成的自由空间缓解了超前采动应力对巷道围岩的作用，降低了巷道围岩的变形，起到一定的防冲效果。

3. 超前支承压力分布规律分析

受现场施工条件限制，在"一次见方"位置至 6#联络巷区域有一段仅对区段煤柱非生产帮侧施工了大直径钻孔卸压，而对应的生产帮侧未施工钻孔。为了监测区段煤柱的应力状态，在非生产帮侧每隔 30m 安装一组深浅孔组合式钻孔应力计，每组 2 个，安装深度分别为 6m 和 14m。回风顺槽非生产帮侧超前应力分布曲线如图 6.42 所示。

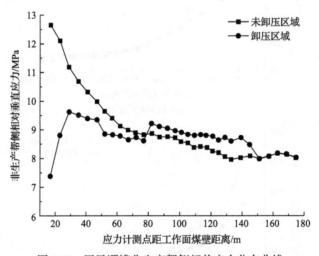

图 6.42　回风顺槽非生产帮侧超前应力分布曲线

从图 6.42 中可以看出，随着 311103 工作面的推进，在超前支承压力的作用下，当工作面距离该区域 170m 时，两侧巷道围岩应力开始变化。随着 311103 工作面的推进，巷帮两侧钻孔应力增长变化区域基本相同，非生产帮侧因为侧向顶板回转挤压作用，煤体应力水平相对于生产帮侧较高。当 311103 工作面距离该区域 80m 时，巷帮两侧钻孔应力发生明显变化，非生产帮侧应力出现阶段性下降，而生产帮侧煤体应力持续增加，说明非生产帮侧所施工的大直径钻孔卸压开始变形，缓解了超前应力在区段煤柱上的作用；随着 311103 工作面的继续推进，当工作面距离该区域 30m 时，非生产帮区段煤柱内钻孔应力达到峰值 9.63MPa，此时对应的生产帮侧钻孔应力为 11.19MPa，随着工作面的继续推进，非生产帮侧钻孔应力开始下降而工作面生产帮侧应力持续增加，此时现场大直径卸压钻孔已经开始变形塌孔，说明煤体应力得以释放，冲击地压危险降低。

参 考 文 献

[1] 胡克智，刘宝琛，马光，等. 煤矿的冲击地压[J]. 科学通报, 1966, 11 (9)：430-432.

[2] 煤炭工业部. 煤矿安全规程[M]. 北京：煤炭工业出版社, 1980.

[3] 煤炭工业部. 冲击地压煤层安全开采暂行规定[M]. 北京：煤炭工业出版社, 1987.

[4] 国家煤矿安全监察局. 煤矿安全规程[M]. 北京：煤炭工业出版社, 2004.

[5] 国家煤矿安全监察局. 煤矿安全规程[M]. 北京：煤炭工业出版社, 2016.

[6] 国家煤矿安全监察局. 防治煤矿冲击地压细则[M]. 北京：煤炭工业出版社, 2018.

[7] 中华人民共和国国家质量监督检验检疫总局, 中国国家标准化管理委员会. 冲击地压测定、监测与防治方法 第 1 部分：顶板岩层冲击倾向性分类及指数的测定方法 (GB/T 25217.1—2010)[S]. 北京：中国标准出版社, 2010.

[8] 中华人民共和国国家质量监督检验检疫总局, 中国国家标准化管理委员会. 冲击地压测定、监测与防治方法 第 2 部分：煤的冲击倾向性分类及指数的测定方法 (GB/T 25217.2—2010)[S]. 北京：中国标准出版社, 2010.

[9] 国家市场监督管理总局, 中国国家标准化管理委员会. 冲击地压测定、监测与防治方法 第 3 部分：煤岩组合试件冲击倾向性分类及指数的测定方法 (GB/T 25217.3—2019)[S]. 北京：中国标准出版社, 2019.

[10] 国家市场监督管理总局, 中国国家标准化管理委员会. 冲击地压测定、监测与防治方法 第 4 部分：微震监测方法 (GB/T 25217.4—2019)[S]. 北京：中国标准出版社, 2019.

[11] 国家市场监督管理总局, 中国国家标准化管理委员会. 冲击地压测定、监测与防治方法 第 5 部分：地音监测方法 (GB/T 25217.5—2019)[S]. 北京：中国标准出版社, 2019.

[12] 国家市场监督管理总局, 中国国家标准化管理委员会. 冲击地压测定、监测与防治方法 第 6 部分：钻屑监测方法 (GB/T 25217.6—2019)[S]. 北京：中国标准出版社, 2019.

[13] 国家市场监督管理总局, 中国国家标准化管理委员会. 冲击地压测定、监测与防治方法 第 7 部分：采动应力监测方法 (GB/T 25217.7—2019)[S]. 北京：中国标准出版社, 2019.

[14] 国家市场监督管理总局, 国家标准化管理委员会. 冲击地压测定、监测与防治方法 第 8 部分：电磁辐射监测方法 (GB/T 25217.8—2021)[S]. 北京：中国标准出版社, 2021.

[15] 国家市场监督管理总局, 国家标准化管理委员会. 冲击地压测定、监测与防治方法 第 9 部分：煤层注水防治方法 (GB/T 25217.9—2020)[S]. 北京：中国标准出版社, 2020.

[16] 国家市场监督管理总局, 中国国家标准化管理委员会. 冲击地压测定、监测与防治方法 第 10 部分：煤层钻孔卸压防治方法 (GB/T 25217.10—2019)[S]. 北京：中国标准出版社, 2019.

[17] 国家市场监督管理总局, 中国国家标准化管理委员会. 冲击地压测定、监测与防治方法 第 11 部分：煤层卸压爆破防治方法 (GB/T 25217.11—2019)[S]. 北京：中国标准出版社,

2019.

[18] 国家市场监督管理总局, 中国国家标准化管理委员会. 冲击地压测定、监测与防治方法 第 12 部分: 开采保护层防治方法 (GB/T 25217.12—2019) [S]. 北京: 中国标准出版社, 2019.

[19] 国家市场监督管理总局, 中国国家标准化管理委员会. 冲击地压测定、监测与防治方法 第 13 部分: 顶板深孔爆破防治方法 (GB/T 25217.13—2019) [S]. 北京: 中国标准出版社, 2019.

[20] 国家市场监督管理总局, 国家标准化管理委员会. 冲击地压测定、监测与防治方法 第 14 部分: 顶板水压致裂防治方法 (GB/T 25217.14—2020) [S]. 北京: 中国标准出版社, 2020.

[21] British Petroleum Public Limited Company. BP Statistical Review of World Energy 2020[R]. London, 2020.

[22] 袁亮. 我国煤炭资源高效回收及节能战略研究[J]. 中国矿业大学学报 (社会科学版), 2022, 20(1): 3-12.

[23] 钱鸣高, 许家林, 王家臣. 再论煤炭的科学开采[J]. 煤炭学报, 2018, 43(1): 1-13.

[24] 2023 煤炭行业发展年度报告[R]. 北京, 中国煤炭工业协会, 2024.

[25] 山东能源龙矿集团山东龙郓煤业有限公司 "10·20" 重大冲击地压事故调查报告[R]: 济南, 国家矿山安全监察局山东局, 2018.

[26] 吉煤集团辽源矿业公司龙家堡矿业有限责任公司 "6·9" 较大冲击地压事故案例[R]: 北京, 国家矿山安全监察局, 2021

[27] 山东新巨龙能源有限责任公司 "2·22" 冲击地压事故调查报告[R]: 济南, 国家矿山安全监察局山东局, 2020.

[28] 陕西彬长胡家河矿业有限公司 "10·11" 较大冲击地压事故调查报告[R]: 北京, 国家矿山安全监察局, 2021.

[29] 黄文辉, 唐书恒, 唐修义, 等. 西北地区侏罗纪煤的煤岩力学特征[J]. 煤田地质与勘察, 2010, 38(4): 1-6.

[30] 赵善坤, 齐庆新, 李云鹏, 等. 煤矿深部开采冲击地压应力控制技术理论与实践[J]. 煤炭学报, 2020, 45(S2): 626-636.

[31] Zhao S K, Zuo J P, Liu L, et al. Study on the retention of large mining height and small coal pillar under thick and hard roof of bayangaole coal[J]. Advances in Civil Engineering, 2023, 48(5): 1846-1860.

[32] 姜福兴. 采场覆岩空间结构观点及其应用研究[J]. 采矿与全工程学报, 2006, 23(1): 30-33.

[33] 窦林名, 贺虎. 煤矿覆岩空间结构 OX-F-T 演化规律研究[J]. 岩石力学与工程学报, 2012, 31(3): 453-460.

[34] 杜锋, 白海波. 薄基岩综放采场直接顶结构力学模型分析化[J]. 煤炭学报, 2013, 38(8): 1331-1337.

[35] 刘洪磊, 杨天鸿, 张鹏海, 等. 复杂地质条件下煤层顶板 "O-X" 型破断及压显现规律[J].

采矿与安全工程学报, 2015, 32(5): 793-800.

[36] Song H, Hao Z, Fu D, et al. Experimental analysis and characterization of damage evolution in rock under cyclic loading[J]. International Journal of Rock Mechanics & Mining Sciences, 2016, 88: 157-164.

[37] 康红普, 徐刚, 王彪谋, 等. 我国煤炭开采与岩层控制技术发展 40a 及展望[J]. 采矿与岩层控制工程学报, 2019, 1(2): 7-39.

[38] Qian M G. A Study of the Behavior of Overlying Strata in Long Wall Miningand Its Application to Strata Control[M]. Amsterdam: Elsevier Scientific Publishing Company, 1982.

[39] 钱鸣高. 岩层控制的关键层理论[M]. 徐州: 中国矿业大学出版社, 2000.

[40] 钱鸣高, 石平五. 矿山压力与岩层控制[M]. 徐州: 中国矿业大学出版社, 2003.

[41] 宋振骐. 实用矿山压力控制[M]. 徐州: 中国矿业大学出版社, 1988.

[42] 宋振骐, 蒋金泉. 煤矿岩层控制的研究重点与方向[J]. 岩石力学与工程学报, 1996, 15(2): 33-39.

[43] 宋振骐. 采场上覆岩层运动与支架的选择[J]. 煤炭科学技术, 1978, (09): 6-10.

[44] 弓培林, 靳钟铭. 大采高采场覆岩结构特征及运动规律[J]. 煤炭学报, 2004, 29(1): 7-11.

[45] 朱德仁. 长壁工作面老顶的破断规律及其应用[D]. 徐州: 中国矿业大学, 1987.

[46] 吴洪词. 采场空间结构模型及其算法[J]. 矿山压力与顶板管理, 1997, (1): 10-13.

[47] 茅献彪, 钱鸣高. 采动覆岩中关键层的破断规律研究[J]. 中国矿业大学学报, 1998, 27(1): 39-42.

[48] 康立军. 综放开采顶煤应变软化特性对支架载荷限定作用的研究[J]. 煤炭学报, 1998, 23(2): 140-144.

[49] 康立军, 朱德仁, 林崇德, 等. 综放开采控顶区顶煤结构力学特性研究[J]. 煤炭学报, 2001, 26(s1): 59-65.

[50] 贾喜荣, 翟英达. 采场薄板矿压理论与实践综述[J]. 矿山压力与顶板管理, 1999, Z1: 22-26.

[51] 黄庆享, 钱鸣高, 石平五. 浅埋煤层采场老顶周期来压的结构分析[J]. 煤炭学报, 1999, 24(6): 581-585.

[52] Huang Q X. Analysis of main roof breaking form and its mechanism during first weighting in longwall face[J]. Journal of Coal Science and Engineering(China), 2001, 7(1): 9-12.

[53] 何富连, 赵计生, 姚志昌. 采场岩层控制论[M]. 北京: 冶金工业出版社, 2009.

[54] 张益东, 程敬义, 王晓溪, 等. 大倾角仰(俯)采采场顶板破断的薄板模型分[J]. 采矿与安全工程学报, 2010, 27(4): 487-493.

[55] 浦海, 黄耀光, 陈荣华. 采场顶板 X-O 型断裂形态力学分析[J]. 中国矿业大学学报, 2011, 40(6): 835-840.

[56] 闫少宏, 尹希文, 许红杰, 等. 大采高综采顶板短悬臂梁-铰接岩梁结构与支架工作阻力的确定[J]. 煤炭学报, 2011, 36(11): 1816-1821.

[57] 王新丰, 高明中. 变长工作面采场顶板破断机理的力学模型分析[J]. 中国矿业大学学报,

2015, 44(1): 36-45.

[58] 王金安, 张基伟, 高小明, 等. 大倾角厚煤层长壁综放开采基本顶破断模式及演化过程（Ⅰ）——初次破断[J]. 煤炭学报, 2015, 40(6): 1353-1360.

[59] 蒋金泉, 王普, 武泉林, 等. 高位硬厚岩层弹性基础边界下破断规律的演化特征[J]. 中国矿业大学学报, 2016, 45(3): 490-498.

[60] 陈冬冬, 何富连, 谢生荣, 等. 一侧采空（煤柱）弹性基础边界基本顶薄板初次破断[J]. 煤炭学报, 2017, 42(10): 2528-2536.

[61] 李云鹏. 坚硬顶板结构失稳特征与水力压裂控制技术研究[D]. 阜新: 辽宁工程技术大学, 2019.

[62] 董文敏. 多巷布置在高瓦斯矿井的应用[J]. 煤矿开采, 2008, (3): 20-21.

[63] 侯圣权, 靖洪文, 杨大林. 动压沿空双巷围岩破坏演化规律的试验研究[J]. 岩土工程学报, 2011, 33(2): 265-268.

[64] 马添虎. 双巷布置工作面回风顺槽变形破坏研究[J]. 陕西煤炭, 2014, 33(5): 4-6.

[65] 陈苏社, 朱卫兵. 活鸡兔井极近距离煤层煤柱下双巷布置研究[J]. 采矿与安全工程学报, 2016, 33(3): 467-474.

[66] 刘洪涛, 吴祥业, 镐振, 等. 双巷布置工作面留巷塑性区演化规律及稳定控制[J]. 采矿与安全工程学报, 2017, 34(4): 689-697.

[67] 谭凯, 孙中光, 林引, 等. 双巷布置综采工作面煤柱合理宽度研究[J]. 煤炭工程, 2017, 49(3): 8-10.

[68] 李永恩, 镐振, 李波, 等. 双巷布置留巷围岩塑性区演化规律及补强支护技术[J]. 煤炭科学技术, 2017, 45(6): 118-123.

[69] 吴拥政. 回采工作面双巷布置留巷定向水力压裂卸压机理研究及应用[D]. 北京: 煤炭科学研究总院, 2018.

[70] 郗新涛, 曹其嘉, 陈勇, 等. 基于沿空留巷的双巷布置数值模拟研究及应用[J]. 煤炭技术, 2018, 37(1): 38-41.

[71] 康红普, 颜立新, 郭相平, 等. 回采工作面多巷布置留巷围岩变形特征与支护技术[J]. 岩石力学与工程学报, 2024, 43(1): 1-40.

[72] 柏建彪, 王卫军, 侯朝炯, 等. 综放沿空掘巷围岩控制机理及支护技术研究[J]. 煤炭学报, 2000, 25(5): 478-481.

[73] 柏建彪. 沿空掘巷围岩控制[M]. 徐州: 中国矿业大学出版社, 2006.

[74] 李化敏. 沿空留巷顶板岩层控制设计[J]. 岩石力学与工程学报, 2000, (5): 651-654.

[75] 何廷峻. 工作面端头悬顶在沿空巷道中破断位置的预测[J]. 煤炭学报, 2000, 25(1): 28-31.

[76] 侯朝炯, 李学华. 综放沿空掘巷围岩大、小结构的稳定性原理及其应用[J]. 煤炭学报, 2001, 26(1): 1-6.

[77] 李学华. 综放沿空掘巷围岩稳定控制原理与技术[M]. 徐州: 中国矿业学出版社, 2008.

[78] 张东升, 茅献彪, 马文. 顶综放沿空留巷围岩变形特征的试验研究[J]. 岩石力学与工程学

报, 2002, 21(3): 331-334.

[79] 石建军, 马念杰, 白忠胜. 沿空留巷顶板断裂位置分析及支护技术[J]. 煤炭科学技术, 2013, 41(7): 35-37.

[80] 陆士良. 无煤柱区段巷道的矿压显现及适用性的研究[J]. 中国矿业学院学报, 1980, (4): 1-22.

[81] 阚甲广, 张农, 郑西贵, 等. 不同顶板赋存条件沿空留巷围岩活动规律的实践研究[J]. 煤矿安全, 2009, 409(7): 93-95.

[82] 王红胜, 张东升, 李树刚, 等. 基于基本顶关键岩块 B 断裂线位置的窄煤柱合理宽度的确定[J]. 采矿与安全工程学报, 2014, 31(1): 10-16.

[83] 查文华, 李雪, 华心祝, 等. 基本顶断裂位置对窄煤柱护巷的影响及应用[J]. 煤炭学报, 2014, 39(S2): 332-338.

[84] 潘岳, 顾士坦, 杨光林. 裂纹发生初始阶段的坚硬顶板内力变化和"反弹"特性分析[J]. 岩土工程学报, 2015, 37(5): 860-869.

[85] Xie F X, Mei X, He F L, et al. Asymmetric reinforcement field test of large section roadway driving along next goaf in longwall top-coal mining[J]. Electronic Journal of Geotechnical Engineering, 2016, 21(5): 1909-1920.

[86] Panek L A, Stock J A. Pressure control mechanism. 1963. DOI: US3108716 A.

[87] Gale W J. Blackwood R L. Stress distributon and rock failure around coal mine roadway[J]. Internetiaonal Journal of Rock Mechanics and Minging Science & Geomechanics Abstracts, 1987, 24(3): 165-163.

[88] 侯朝炯, 郭励生, 勾攀峰. 煤巷锚杆支护[M]. 徐州: 中国矿业大学出版社, 1999.

[89] 王卫军, 侯朝炯, 柏建彪, 等. 综放沿空巷道顶煤受力变形分析[J]. 岩土工程学报, 2001, 23(2): 209-211.

[90] 王卫军, 李树清, 欧阳广斌. 深井煤层巷道围岩控制技术及试验研究[J]. 岩石力学与工程学报, 2006, 25(10): 2102-2107.

[91] Rabcewicz L V. The new Austrian tunneling method[J]. Water Power, 1965, (1): 19-24.

[92] Hladysz Z. Analysis of risk in multiple seam mining[J]. Society of Mining Engineers of Aime Littleton, 1985, (3): 33-38.

[93] Sun X M, He M C. Numerical simulation research on coupling support theory of roadway with in soft rock at depth[J]. Journal of China University of Mining & Technology, 2005, 34(3): 166-169.

[94] 樊克恭, 翟德元. 巷道围岩弱结构破坏失稳分析与非均称控制机理[M]. 北京: 煤炭工业出版社, 2004.

[95] 鞠文君. 应力控制法维护巷道的数值模拟研究[J]. 煤炭学报, 1994, (6): 573-580.

[96] 于学馥, 于加, 徐骏. 岩石力学新概念与开挖结构优化设计[M]. 北京: 科学出版社, 1995.

[97] 段克信. 用巷帮松裂爆破卸压维护软岩巷道[J]. 煤炭学报, 1995, (3): 311-316.

[98] 董方庭. 巷道围岩松动圈支护理论及应用技术[M]. 北京: 煤炭工业出版社, 2001.

[99] 谢文兵. 综放沿空留巷围岩稳定性影响分析[J]. 岩石力学与工程学报, 2004, 23(18): 3059-3065.

[100] 刘红岗, 贺永年, 徐金海, 等. 深井煤巷钻孔卸压技术的数值模拟与工业试验[J]. 煤炭学报, 2007, (1): 33-37.

[101] 张永兴, 陈建功. 锚杆-围岩结构系统低应变动力响应理论与应用研究[J]. 岩石力学与工程学报, 2007, 26(9): 1758-1766.

[102] 王襄禹, 柏建彪, 胡忠超. 基于变形压力分析的有控卸压机理研究[J]. 中国矿业大学学报, 2010, (3): 313-317.

[103] 康红普. 煤矿井下应力场类型及相互作用关系[J]. 煤炭学报, 2008, 33(12): 1329-1336.

[104] 张农, 韩昌良, 阚甲广, 等. 沿空留巷围岩控制理论与实践[J]. 煤炭学报, 2014, 39(8): 1635-1642.

[105] 张士岭, 秦帅. 沿空巷道变形与基本顶断裂位置关系数值模拟[J]. 煤炭技术, 2014, 33(11): 97-100.

[106] 王涛, 由爽, 裴峰, 等. 坚硬顶板条件下临空煤柱失稳机制与防治技术[J]. 采矿与安全工程学报, 2017, 34(1): 54-60.

[107] 雷明, 翟艳君, 强济江. CO_2 致裂技术在邻空巷道的应用[J]. 煤炭技术, 2018, 37(11): 209-211.

[108] Cook N G W. The failure of rock[J]. International Journal of Rock Mechanics and Mining Sciences and Geomechanics Abstracts, 1965, 2(4): 389-403.

[109] Cook N G W. A note on rock bursts considered as a problem of stability[J]. Journal of the South African Institute of Mining and Metallurgy, 1965, 65(1): 437-446.

[110] Bieniawski Z T. Mechanism of brittle fracture of rock: Part II—experimental studies[J]. International Journal of Rock Mechanics and Mining Sciences and Geomechanics Abstracts, 1967, 4(4): 407-423.

[111] Wawersik W K, Fairhurst C A. A study of brittle rock fracture in laboratory compression experiments[J]. International Journal of Rock Mechanics and Mining Sciences and Geomechanics Abstracts, 1970, (7): 561-575.

[112] Hudson J A, Croush S L, Fairhurst C. Soft, stiff and servo-controlled testing mechines: A review with reference to rock failure[J]. Engineering and Geomechanics, 1972, 6(3): 155-189.

[113] Petukov I M, Linkov A M. The theory of post-failure deformations and the problem of stability in rock mechanics[J]. International Journal of Rock Mechanics and Mining Sciences and Geomechanics Abstracts, 1979, 16(5): 57-76.

[114] Brady B H G, Brown E T. Energy changes and stability in underground mine: Design applications of boundary element methods[J]. Transactions of the Institution of Mining and Metallurgy, 1981, 90: 61-68.

[115] Kidybiński A. Bursting liability indices of coal[J]. International Journal of Rock Mechanics and Mining Sciences, 1981, 18(4): 295-304.

[116] Singh S P. Burst energy release index[J]. Rock Mechanics and Rock Engineering, 1988, 21(2): 149-155.

[117] Keiding N. High frequency precursor analysis prior to a rock burst[J]. International Journal of Rock Mechanics and Mining Sciences and Geomechanics Abstracts, 1989, 8(10): 223-233.

[118] Gill D E, Aubertin M, Simon R. A practical engineering, approach to the evaluation of rockburst potential[J]. Young, Balkema Rockbursts and Seismicity in Mines, 1993, 5(3): 63-68.

[119] 胡克智, 刘宝琛, 马光, 等. 煤矿的冲击地压[J]. 科学通报, 1966, 11(9): 430-432.

[120] 李玉生. 冲击地压机理探讨[J]. 煤炭学报, 1984, 8(3): 1-10.

[121] 章梦涛. 冲击地压机理的探讨[J]. 阜新矿业学院学报, 1985, (S1): 65-72.

[122] 章梦涛. 冲击地压失稳理论与数值模拟计算[J]. 岩石力学与工程学报, 1987, 6(3): 197-204.

[123] 张万斌, 王淑坤, 滕学军. 我国冲击地压研究与防治的进展[J]. 煤炭学报, 1992, 17(3): 27-36.

[124] 潘一山, 章梦涛. 用突变理论分析冲击地压发生的物理过程[J]. 阜新矿业学院学报(自然科学版), 1992, (1): 12-18.

[125] 王来贵, 潘一山, 梁冰, 等. 矿井不连续面冲击地压发生过程分析[J]. 中国矿业, 1999, (3): 61-65.

[126] Pan Y S, Wang X, Li Z. Aanlysis of the strain softening size effect for rock specimens based on shear strain gradient plasticity theory[J]. International Journal of Rock Mechanics and Mining Sciences, 2002, 39(6): 801-805.

[127] 齐庆新. 层状煤岩体结构破坏的冲击矿压理论与实践研究[D]. 北京: 煤炭科学研究总院, 1996.

[128] 潘岳, 刘英, 顾善发, 等. 矿井断层冲击地压的折迭突变模型[J]. 岩石力学与工程学报, 2001, 20(1): 43-49.

[129] 纪洪广, 王金安, 蔡美峰. 冲击地压事件物理特征与几何特征的相关性与统一性[J]. 煤炭学报, 2003, 28(1): 31-37.

[130] 姜耀东, 赵毅鑫, 何满潮, 等. 冲击地压机制的细观实验研究[J]. 岩石力学与工程学报, 2007, 26(5): 901-907.

[131] Jiang Y D, Wang H, Xue S, et al. Assessment and mitigation of coal bump risk during extraction of an island longwall panel[J]. International Journal of Coal Geology, 2012, 95, (2): 20-33.

[132] 姜福兴, 王平, 冯增强, 等. 复合型厚煤层"震-冲"型动力灾害机理、预测与控制[J]. 煤炭学报, 2009, 34(12): 1605-1610.

[133] 姜福兴, 魏全德, 王存文, 等. 巨厚砾岩与逆冲断层控制型特厚煤层冲击地压机理分析[J].

煤炭学报, 2014, 39 (7): 1191-1196.

[134] 姜福兴, 冯宇, Kouamek J A, 等. 高地应力特厚煤层"蠕变型"冲击机理研究[J]. 岩土工程学报, 2015, 37 (10): 1762-1768.

[135] 潘俊锋, 宁宇, 毛德兵, 等. 煤矿开采冲击地压启动理论[J]. 岩石力学与工程学报, 2012, 31 (3): 586-596.

[136] 宋录生, 赵善坤, 刘军, 等. "顶板-煤层"结构体冲击倾向性演化规律及力学特性试验研究[J]. 煤炭学报, 2014, 39 (S1): 23-31.

[137] 李振雷, 窦林名, 蔡武, 等. 深部厚煤层断层煤柱型冲击矿压机制研究[J]. 岩石力学与工程学报, 2013, 32 (2): 333-343.

[138] 张宁博, 赵善坤, 赵阳, 等. 动静载作用下逆冲断层力学失稳机制研究[J]. 采矿与安全工程学报, 2019, 36 (6): 1186-1183.

[139] 张宁博, 单仁亮, 赵善坤, 等. 卸载条件下逆冲断层滑移实验研究[J]. 煤炭学报, 2021, 12 (46): 3794-3805.

[140] 张宁博, 赵善坤, 赵阳, 等. 逆冲断层卸载失稳机理研究[J]. 煤炭学报, 2022, 47 (2): 711-721.

[141] Campoli A A, Kertis C A, Goode C A. Coal Mine Bumps: Five Case Studies in the Eastern United States[M]. Denver: U.S. Department of the Interior, Bureau of Mines, 1987.

[142] Haramy K Y, McDonnell J P. Causes and Control of Coal Mine Bumps[M]. Denver: U.S. Department of the Interior, Bureau of Mines, 1988.

[143] 谢和平, Pariseau W G. 岩爆的分形特征和机理[J]. 岩石力学与工程学报, 1993, (1): 28-37.

[144] 尹光志, 张东明, 代高飞, 等. 脆性煤岩损伤模型及冲击地压损伤能量指数[J]. 重庆大学学报, 2002, 25 (9): 75-78, 89.

[145] 潘立友. 冲击地压前兆信息的可识别性研究及应用[D]. 徐州: 中国矿业大学, 2003.

[146] Prochzaka P P. Application of discrete element methods to fracture mechanics of rock bursts[J]. Engineering Fracture Mechanics, 2004, 71: 601-618.

[147] Prochzaka P P. Rock bursts due to gas explosion in deep mines based on hexagonal and boundary elements[J]. Advances in Engineering Software, 2014, 72: 57-65.

[148] 李铁, 蔡美峰, 王金安, 等. 深部开采冲击地压与瓦斯的相关性探讨[J]. 煤炭学报, 2005, 30 (5): 562-567.

[149] 黎立云, 鞠杨, 赵占文, 等. 静动态加载下岩石结构破坏时的能量分析[J]. 煤炭学报, 2009, 34 (6): 737-741.

[150] 黎立云, 王荣新, 马旭, 等. 双向加压下岩石能量规律的实验研究[J]. 煤炭学报, 2010, 35 (12): 2033-2039.

[151] 黎立云, 谢和平, 鞠杨, 等. 岩石可释放应变能及耗散能的实验研究[J]. 工程力学, 2011, 28 (3): 35-41.

[152] 赵毅鑫, 姜耀东, 田素鹏. 冲击地压形成过程中能量耗散特征研究[J]. 煤炭学报, 2010,

35(12): 1979-1984.

[153] 马念杰, 郭晓菲, 赵志强, 等. 均质圆形巷道蝶型冲击地压发生机理及其判定准则[J]. 煤炭学报, 2016, (11): 2679-2688.

[154] 谭云亮, 郭伟耀, 辛恒奇, 等. 煤矿深部开采冲击地压监测解危关键技术研究[J]. 煤炭学报, 2019, 44(1): 167-179.

[155] Wang S Y, Lam K C, Au S K, et al. Analytical and numerical study on the pillar rockbursts mechanism[J]. Rcok Mechanics and Rock Engineering, 2006, 39(4): 446-467.

[156] Singh A K, Sing H R, Maiti J. Assessment of mining induced stress development over coal pillars during depillaring[J]. International Journal of Rcok Mechanics and Rock Engineering, 2011, 48(5): 794-804.

[157] 窦林名, 陆菜平, 牟宗龙, 等. 冲击矿压的强度弱化减冲理论及其应用[J]. 煤炭学报, 2005, 30(6): 690-694.

[158] 窦林名, 陆菜平, 牟宗龙, 等. 煤岩体的强度弱化减冲理论[J]. 河南理工大学学报(自然科学版), 2005, 24(3): 169-175.

[159] 姜福兴, 魏全德, 姚顺利, 等. 冲击地压防治关键理论与技术分析[J]. 煤炭科学技术, 2013, 41(6): 6-10.

[160] 齐庆新, 李晓璐, 赵善坤. 煤矿冲击地压应力控制理论与实践[J]. 煤炭科学技术, 2013, 41(6): 1-5.

[161] 齐庆新, 欧阳振华, 赵善坤, 等. 我国冲击地压矿井类型及防治方法研究[J]. 煤炭科学技术, 2014, 42(10): 1-5.

[162] 齐庆新, 潘一山, 舒龙勇, 等. 煤矿深部开采煤岩动力灾害多尺度分源防控理论与技术架构[J]. 煤炭学报, 2018, 43(7): 1801-1810.

[163] 赵善坤, 苏振国, 侯煜坤, 等. 采动巷道矿压显现特征及力构协同防控技术研究[J]. 煤炭科学技术, 2021, 49(6): 61-71.

[164] 贺承喜. 对冲击地压采区巷道布置方式的探讨[J]. 煤炭工程, 1988, (4): 12-15.

[165] 郭晓强, 窦林名, 曹安业, 等. 临空区回采巷道优化布置防冲技术研究及应用[J]. 湖南科技大学学报(自然科学版), 2014, 29(2): 6-8.

[166] 王占立, 刘丹, 朱亚辉. 薄煤层冲击地压发生机理及防治研究[J]. 西安科技学报, 2014, 34(1): 33-38.

[167] 李振雷, 窦林名, 何学秋. 厚煤层综放开采的降载减冲原理及其应用研究[J]. 中国矿业大学学报, 2018, 47(2): 221-231.

[168] 李宏艳, 莫云龙, 孙中学, 等. 煤矿冲击地压灾害防控技术研究现状及展望[J]. 煤炭科学技术, 2019, 47(1): 62-68.

[169] 马占国, 涂敏, 马继刚, 等. 远距离下保护层开采煤岩体变形特征[J]. 采矿与安全工程学报, 2022, 47(1): 115-125.

[170] 沈荣喜, 王恩元, 刘贞堂, 等. 近距离下保护层开采防冲机理及技术研究[J]. 煤炭学报,

2023, 48(2): 636-648.

[171] 齐庆新, 张万斌. 煤层卸载爆破防治冲击地压的研究[J]. 煤矿开采, 1992, (4): 45-48.

[172] Andrieux P, Hadjigeorgiou J. The destressability index methodology for the assessment of the likelihood of success of a large-scale confined destress blast in an underground mine pillar[J]. International Journal of Rock Mechanics and Mining Sciences, 2007, 45(2): 407-421.

[173] 赵善坤, 欧阳振华, 刘军, 等. 超前深孔顶板爆破防治冲击地压原理分析及实践研究[J]. 岩石力学与工程学报, 2013, 32(S2): 3768-3778.

[174] 赵善坤, 刘军, 王永仁, 等. 煤岩结构体多级应力控制防冲实践及动态调控[J]. 地下空间与工程学报, 2013, 9(5): 1057-1064.

[175] 赵善坤, 王永仁, 吴宝杨, 等. 超前深孔顶板爆破防冲数值模拟及应用研究[J]. 地下空间与工程学报, 2015, 11(1): 89-98.

[176] 赵善坤, 黎立云, 吴宝杨, 等. 底板型冲击危险巷道深孔断底爆破防冲原理及实践研究[J]. 采矿与安全工程学报, 2016, 33(4): 636-643.

[177] 赵善坤. 深孔顶板预裂爆破力构协同防冲机理及工程实践[J]. 煤炭学报, 2021, 46(11): 3419-3433.

[178] Konicek P, Ptacek J, Stas L, et al. Impact of destress blasting on stress field development ahead of a hardcoal longwall face[C]//Proceedings of the International Symposium of the International Society for Rock Mechanics, Vigo, 2014: 585-590.

[179] 赵宝友, 王海东. 我国低透气性本煤层增透技术现状及气爆增透防突新技术[J]. 爆破, 2020, 45(12): 3984-3994.

[180] 孙守山, 宁宇, 葛钧. 波兰煤矿坚硬顶板定向水力压裂技术[J]. 煤炭科学技术, 1999, 27(2): 51-52.

[181] Jeffrey R G, Mills K W. Hydraulic fracturing applied to inducing longwall coal mine goaf falls[C]//The 4th North American Rock Mechanics Symposium, American Rock Mechanics Association, Washington D.C., 2000: 423-430.

[182] 冯彦军, 康红普. 定向水力压裂控制煤矿坚硬难垮顶板试验[J]. 岩石力学与工程学报, 2012, 31(6): 1148-1155.

[183] 吴拥政, 康红普. 煤柱留巷定向水力压裂卸压机理及试验[J]. 煤炭学报, 2017, 42(5): 1130-1137.

[184] 赵善坤, 李英杰, 柴海涛, 等. 陕蒙地区厚硬砂岩顶板定向水力压裂预割缝倾角优化及防冲实践[J]. 煤炭学报, 2020, 45(s1): 150-160.

[185] 赵善坤. 深孔顶板预裂爆破与定向水压致裂防冲适用性对比分析[J]. 采矿与安全工程学报, 2021, 38(4): 706-720.

[186] 蒋承林. 煤层注水的防突机理分析[J]. 湘潭工学院学报, 1999, 3: 1-4.

[187] 宋维源, 潘一山. 煤层注水防治冲击地压的机理及应用[M]. 沈阳: 东北大学出版社, 2009.

[188] Ortlepp W D, Stacey T R. Rockburst mechanisms in tunnels and shafts[J]. Tunnelling & Underground Space Technology, 1994, 9(1): 59-65.

[189] Bazant Z P, Jirasek M. Size effect determination of macrofracture characteristics of random heterogeneous material[C]//Proceedings of the 10th Conference on Engineering Mechanics, Boulder, 1995, 2(1): 317-320.

[190] 朱斯陶, 姜福兴, 史先锋, 等. 防冲钻孔参数确定的能量耗散指数法[J]. 岩土力学, 2015, 36(8): 2270-2276.

[191] 王志康. 煤层力学性质对钻孔卸压防冲效能的控制作用研究[D]. 徐州: 中国矿业大学, 2016.

[192] 贾传洋, 蒋宇静, 张学朋, 等. 大直径钻孔卸压机理室内及数值试验研究[J]. 岩土工程学报, 2017, 39(6): 1115-1122.

[193] 马斌文. 钻孔卸压防治冲击地压研究[D]. 北京: 煤炭科学研究总院, 2018.

[194] 高明仕, 窦林名, 张农, 等. 冲击矿压巷道围岩控制的强弱强力学模型及其应用分析[J]. 岩土力学, 2008, 29(2): 359-364.

[195] 潘一山, 吕祥锋, 李忠华. 吸能耦合支护模型在冲击地压巷道中应用研究[J]. 采矿与安全工程学报, 2011, 28(1): 6-10.

[196] 潘一山, 肖永惠, 李忠华, 等. 冲击地压矿井巷道支护理论研究及应用[J]. 煤炭学报, 2014, 39(2): 222-228.

[197] 刘军, 欧阳振华, 齐庆新, 等. 深部冲击地压矿井刚柔一体化吸能支护技术[J]. 煤炭科学技术, 2013, 41(6): 17-20.

[198] 康红普, 吴拥政, 何杰, 等. 深部冲击地压巷道锚杆支护作用研究与实践[J]. 煤炭学报, 2015, 40(10): 2225-2233.

[199] 韩昌良, 张农, 李桂臣. 沿空留巷"卸压-锚固"双重主动控制机理与应用[J]. 煤炭学报, 2017, 42(S2): 323-330.

[200] 赵善坤. 强冲击危险厚煤层孤岛工作面切眼贯通防冲动态调控[J]. 采矿与安全工程学报, 2020, 45(5): 1585-1594.

[201] 赵善坤. 重复采动下顶板含水巷道顶底板变形机理及控制[J]. 煤矿开采, 2016, 21(3): 63-68.

[202] 中华人民共和国国家质量监督检验检疫总局, 中国国家标准化管理委员会. 煤和岩石物理力学性质测定方法　第3部分: 煤和岩石块体密度测定方法(GB/T 23561.3—2009)[S]. 北京: 中国标准出版社, 2009.

[203] 国家安全生产监督管理总局. 镜质体反射率的煤化程度分级(MT/T 1158—2011)[S]. 北京: 煤炭工业出版社, 2011.

[204] 国家市场监督管理总局, 国家标准化管理委员会. 煤和岩石物理力学性质测定方法　第1部分: 采样一般规定(GB/T 23561.1—2024)[S]. 北京: 中国标准出版社, 2024.

[205] Zhao S K, Sui G R, Cao C, et al. Mechanical model of lateral fracture for the overlying hard

　　　　　rock strata along coal mine goaf[J]. Geomechanics and Engineering, 2021, 27(1): 75-85.

[206] 赵善坤, 赵阳, 王寅, 等. 采动巷道侧向高低位厚硬顶板破断模式试验研究[J]. 煤炭科学技术, 2021, 49(4): 111-120.

[207] 李一哲, 赵善坤, 齐庆新, 等. 井间高位岩层联动诱冲机制及防冲方法初探[J]. 煤炭学报, 2020, 45(5): 1681-1690.

[208] Lim I L, Johnston I W, Choi S K. Stress intensity factors for semi-circular specimens under three-point bending[J]. Engineering Fracture Mechanics, 1993, 44(3): 363-382.

[209] Yamagushi I. A laser-speckle strain gauge[J]. Journal of Physics: E, 1981, 14(11): 1270-1273.

[210] Peters W H, Ranson W F. Digital image techniques in experimental mechanics[J]. Optical Engineering, 1982, 21(3): 427-431.

[211] Tang C A, Yang Y F. Crack branching mechanism of rock-like quasi-brittle materials under dynamic stress[J]. Journal of Central South University, 2012, 19(11): 3273-3284.

[212] 朱万成, 唐春安, 杨天鸿, 等. 岩石破裂过程分析(RFPA2D)系统的细观单元本构关系及验证[J]. 岩石力学与工程学报, 2003, 22(1): 24-29.

[213] Zienkiewicz O C, Shiomi T. Dynamic behaviour of saturated porous media; The generalized Biot formulation and its numerical solution[J]. International Journal for Numerical and Analytical Methods in Geomechanics, 1984, 8(1): 71-96.

[214] Kury J W, Hornig H C, Lee E L, et al. Adiabatic expansion of high explosive detonation[C]//Proceedings of the 4th International Symposium on Detonation White Oak, Maryland, 1965.

[215] 中华人民共和国国家质量监督检验检疫总局, 中国国家标准化管理委员会. 爆破安全规程(GB 6722—2014)[S]. 北京: 中国标准出版社, 2014.